Cinema 4D 基础案例教程

丁艳会 ▣ 主　编

张珊珊　韩孟晗 ▣ 副主编

清华大学出版社

北　京

内容简介

本书是校企双元育人的教材，按照学生的学习规律，由浅入深，系统地介绍 Cinema 4D 的基本知识和操作技能。本书共 7 章，包括初识 Cinema 4D、参数化几何体建模、样条线和 NURBS 建模、多边形建模、灯光、材质与贴图、渲染输出。本书配套提供所有案例的素材和效果文件、微课视频等丰富的资源。

本书可作为高等院校计算机类、艺术设计类、电商类等相关专业 Cinema 4D 课程的教材，也可作为 Cinema 4D 软件爱好者的自学用书。

图书在版编目（CIP）数据

Cinema 4D 基础案例教程 / 丁艳会主编 . -- 北京 : 清华大学出版社，2025. 2.
ISBN 978-7-302-68273-8
Ⅰ. TP391.414
中国国家版本馆 CIP 数据核字第 2025BB7972 号

责任编辑：杜 晓 鲜岱洲
封面设计：曹 来
责任校对：刘 静
责任印制：刘 菲

出版发行：清华大学出版社
网 址：https://www.tup.com.cn, https://www.wqxuetang.com
地 址：北京清华大学学研大厦 A 座 **邮 编：**100084
社 总 机：010-83470000 **邮 购：**010-62786544
投稿与读者服务：010-62776969, c-service@tup.tsinghua.edu.cn
质量反馈：010-62772015, zhiliang@tup.tsinghua.edu.cn
课件下载：https://www.tup.com.cn, 010-83470410
印 装 者：大厂回族自治县彩虹印刷有限公司
经 销：全国新华书店
开 本：185mm × 260mm **印 张：**12.25 **字 数：**294 千字
版 次：2025 年 2 月第 1 版 **印 次：**2025 年 2 月第 1 次印刷
定 价：49.00 元

产品编号：106022-01

前　言

Cinema 4D 是一款由德国 MAXON 公司开发的三维建模、动画和渲染软件。它以其高效的运算速度和强大的渲染能力著称，广泛应用于广告、电影、电视和工业设计等领域，已经成为三维领域流行的软件之一。目前，我国很多高职高专院校的数字媒体及艺术设计等相关专业都将 Cinema 4D 作为一门重要的专业课程。为了帮助高职高专院校的教师全面、系统地讲授这门课程，使学生能够熟练地使用 Cinema 4D 进行模型设计，我们组织长期在高职高专院校从事 Cinema 4D 教学的教师和企业工程师共同编写了本书。

本书内容以课堂案例为主线，每个案例都有详细的操作步骤，通过课堂案例，学生可以快速熟悉软件的基本操作，了解设计思路；通过软件功能解析，学生可以深入学习软件功能并了解制作技巧；通过课堂练习和课后习题，学生可以提高实际应用能力。在内容选取方面，本书力求细致全面、重点突出；在文字叙述方面，本书强调言简意赅、通俗易懂；在案例设计方面，本书强调创新性和实用性。

本书由内蒙古电子信息职业技术学院和浙江中科视传科技有限公司共同开发完成。由内蒙古电子信息职业技术学院丁艳会担任主编；内蒙古电子信息职业技术学院张珊珊、内蒙古电子信息职业技术学院韩孟晗担任副主编。本书编写分工如下：丁艳会拟定编写大纲、内容简介、前言及全书统稿，丁艳会编写第 1 章、第 4 章、第 6 章、第 7 章；张珊珊编写第 2 章和第 5 章；韩孟晗编写第 3 章。在本书编写过程中，编写团队参阅了国内外有关专家和学者在 Cinema 4D 软件应用方面的文献，在此深表感谢。

由于编者水平有限，不足之处在所难免，恳请广大读者批评指正，以便在今后的修订和重印过程中及时修正。

编者

2024 年 6 月

目　录

第 1 章　初识 Cinema 4D

本章将介绍 Cinema 4D 软件的应用领域和操作界面。通过对本章的学习，读者可以对 Cinema 4D 软件有一个基本的认识，为后续学习打下基础。

重点知识

- 了解 Cinema 4D 的应用领域。
- 掌握 Cinema 4D 的操作界面。

1.1　Cinema 4D 概述

Cinema 4D 简称 C4D，字面意思是 4D 电影，它是一款由德国 MAXON 公司出品的三维软件，它以其高速的运算速度和强大的渲染插件著称，很多模块的功能在同类软件中代表科技进步的成果，并且在用其描绘的各类电影中表现突出，随着其越来越成熟的技术而受到越来越多的影视公司的重视。

随着功能的不断加强和更新，Cinema 4D 的应用范围也越来越广，在广告、电影、工业设计、建筑设计、栏目片头设计等方面都有出色的表现，各方面的 C4D 应用样例如图 1-1 所示。

图　1-1

1.2 Cinema 4D 操作界面

界面与文件操作

Cinema 4D 的操作界面主要由标题栏、菜单栏、工具栏、视图窗口、动画时间轴、材质窗口、坐标窗口、对象窗口、属性面板等组成，如图 1-2 所示。

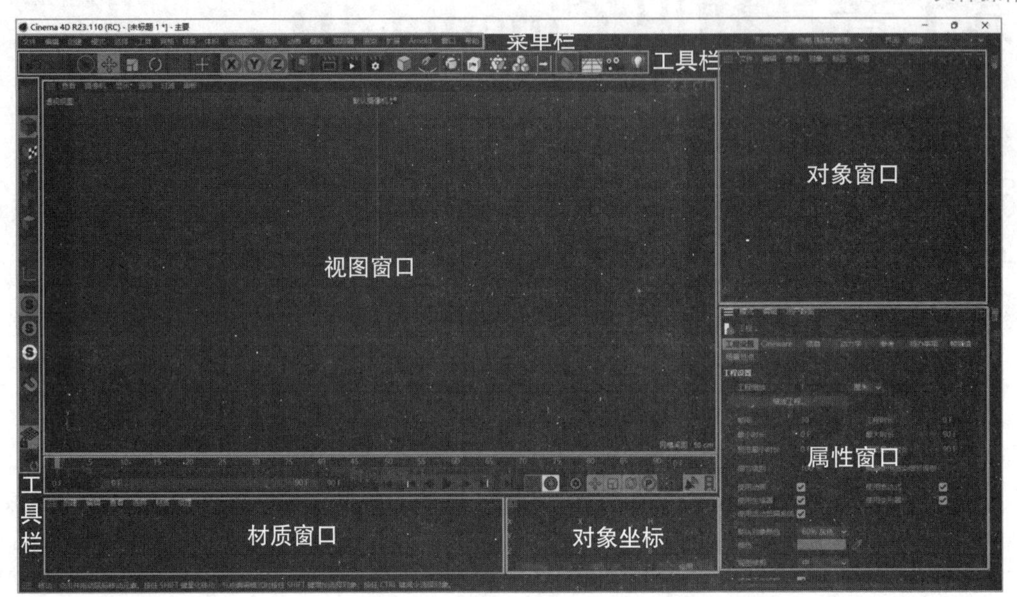

图 1-2

标题栏：在整个窗口的最上方，用于显示 Cinema 4D 的版本信息和当前文件名。

菜单栏：包含所有工具与软件功能。

工具栏：用按钮展示建模、渲染和操作模型等常用的工具，黑色小三角图标代表有下拉菜单，长按即可展示更多的工具。

视图窗口：编辑与观系模型的主要区域，默认为单独显示的透视图。

动画时间轴：包括时间轴和控制按钮，可以进行播放动画、添加关键帧等操作。

材质窗口：显示和创建材质球。

坐标窗口：显示视图中对象的坐标数据，可查看和修改对象位置、尺寸和旋转角度等信息。

对象窗口：显示模型对象创建后形成的树形结构。

属性面板：显示每个被选中工具可供编辑的属性参数。

1.3 菜单栏

菜单栏包含 Cinema 4D 软件的所有工具和命令，每个菜单的标题标明了菜单的用途，如图 1-3 所示。

文件 编辑 创建 模式 选择 工具 网格 样条 体积 运动图形 角色 动画 模拟 跟踪器 渲染 扩展 Arnold 窗口 帮助

图 1-3

单击菜单会看到每个菜单的顶端有两行虚线，如图 1-4 所示，把光标箭头放在虚线位置，单击，C4D 会把菜单独立成一个面板，可以拖动到任何地方，如图 1-5 所示。

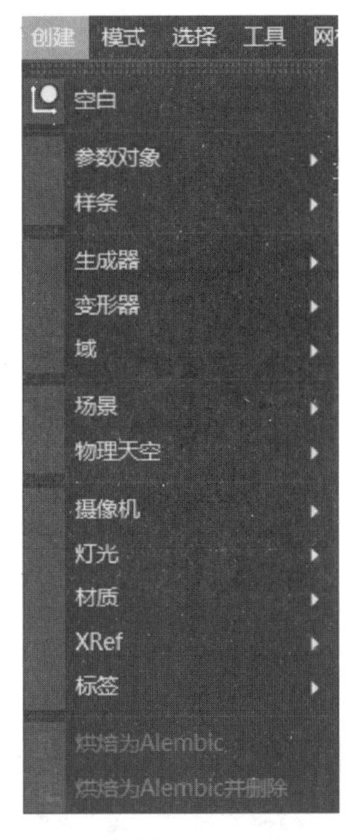

图　1-4

图　1-5

1.3.1　“文件”菜单

“文件”菜单用于项目的新建、打开、保存、退出等操作，如图 1-6 所示主要菜单选项如下。

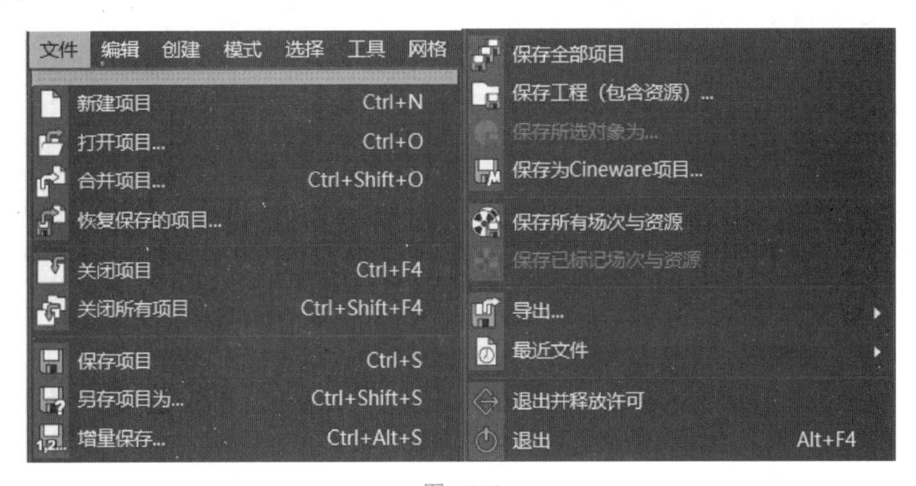

图　1-6

新建项目：新建一个空白新项目。

打开项目：打开已有的项目。

合并项目：将已有的项目或模型合并进当前的项目中。

恢复保存的项目：返回项目的原始版本。

关闭项目：关闭当前视图中显示的项目文件。

关闭所有项目：关闭软件打开的所有项目文件。

保存项目：保存当前项目。

另存项目为：将当前项目保存为另一个文件。

增量保存：将项目保存为多个版本。

保存工程（包含资源）：保存场景文件，包含外部链接的资源文件。

导出：将场景文件保存为其他三维软件格式。

退出：关闭软件。

1.3.2 “编辑”菜单

“编辑”菜单用于对当前场景中的对象进行一些基本操作，也可对软件环境进行一些设置，如图 1-7 所示主要菜单选项如下。

撤销：撤销场景中对象在上一步的操作。

复制：复制场景中的对象。

工程设置：对 C4D 的一些初始设置，如图 1-8 所示。

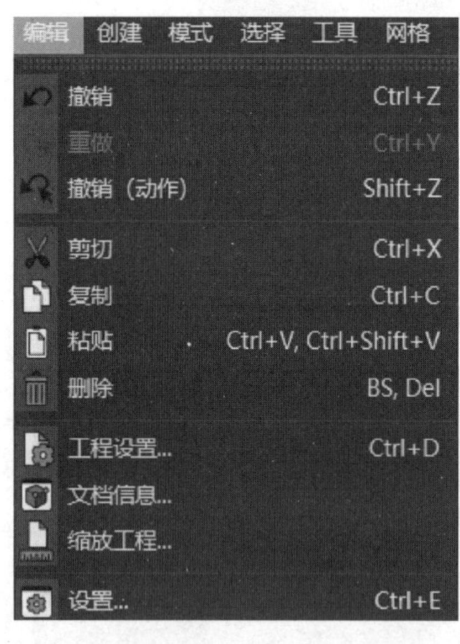

图 1-7

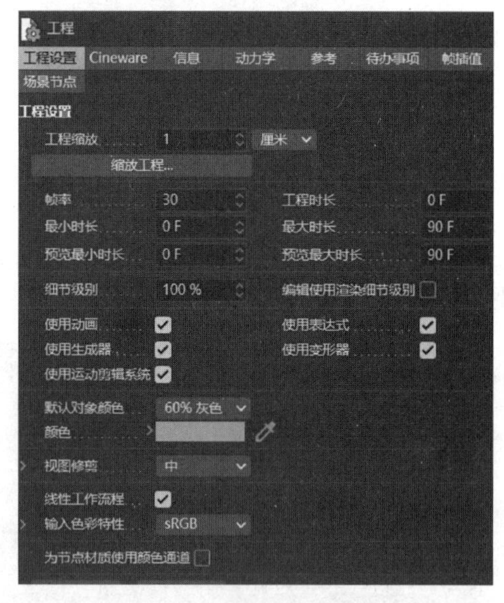

图 1-8

- 工程缩放：设置初始创建对象的尺寸倍数。默认为 1，单位为厘米。
- 缩放工程：单击后会看到两个设置栏，即当前缩放和目标缩放，当前缩放值与对象尺寸大小成反比，当前缩放值越大，创建对象尺寸越小，目标缩放值与对象尺寸大小成正比。
- 帧率：每秒播放帧数，要求与渲染的帧率保持一致。
- 工程时长：设置动画对象从第几帧开始。
- 最小时长：设置整个动画场景从第几帧开始播放。
- 最大时长：设置整个动画场景播放到第几帧。

- 预览最小时长：设置预览时从第几帧开始播放。
- 预览最大时长：预览时播放到第几帧。
- 细节级别：最大 100%，数值越低，构成对象的点线面越少。
- 使用动画：默认是勾选，则可以制作动画，取消勾选则不能制作动画。
- 使用生成器：默认是勾选，则生成器将生效，取消勾选则生成器将失效。
- 使用变形器：默认是勾选，则可以使用变形器，取消勾选则变形器不起作用。
- 默认对象颜色：没有添加材质的模型对象显示的颜色，可单击下拉菜单，通过 60% 灰色、自定义、灰蓝色 3 个不同选项设置对象颜色。
- 颜色：单击颜色框可以调出颜色拾取器面板。

设置：对 C4D 界面的显示、布局、文字、图标、语言、热键、建模、材质、渲染等进行初始设置，如图 1-9 所示。

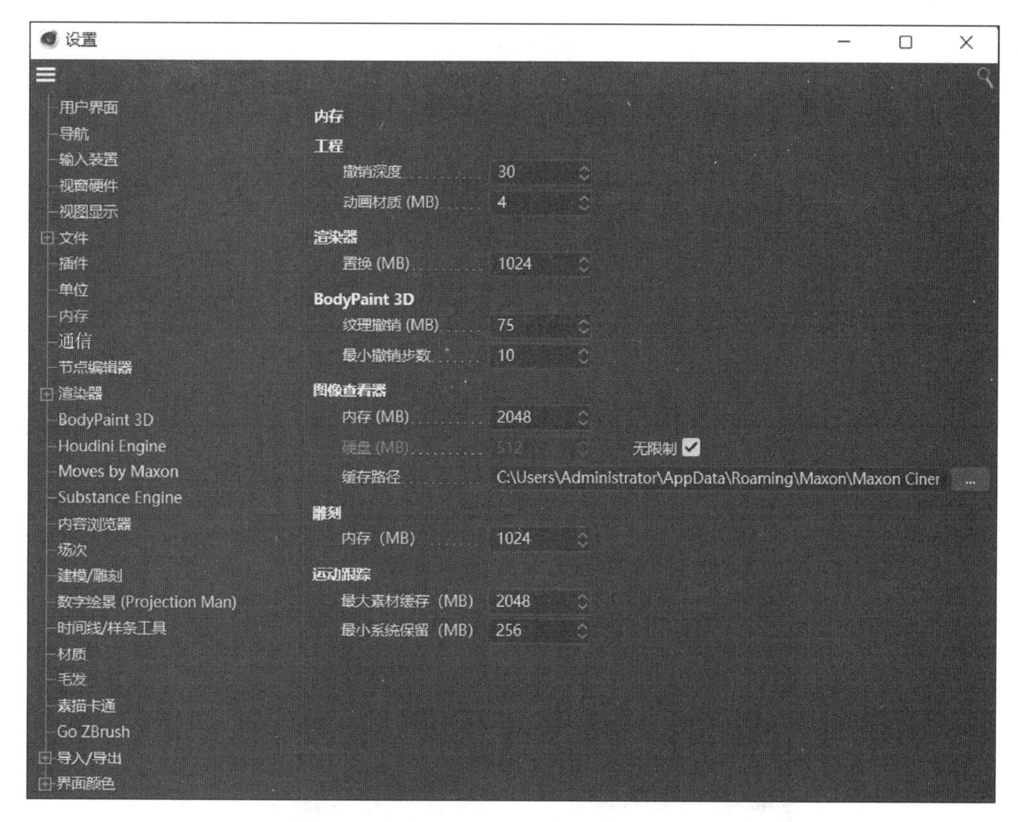

图 1-9

1.3.3 “创建”菜单

“创建”菜单用于创建 C4D 软件中的大部分对象，如图 1-10 所示主要菜单选项如下。

空白：创建一个空对象，通常用于对象打组。

参数对象：创建参数化几何体对象。

样条：创建系统自带的样条图案和样条编辑工具。

生成器：创建系统自带的生成器，编辑样条和对象的造型。

变形器：创建系统自带的变形器工具，编辑对象的造型。

域：创建一个区域，这个区域可以影响其中的对象，形成不同的效果。

场景：创建系统自带的场景工具，提供背景、天空和地面等工具。

物理天空：创建模拟真实天空效果的物理天空模型。

摄像机：创建系统自带的摄像机。

灯光：创建系统自带的灯光对象。

材质：创建新材质和系统自带的常见材质。

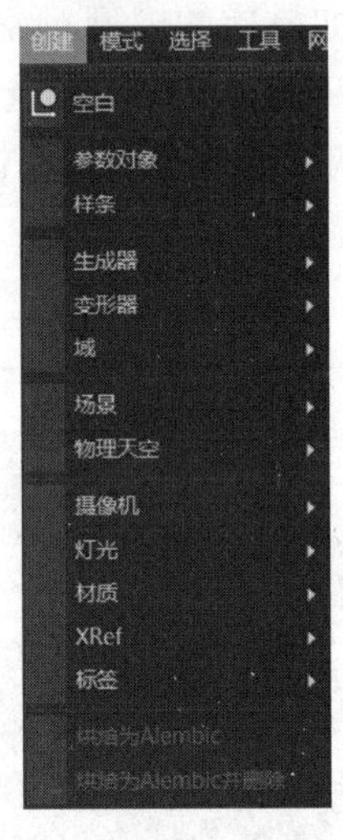

图 1-10

1.3.4 “模式”菜单

“模式”菜单可以设置当前项目的工作模型，如捕捉、坐标等，“模式”菜单的界面如图 1-11 和图 1-12 所示。

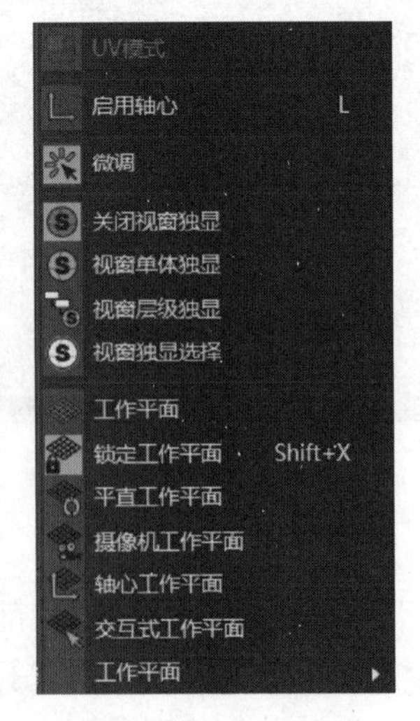

图 1-11　　图 1-12

1.3.5 “选择”菜单

“选择”菜单主要用于编辑多边形时，多边形点、边、面的不同选择方式，“选择”菜单的界面如图 1-13 和图 1-14 所示，主要菜单选项如下。

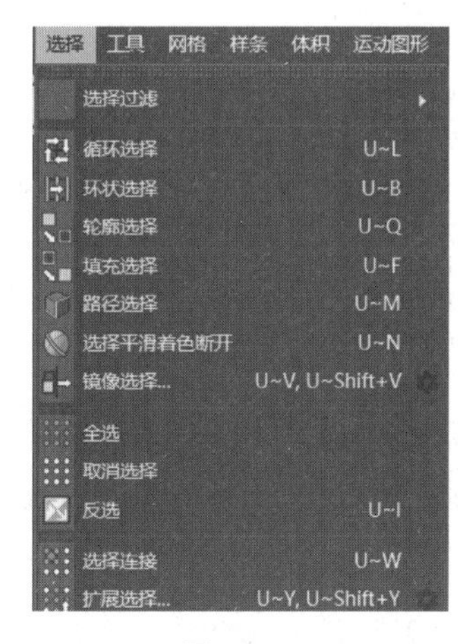

图　1-13

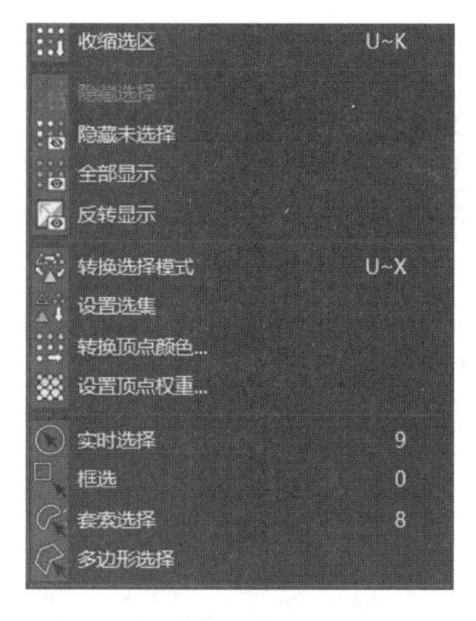

图　1-14

循环选择：选择对象的一圈点、相连的一圈边或面，如图 1-15 所示。

注：“Shift+单击”组合键增加选区；“Ctrl+单击”组合键减少选区。

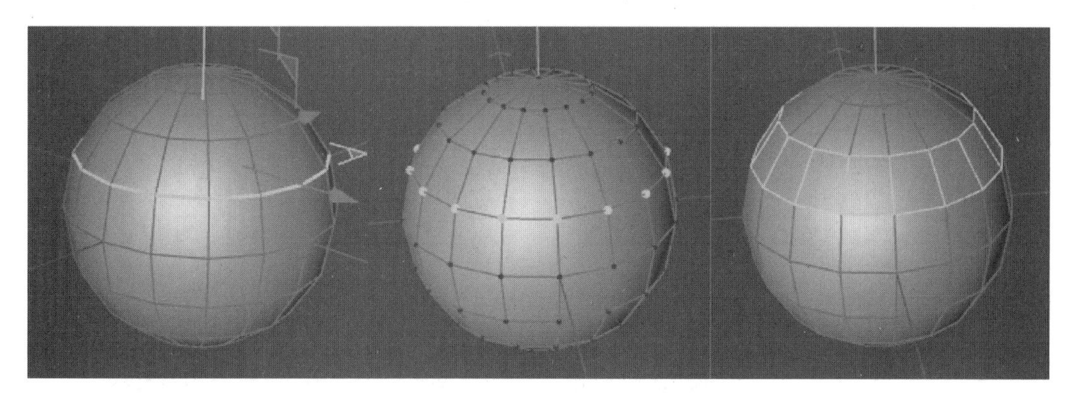

图　1-15

环状选择：选择对象的两圈点、不相邻的一圈边、相邻的一圈面，如图 1-16 所示。

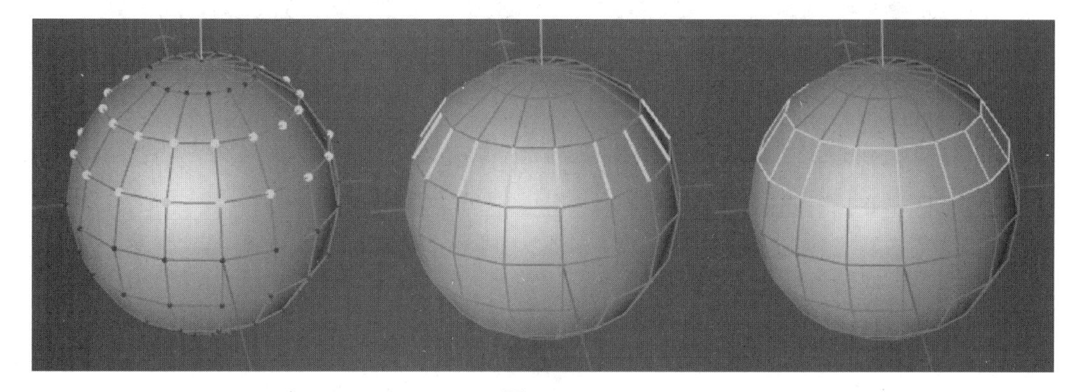

图　1-16

轮廓选择：选中面，执行该命令，会选择面的轮廓边，如图 1-17 所示。

填充选择：一次性选择闭合的面，通常在循环选择或者轮廓选择基础之上再使用填充选择，可以实现大面积的选择一些面，如图 1-18 所示。

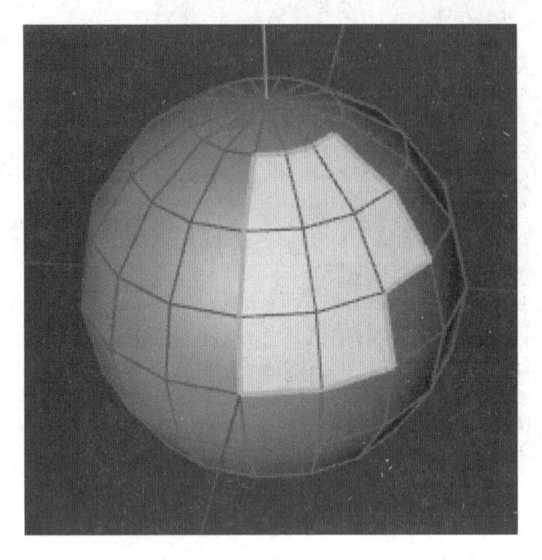

图 1-17

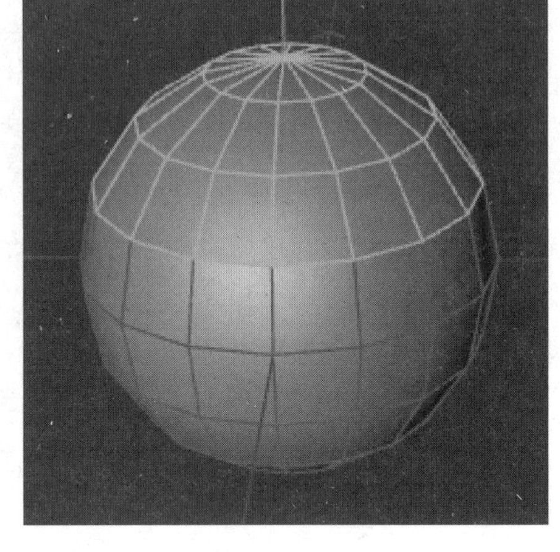

图 1-18

路径选择：在点模式和边模式下，按下拖动光标选中光标经过的点或边，点模式如图 1-19 所示，边模式如图 1-20 所示。

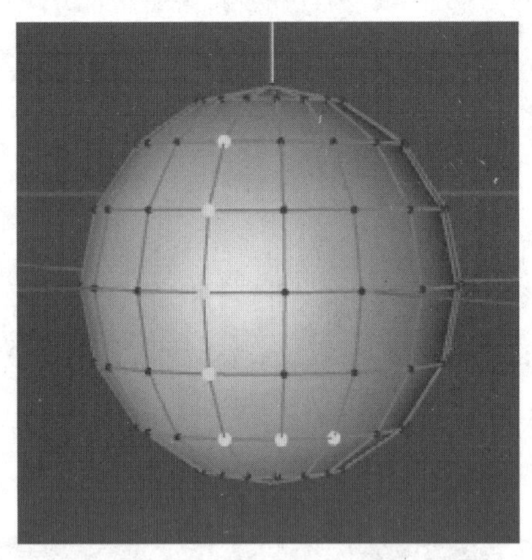

图 1-19

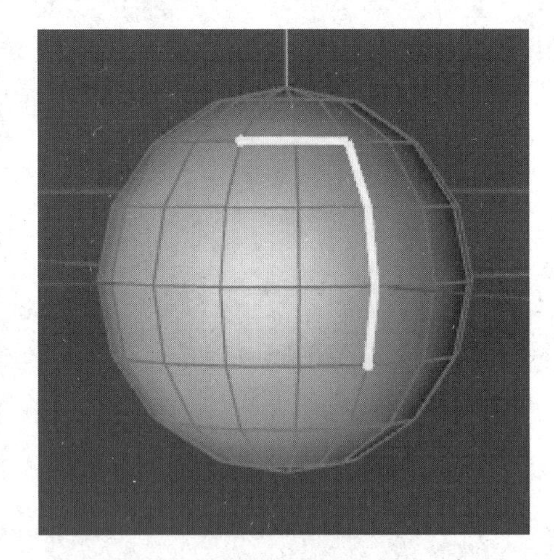

图 1-20

反选：翻转选中的目标。

扩展选择：在原有选择的基础上，加选相邻的点、边或面。

收缩选区：在原有选择的基础上，从外围减选点、边或面。

设置选集：将选中的点、边或面打一个组生成一个选集标签，选集标签会添加在图层后面。

1.3.6 “工具”菜单

“工具”菜单中提供了一些场景制作中的辅助工具，“工具”菜单的界面如图 1-21 和图 1-22 所示，主要菜单选项如下。

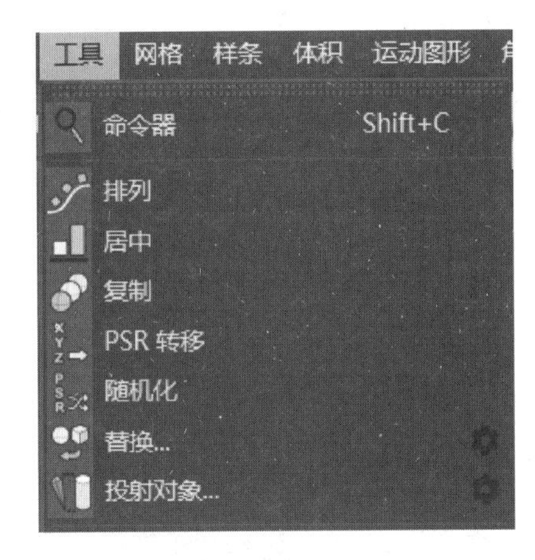

图　1-21

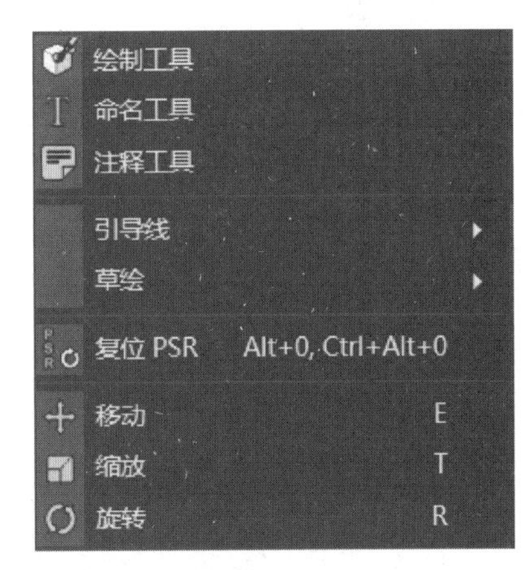

图　1-22

排列：对选中的对象按线性、圆环或沿着样条的模式进行排列，如图 1-23 所示。

复制：执行该命令，对象按线性、圆环或沿着样条的模式复制多个对象，如图 1-24 所示。

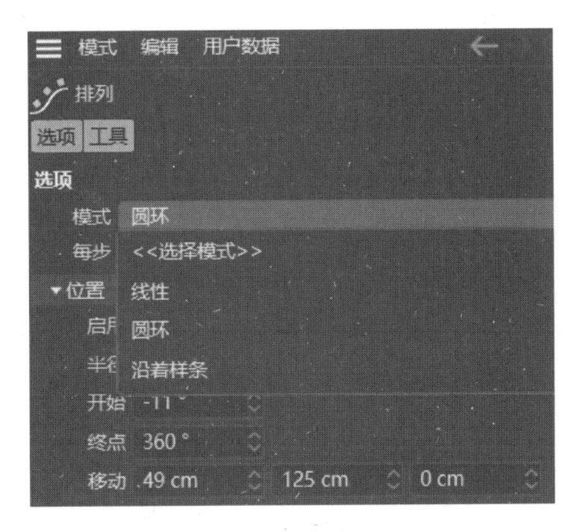

图　1-23

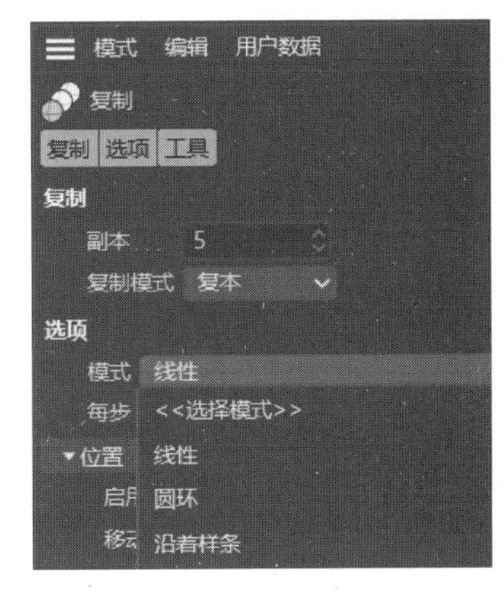

图　1-24

替换：选择对象 A，执行替换命令，再单击对象 B，则对象 A 被替换为对象 B，如图 1-25 和图 1-26 所示。

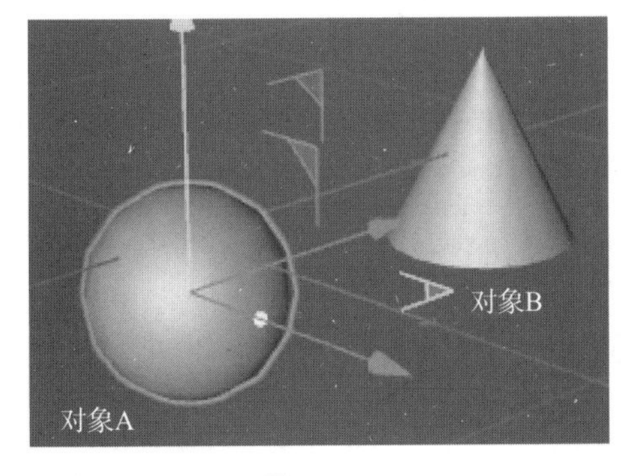

图　1-25

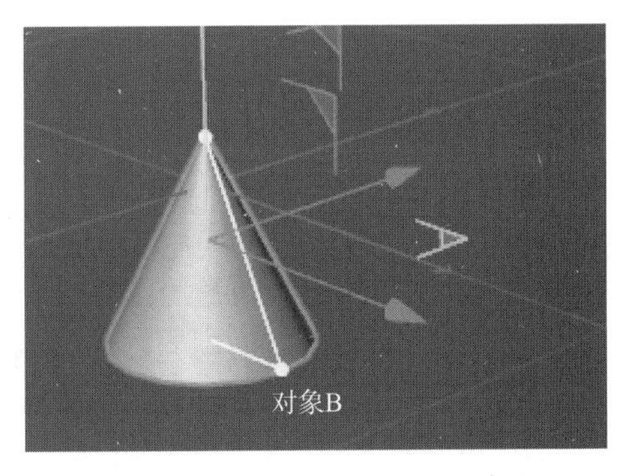

图　1-26

1.3.7 “网格”菜单

“网格”菜单主要针对可编辑对象提供了各种编辑命令，“网格”菜单的界面如图 1-27 和图 1-28 所示，主要菜单选项如下。

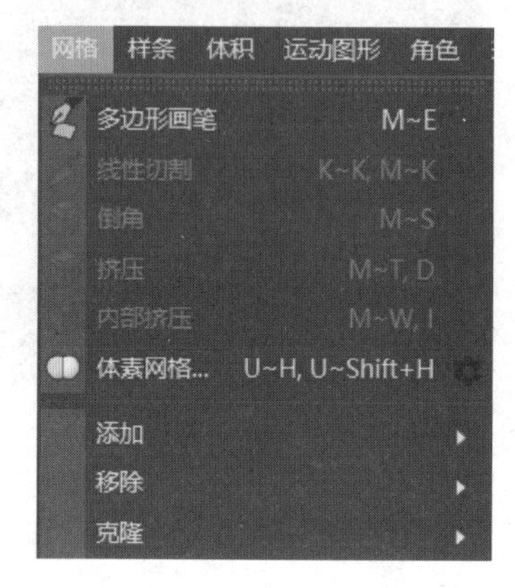

图 1-27

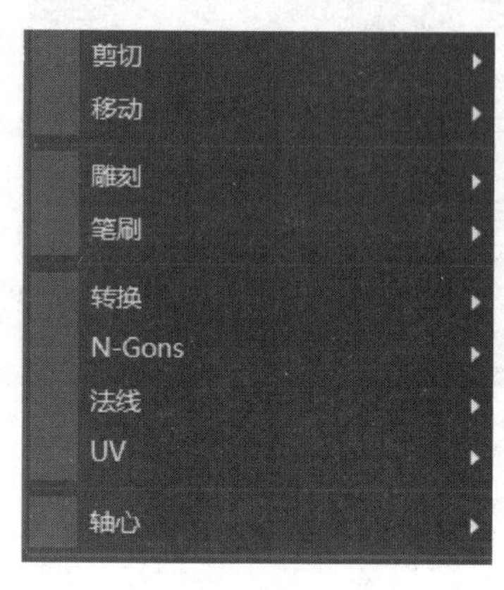

图 1-28

体素网络：给可编辑对象添加体积网格，并勾选“体积生成”，如图 1-29 所示。

轴心：该命令主要用于调整可编辑多边形的对象坐标，如图 1-30 所示。

轴对齐：常用动作是轴对齐到对象，一般选择“全部点”中对齐；也可以分别对单个轴调整百分比，从而调节多边形轴心位置，如图 1-31 所示。

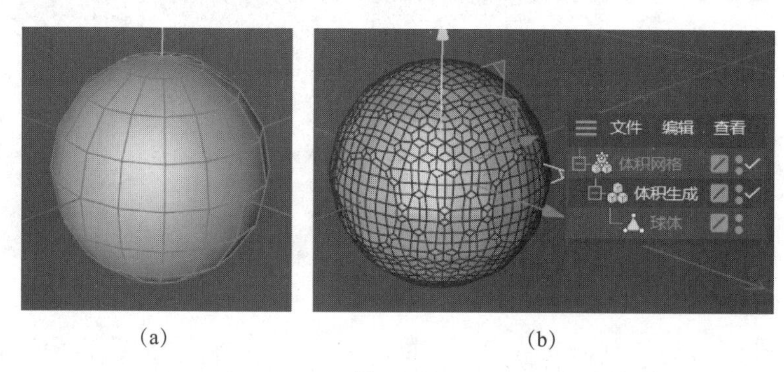

(a) (b)

图 1-29

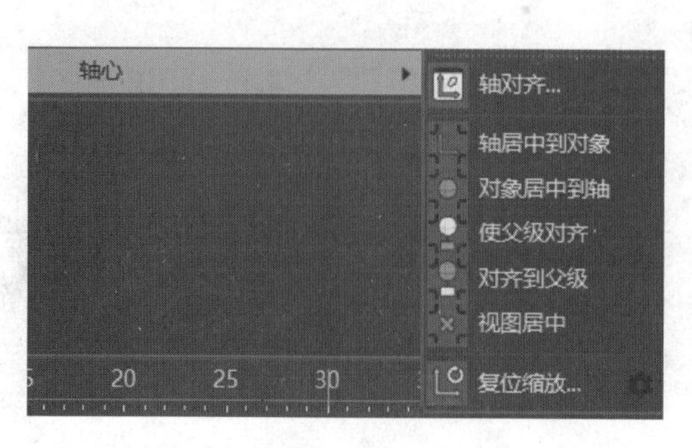

图 1-30

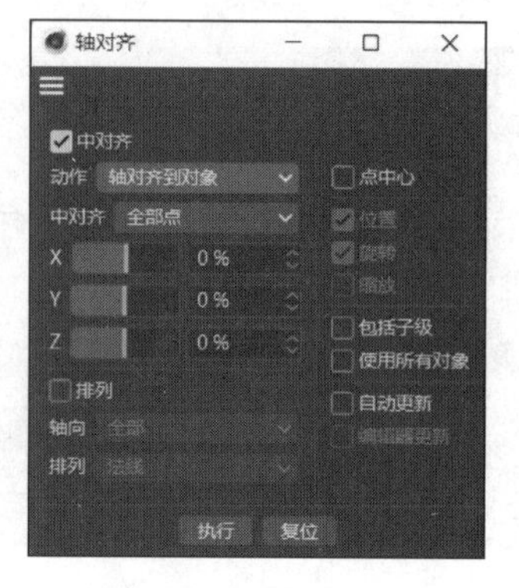

图 1-31

1.3.8 “样条”菜单

“样条”菜单主要用于创建样条，并对样条进行编辑，如图 1-32 所示。

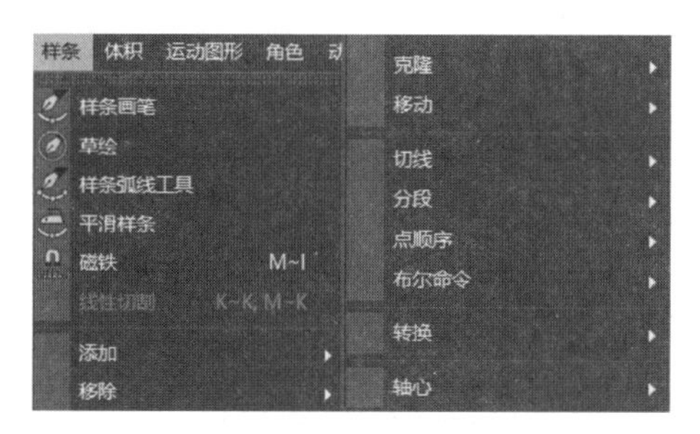

图　1-32

1.3.9 “体积”菜单

“体积”菜单包括体积生成和体积网格等工具，如图 1-33 所示，主要菜单选项如下。

体积生成：给对象增加“体积生成”生成器，将其转换为体积效果，如图 1-34（a）所示。

体积网格：将体积效果对象转化为网格形式，增加体积网格后，对象才能被渲染出来，如图 1-34（b）所示。

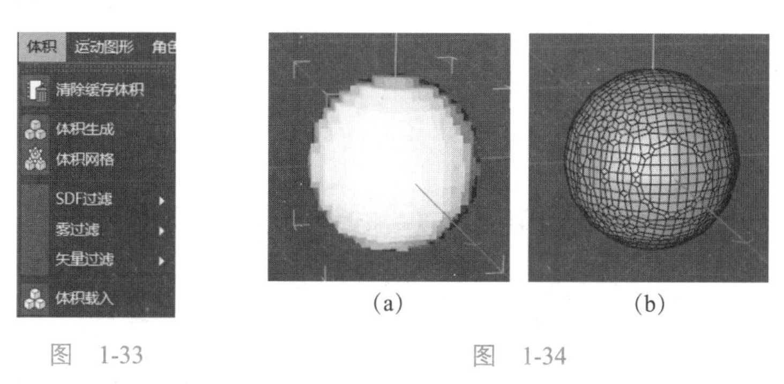

图　1-33　　　　图　1-34

1.3.10 “运动图形”菜单

“运动图形”菜单主要包括运动图形类型和效果器，运动图形类型作为父级使用，效果器作为子级使用，如图 1-35 所示，主要菜单选项如下。

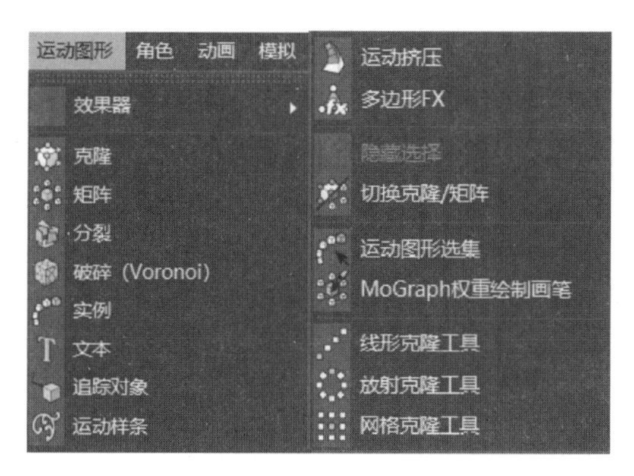

图　1-35

克隆：复制多个对象并以不同的模式排列它们。

文本：生成文本模型。

追踪对象：追踪对象移动的路径信息。

1.3.11 “角色”菜单

“角色”菜单用于制作角色动画，如约束、关节、蒙皮等效果，如图 1-36 所示。

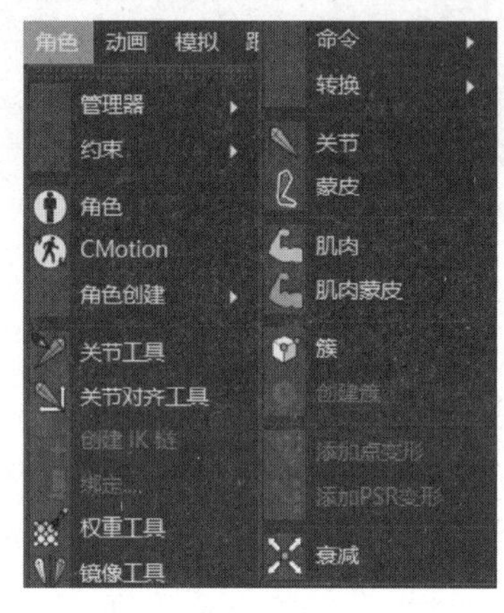

图 1-36

1.3.12 “动画”菜单

“动画”菜单主要用于切换对象播放模式，如图 1-37 所示。

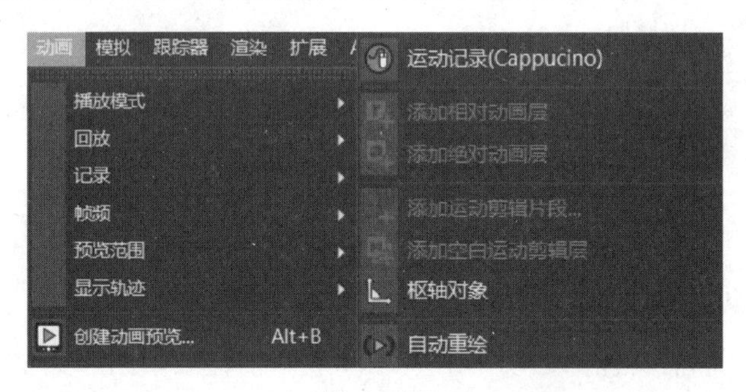

图 1-37

1.3.13 “模拟”菜单

“模拟”菜单主要包括动力学、粒子和毛发对象等工具，如图 1-38 所示。

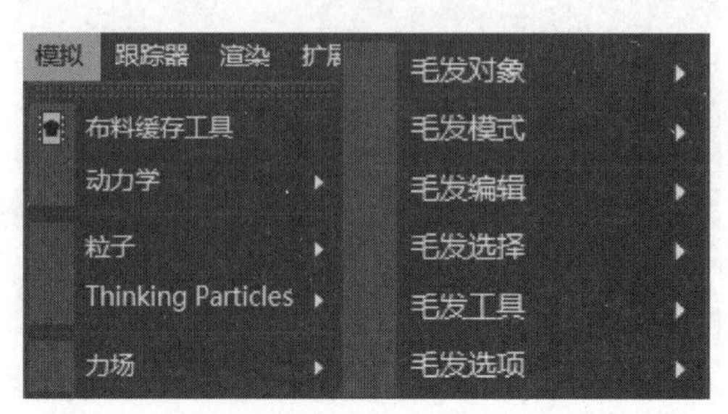

图 1-38

1.3.14 “跟踪器”菜单

“跟踪器”菜单主要用于跟踪设置，如运动跟踪、对象跟踪等，其界面如图 1-39 和图 1-40 所示。

图 1-39 图 1-40

1.3.15 “渲染”菜单

“渲染”菜单主要用于渲染场景，其界面如图 1-41 和图 1-42 所示。

图 1-41

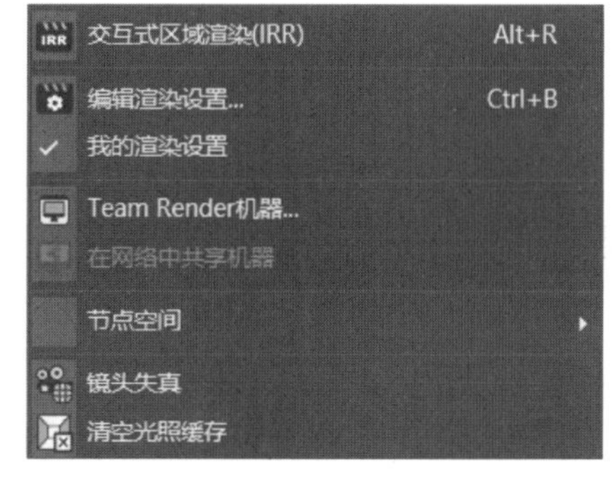

图 1-42

1.3.16 “扩展”菜单

“扩展”菜单主要用于设置脚本、使用插件，其界面如图 1-43 和图 1-44 所示。

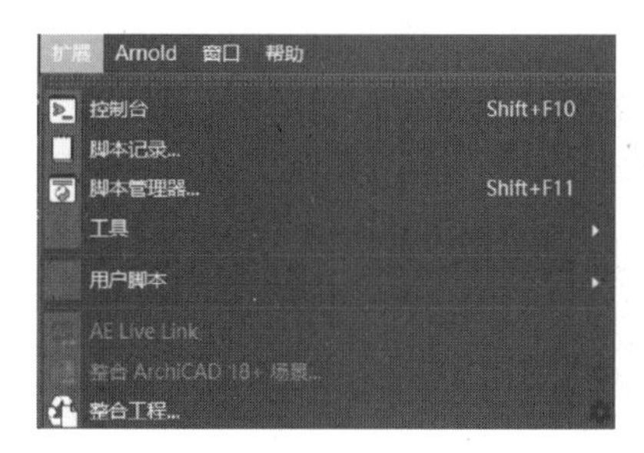

图 1-43

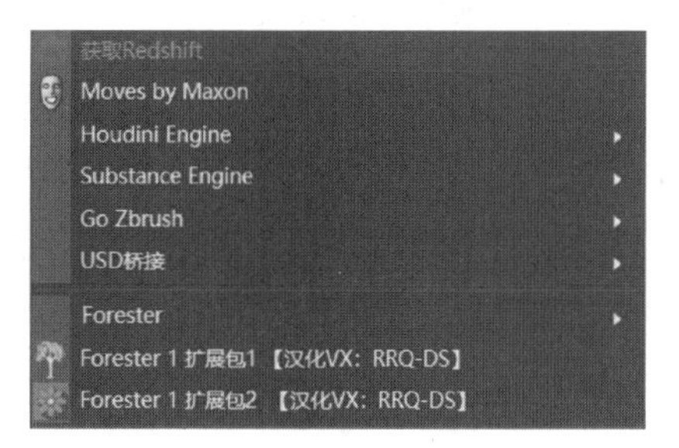

图 1-44

1.3.17 “窗口”菜单

“窗口”菜单用于设置自定义布局、时间线等，其界面如图 1-45 和图 1-46 所示。

图 1-45

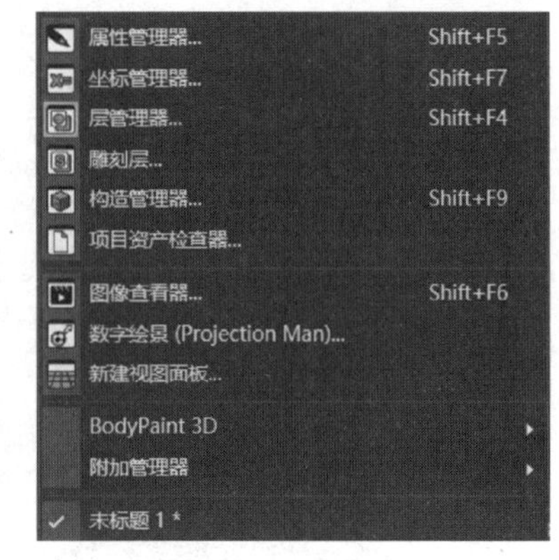

图 1-46

1.4 工具栏

工具栏

工具栏默认分为顶部工具栏和编辑工具栏。

1.4.1 顶部工具栏

顶部工具栏主要包含软件中经常用到的工具，直接单击工具栏中的按钮，即可选择相应的编辑操作，如图 1-47 所示。

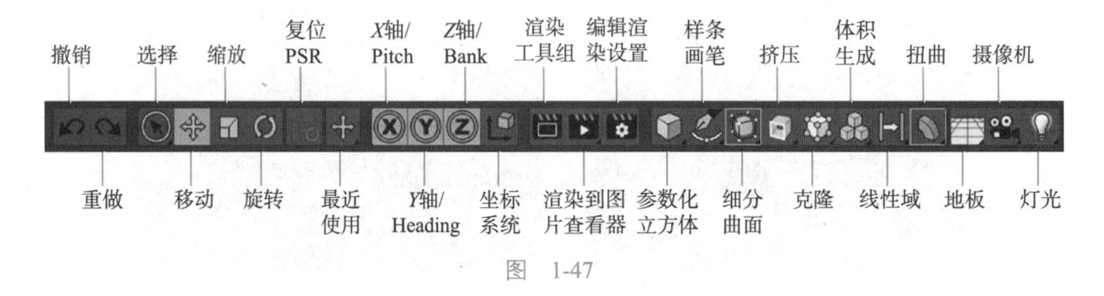

图 1-47

撤销和重做：可撤销上一步操作和返回撤销的上一步操作，快捷键分别为 Ctrl+Z 和 Ctrl+Y。

选择：用于选择场景的对象。长按该图标，在下拉菜单中可以显示其他选择工具，如图 1-48 所示。“实时选择”工具的属性如图 1-49 所示，其中包括半径和仅选择可见元素。

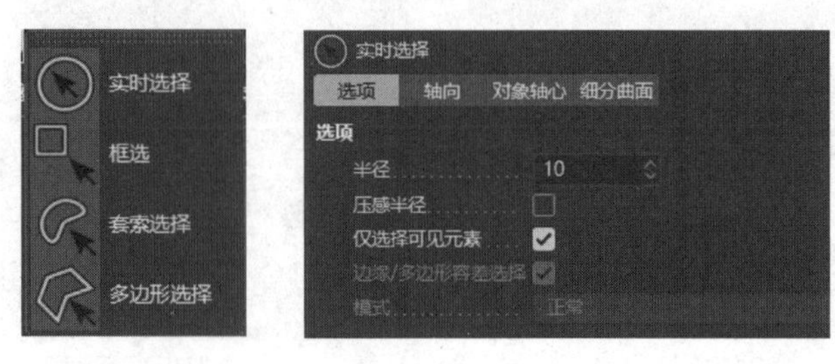

图 1-48 图 1-49

- 半径：设置选择范围。
- 仅选择可见元素：勾选该项，只选择视图中能看见的元素；取消勾选该项，则选择视图中的所有元素。

注：按住 Shift 键可以加选对象，按住 Ctrl 键可以减选对象。

移动：快捷键为 E，用于选择的对象或元素沿坐标轴移动位置，其中，红色代表 *X* 轴，绿色代表 *Y* 轴，蓝色代表 *Z* 轴，如图 1-50 所示。

缩放：快捷键为 T，用于调整选择的对象或元素的大小，如图 1-51 所示。

注：当模型为参数对象时，使用“缩放”工具只能等比例缩放（即 3 个轴向同时放大或缩小）。只有将模型转换为可编辑对象后，才能沿着任意一个或多个轴向进行缩放。

旋转：快捷键为 R，将选择的对象或元素沿着 *X*、*Y*、*Z* 轴旋转；旋转对象或元素时，按住 Shift 键，可默认每次增加或减少 5° 的角度进行旋转，如图 1-52 所示。

复位 PSR：对象进行了移动、旋转操作后，单击此工具可以使对象恢复到初始状态，快捷键为 Alt+0。

坐标：用于锁定 / 解锁 *X*、*Y*、*Z* 轴，默认为激活状态。

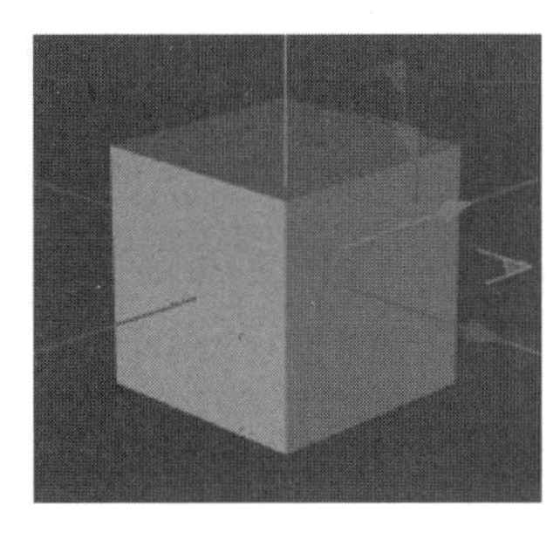

图　1-50

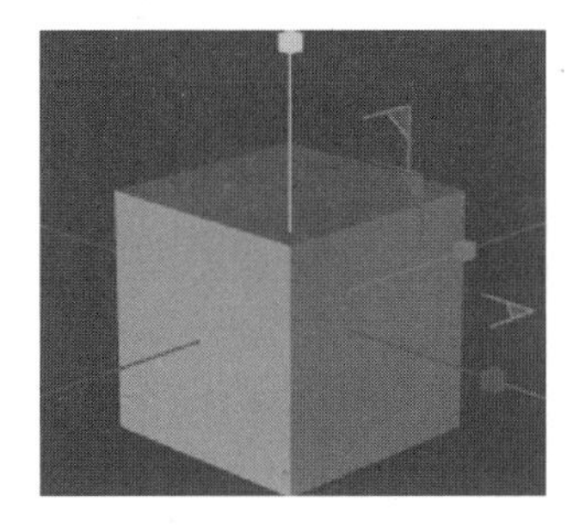

图　1-51

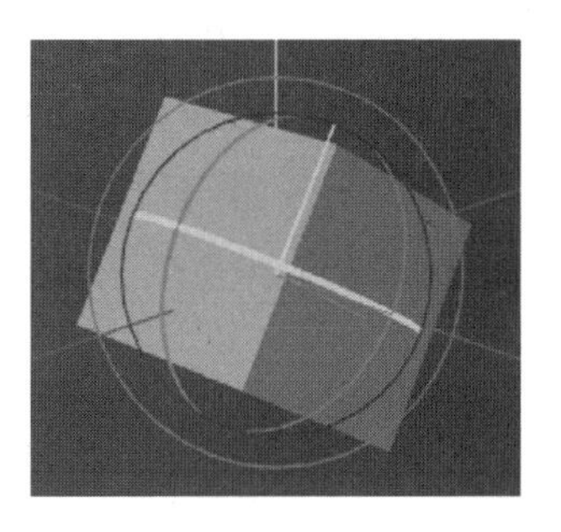

图　1-52

坐标系统：快捷键 W，单击工具可在“对象坐标系统”和“世界坐标系统”之间切换，“对象坐标系统”开启时，对象的坐标轴随着对象一起旋转，如图 1-53（a）所示。“世界坐标系统”开启时，无论对象如何旋转，其坐标轴都会与视图窗口左下角的世界坐标轴保持一致，如图 1-53（b）所示。

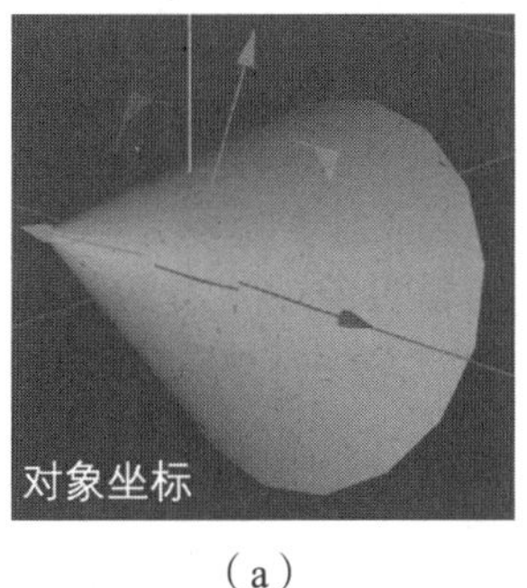

（a）

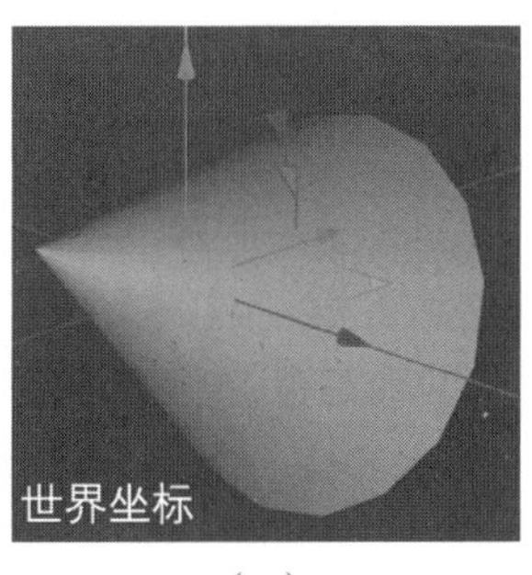

（b）

图　1-53

渲染工具组：用于进行渲染设置，观察渲染效果、保存渲染图片，此部分将在第 7 章详细讲解。

参数化几何体：用于创建系统自带的参数化几何体模型，展开后有内置的多种参数对象，此部分会在第 2 章详细讲解。

样条画笔：用于创建样条参数对象的工具组，展开后有多种内置的样条参数对象，此部分会在第 3 章详细讲解。

细分曲面：可以使模型产生特定效果的生成器工具组，多用于建模。

挤压：可以使样条曲线变为三维模型的生成器工具组，用于样条参数对象建模。

克隆：运动图形工具组，一个程序化的建模和动画工具集，有许多强大的效果器。

体积生成：体积建模工具组，为 R20 版之后新增的功能，使用体积生成和体积网格配合可以达到类似布尔或者融球的效果，但是效果要更加细腻真实。

线性域：域工具组，为 R20 版之后新增的功能，主要配合效果器使用，可以理解为之前效果器中衰减功能的升级。

扭曲：变形器工具组，可以使模型产生特殊效果的形变，主要用于创建模型或者制作动画效果。

地板：场景工具组，用于创建环境，模拟真实的天空、光照等效果。

摄像机：用于创建摄像机的工具组，展开后有多种摄像机。

灯光：用于创建灯光的工具组，可以创建不同类型的灯光。

1.4.2 编辑工具栏

编辑工具栏主要用于对可编辑对象的编辑操作，如图 1-54 所示。

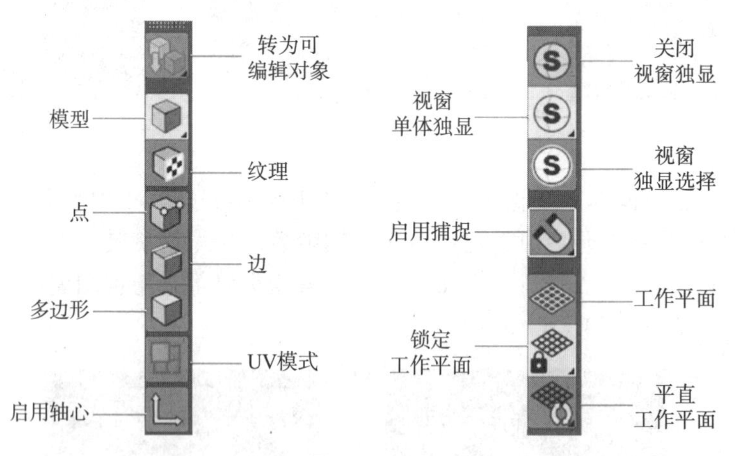

图 1-54

图 1-55

转为可编辑对象：将模型或线条转换为可编辑对象的工具组，展开工具组为“转为可编辑对象”“当前状态转对象”“连接对象”“连接对象 + 删除”“体素网格”工具，如图 1-55 所示。参数化几何体对象只有转换为可编辑对象后才可以对点、线、面分别编辑。

模型：模型的整体控制层级，在该模式下转换为可编辑对象的模型也不能对点、线、面进行编辑。

纹理：用于编辑模型材质的纹理的缩放、旋转和位置，使纹理与模型更贴合。

点：转换为可编辑对象的模型，在此模式下可以对点进行编辑。

边：转换为可编辑对象的模型，在此模式下可以对边进行编辑。

多边形：转换为可编辑对象的模型，在此模式下可以对面进行编辑。

UV 模式：在此模式下可显示所选模型的 UV 贴图。

启用轴心：转换为可编辑对象的模型，在此模式下可以移动轴心的位置从而设置轴心点。

视窗单体独显：选择某个或多个对象时，激活该工具，“视图窗口”只显示选择的对象，其他对象不显示。

视窗独显选择：在激活“视窗独显”工具的基础上，激活“视窗独显选择”工具，此时选择哪个对象，“视图窗口”就只显示被选择的对象。

关闭视窗独显：不显示这些对象。

启用捕捉：捕捉功能是重要的辅助功能，可以使对象自动吸附到某个位置，展开工具组可以看到有多种捕捉工具。

工作平面：单击工具后进入工作平面模式，在不选择任何对象的情况下可以对工作平面进行移动、缩放、旋转操作。

锁定工作平面：用于调整工作平面的方向，工作平面的方向决定新建几何体的方向，在参数化几何体建模时会经常用到此工具。

平直工作平面：用于实时根据视图中模型的面来切换不同的工作平面。

1.5　视图窗口

视图操作

视图窗口是 C4D 软件主要的工作区域，用于编辑和显示在其中创建的模型、动画等，启动软件默认是透视视图，如图 1-56 所示。

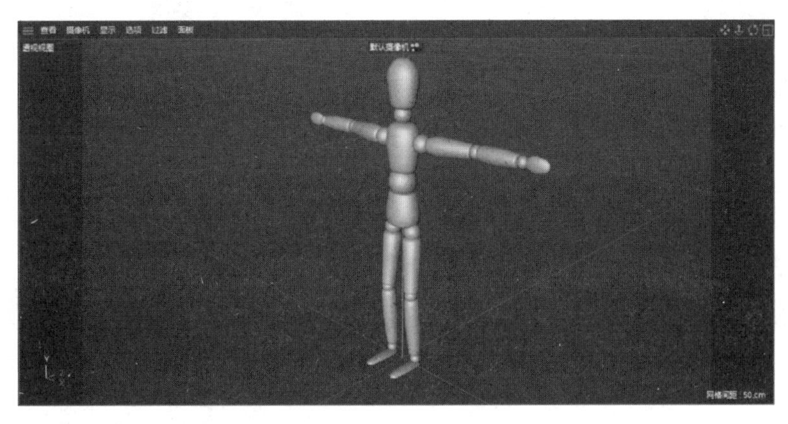

图　1-56

1.5.1　视图的控制

视图的控制是指可以使用视图窗口右上角的视图工具对视图进行控制。

平移视图：按住工具不放，拖曳鼠标，可以平移视图，快捷键为 Alt+鼠标中键。

缩放视图：按住工具不放，拖曳鼠标，可以对视图拉近或拉远，快捷键为 Alt+鼠标右键或“鼠标中键滚动”。

旋转视图：按住工具不放，拖曳鼠标，可以对视图进行旋转，快捷键为 Alt+ 鼠标左键。

切换视图：按住工具不放，拖曳鼠标，可以把当前视图和其他视图进行切换，快捷键为 Alt+ 鼠标中键，如图 1-57 所示。

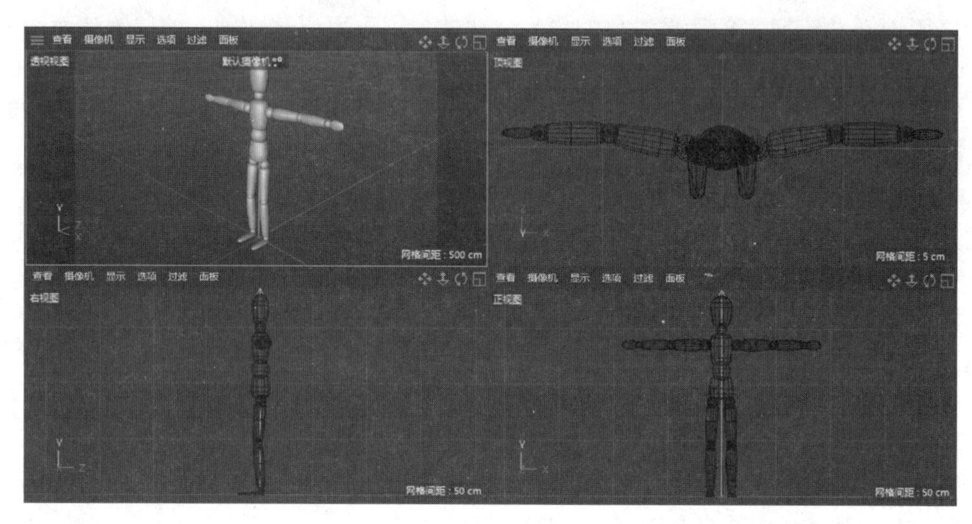

图 1-57

1.5.2 视图的菜单

每个视图顶部都有视图菜单，对视图的布局、对象的显示各个功能主要是辅助进行图像处理，如图 1-58 所示。

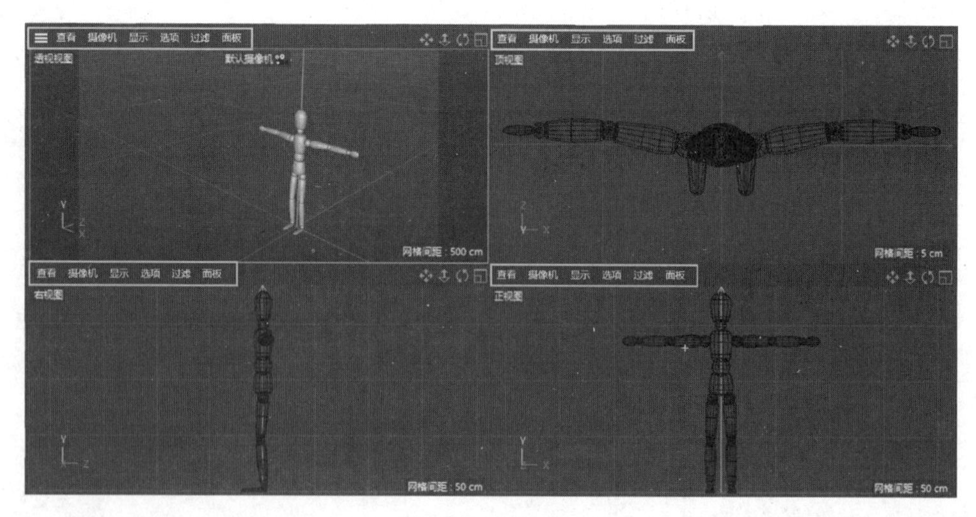

图 1-58

1. 查看菜单

查看菜单主要用于进行视图内容显示等操作，如图 1-59 所示，主要菜单选项如下。

撤销视图：撤销之前对视图的操作。

框显全部：让场景中包括灯光和摄像机在内的所有对象都居中显示在视图窗口中。

框显几何体：快捷键为 H，可以在当前视图最大化显示整个场景中的全部对象。

恢复默认场景：可以恢复当前视图为默认的初始视图。

框显选取元素：快捷键为 S，当选择对象为可编辑对象时，框显选取元素才会被激活；执行操作后，所选元素（包括对象、点、边、多边形）居中显示在视图中。

框显选择中的对象：快捷键为 O，执行操作后，所选的对象居中显示在视图中。

作为渲染视图：可以将当前视图设定为默认的渲染视图。C4D 软件默认透视视图是渲染视图。

2. 摄像机菜单

摄像机菜单主要用于进行当前视图摄像机的选取、视图角度及类型的切换等操作，如图 1-60 所示。

使用摄像机：设置当前视图显示哪一个摄像机拍摄的内容。

3. 显示菜单

显示菜单主要用于设置视图内容的显示模式，如图 1-61 所示，主要菜单选项如下。

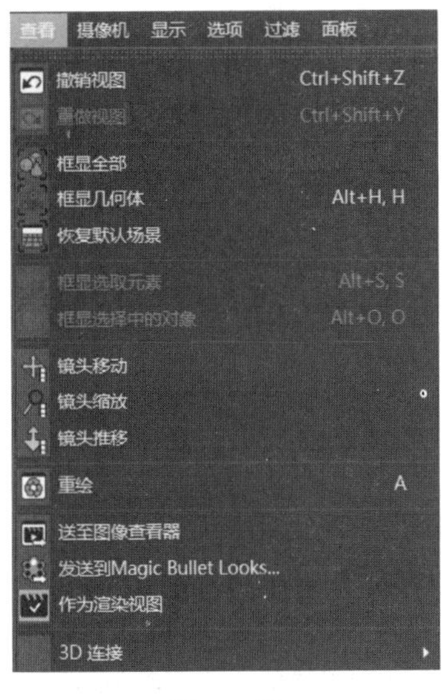

图　1-59

图　1-60

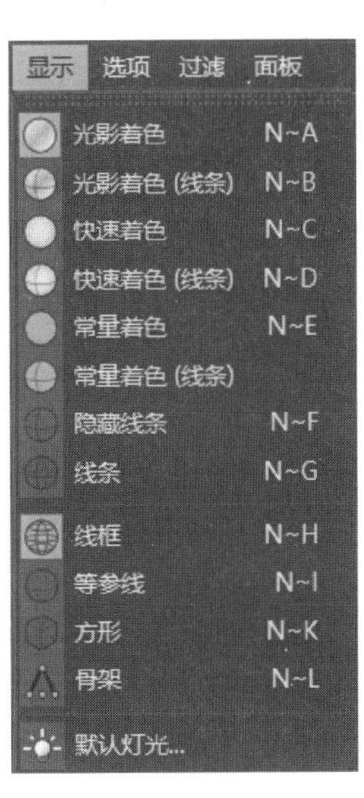

图　1-61

光影着色：视图中的对象都会根据场景设定的灯光显示明暗效果。

光影着色（线条）：在光影着色的同时显示对象的结构线条。

快速着色：视图中的对象只根据场景默认的灯光显示明暗效果。

常量着色：视图中的对象只显示着色效果，不显示明暗效果。

隐藏线条：视图中的所有对象都会在以灰色着色的同时显示结构线条，如图 1-62 所示。

线条：视图中的所有对象都只显示结构线条，如图 1-63 所示。

4. 选项菜单

选项菜单主要用于对象、材质、阴影等在场景中的显示 / 隐藏设置，如图 1-64 所示，主要菜单选项如下。选项设置只影响视图窗口的显示设置，不会影响渲染结果。

细节级别：使用视窗显示级别作为渲染细节级别。

线性工作流程着色：启用该选项后，场景中的着色模式会发生变化，视图中将启用线性工作流程着色。

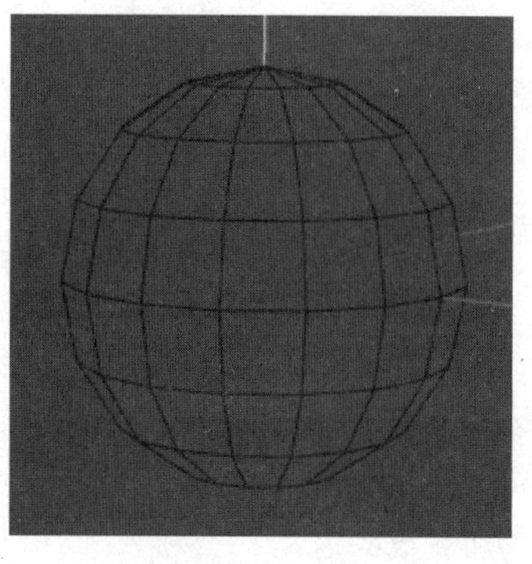

图 1-62

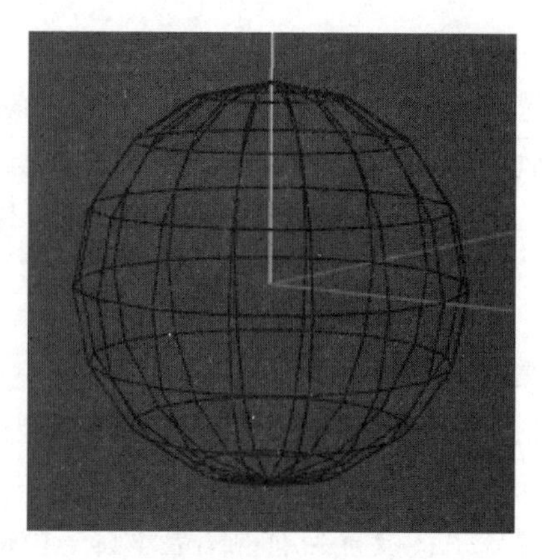

图 1-63

阴影：配合灯光使用，只有启用该选项后，在场景中才会实时显示灯光阴影的效果，如图 1-65 所示。

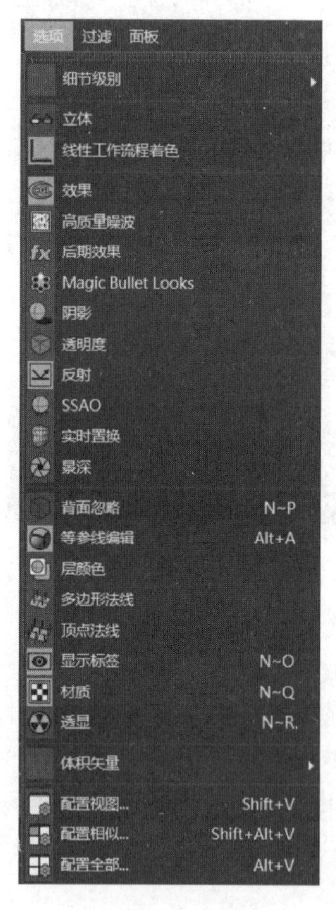

图 1-64

图 1-65

等参线编辑：启用该选项后，所有对象的元素（点、边、多边形）将投射到平滑细分的对象上。

多边形法线：启用该选项后，选中可编辑多边形面，会相应显示面的法线、场景中对象的面法线将被显示，如图 1-66 所示。

材质：启用该选项后，在场景中对象的材质纹理将被实时显示。

5. 过滤菜单

过滤菜单主要用于设定视图中所有元素的显示或隐藏，包括工作平面、世界轴心等，如图 1-67 所示。

6. 面板菜单

面板菜单主要用于切换和设定视图的排列布局，如图 1-68 所示。

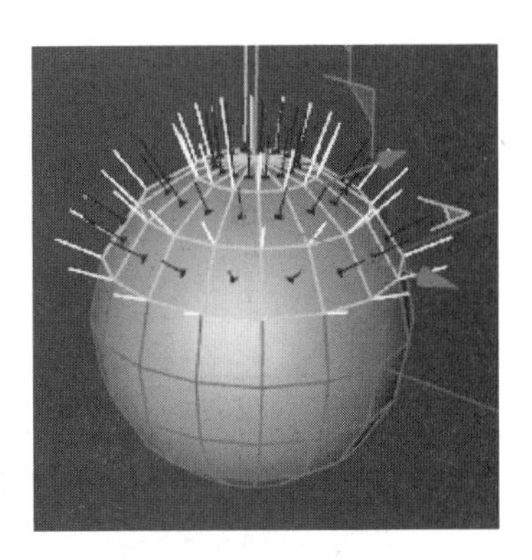

图 1-66

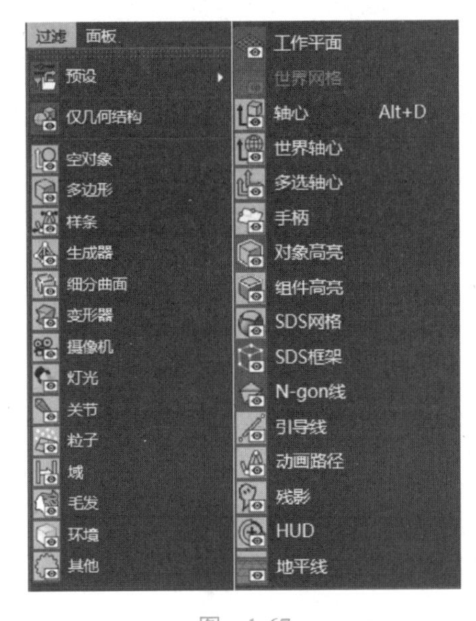

图 1-67

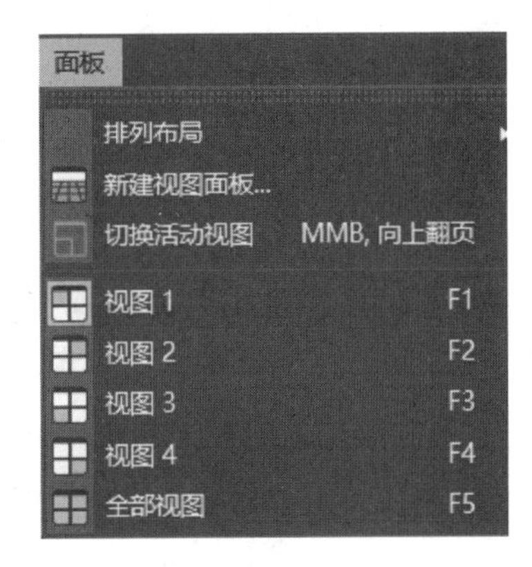

图 1-68

排列布局：可执行该选项下面的下拉菜单中的命令来切换视图布局，如双堆栈视图（图 1-69）、双并列视图布局（图 1-70）。

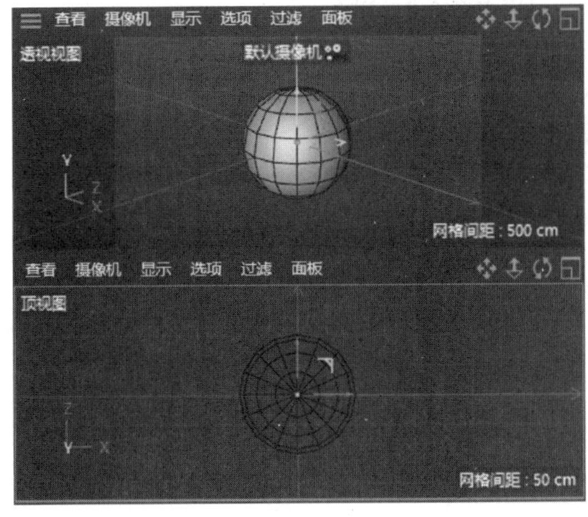

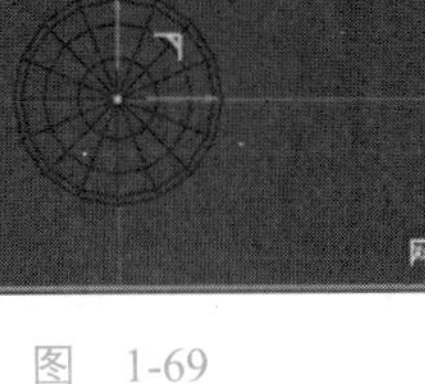

图 1-69

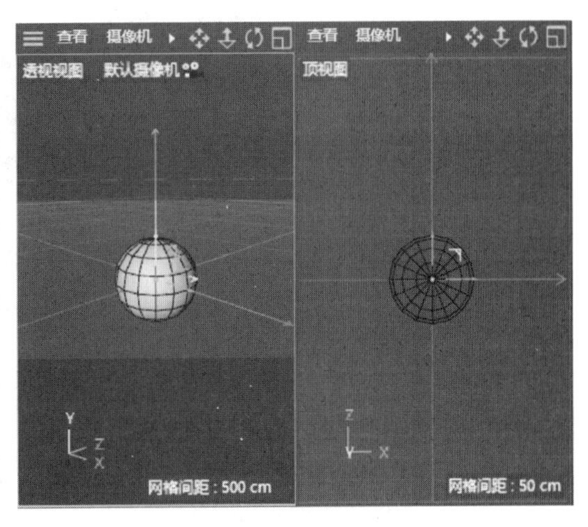

图 1-70

1.6 常用标签

常用标签主要用于对象的运动控制、物理模拟和动画效果制作。

1.6.1 保护标签

保护标签用于锁定对象的坐标轴，对象坐标轴变灰。选择对象，右击，在弹出的窗口中依次选择“装配标签”→“保护”，如图 1-71 所示。添加保护标签后，参数的值将不可修改，如图 1-72 所示。

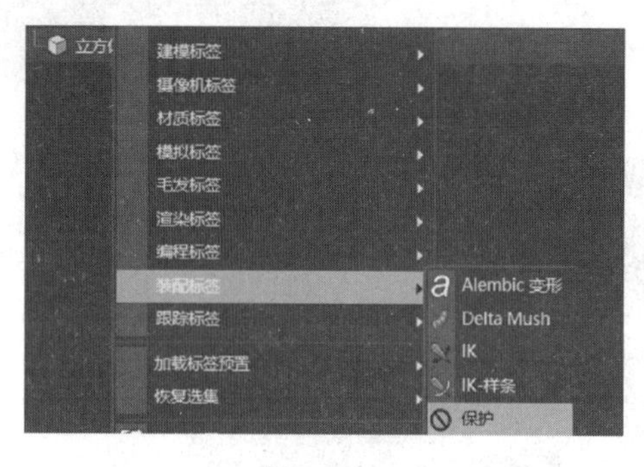

图 1-71

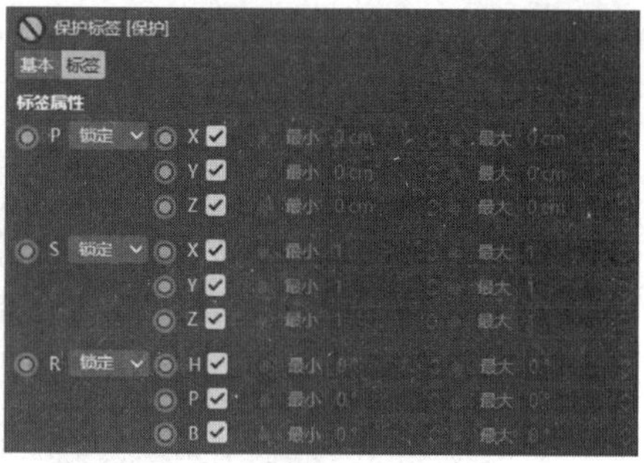

图 1-72

1.6.2 合成标签

合成标签是 C4D 软件中常用的标签之一，主要用于场景中选项的排除或分层输出，合成标签的属性如图 1-73 所示，主要选项如下。

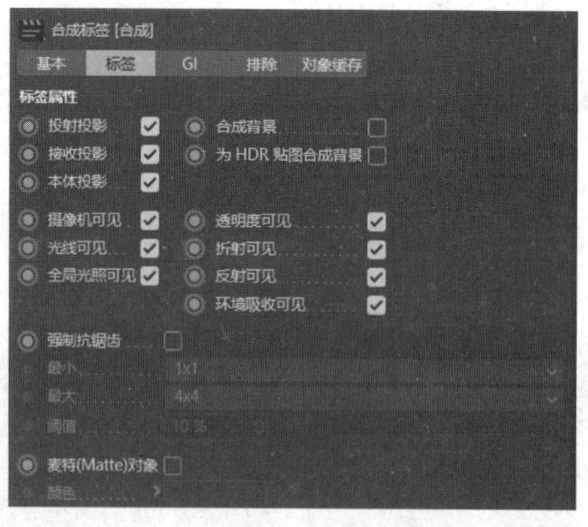

图 1-73

投射投影：设置对象是否投射投影。

接收投影：设置对象是否接收其他对象产生的投影。

本体投影：设置对象暗部过渡，当投射投影禁用时，本体投影也将自动关闭。

摄像机可见：设置对象是否被渲染。

光线可见：设置射线是否被计算出来，如反射或折射。

全局光照可见：设置是否计算 GI 全局光照。

合成背景：将对象的材质纹理作为背景与地面衔接在一起。

透明度可见：设置透明度是否可见。
折射可见：设置对象的折射是否可见。
反射可见：设置对象的反射是否可见。
环境吸收可见：设置对象的环境吸收是否可见。

1.6.3　目标标签

实战案例："目标标签"应用

目标标签的主要作用是使对象的 Z 轴始终指向目标对象。

目标标签

【步骤 1】CH1 → 场景文件 → mb.c4d 文件，如图 1-74 所示。

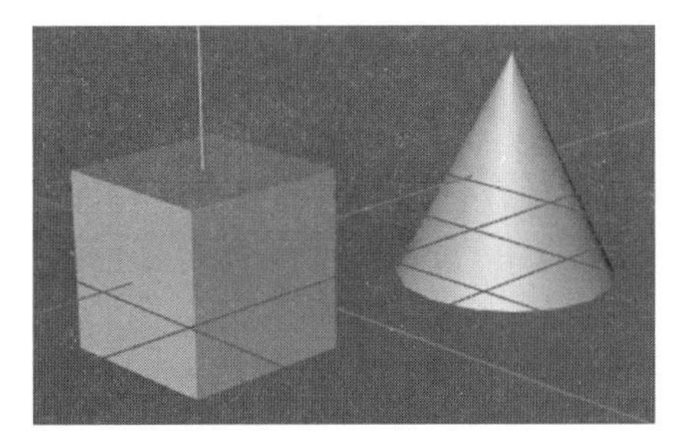

图　1-74

【步骤 2】选择"立方体"对象，右击，在弹出的窗口中依次选择"动画标签"→"目标"，给"立方体"对象添加"目标标签"，如图 1-75 所示。

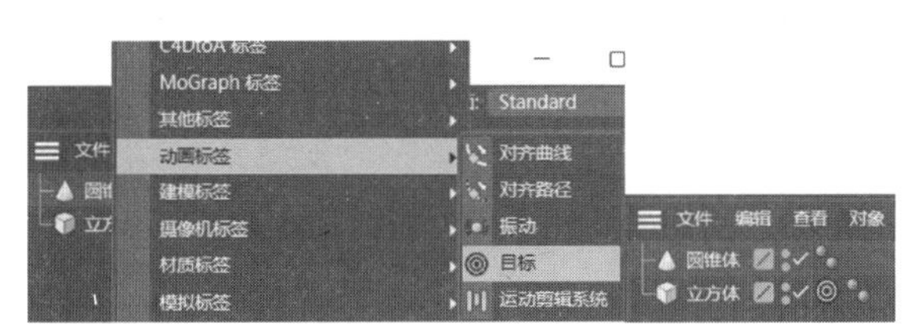

图　1-75

【步骤 3】选择"目标标签"，把"圆锥体"对象拖入"标签"选项栏下的"目标对象"中，当"圆锥体"向上移动时，"立方体"的 Z 轴朝向也会跟着"圆锥体"移动，设置过程和变化效果如图 1-76 所示。

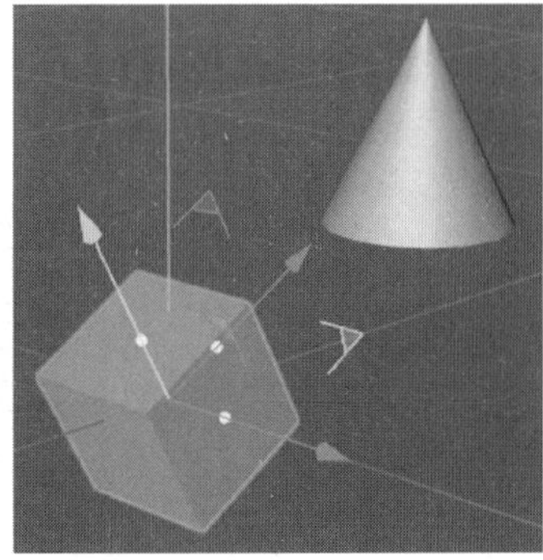

图　1-76

第2章　参数化几何体建模

本章将介绍C4D内置的多种常见的参数化几何体，并对每个几何模型进行分析讲解，通过本章的学习，可以使读者熟悉各类几何体的创建方法，掌握常用基础模型的制作技术与技巧。

重点知识

- 熟悉常见的参数化几何体。
- 掌握参数化几何体制作模型的方法。

学习几何体建模需认识参数化对象。长按"工具栏"中的"立方体"按钮，会弹出参数化对象的面板，如图2-1所示。用户单击面板上的图标就可以在视图中直接创建这些模型。

图　2-1

2.1　空白

空白即为空对象，通常可利用空白对象将多个对象进行打组。

实战案例："空白"对象的应用

【步骤1】CH2 → 场景文件 → 空白.c4d，创建一个"空白"对象，按住鼠标左键并拖动"立方体"和"球体"对象到"空白"上，出现↓图标时松开鼠标，如图2-2所示。

注：可以在"对象"窗口选中需要的对象，按快捷键Alt+G，将选中的对象进行编组。

【步骤2】选择"空白"对象时，即可同时选中"立方体"和"球体"对象，如图2-3所示。

图　2-2

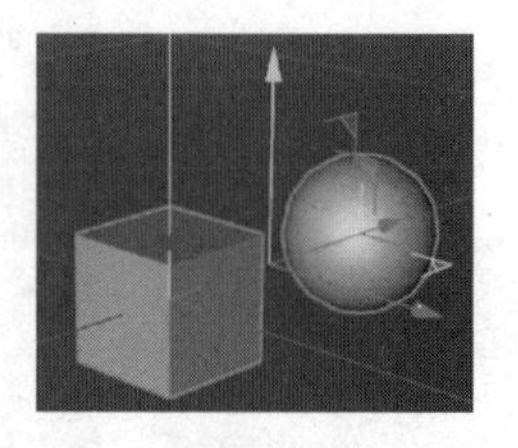

图　2-3

空白对象的应用

2.2 立方体

立方体是建模中常用的几何体之一，在场景中创建立方体，如图 2-4 所示。

2.2.1 基本

“基本”选项卡参数，如图 2-5 所示，主要选项如下。

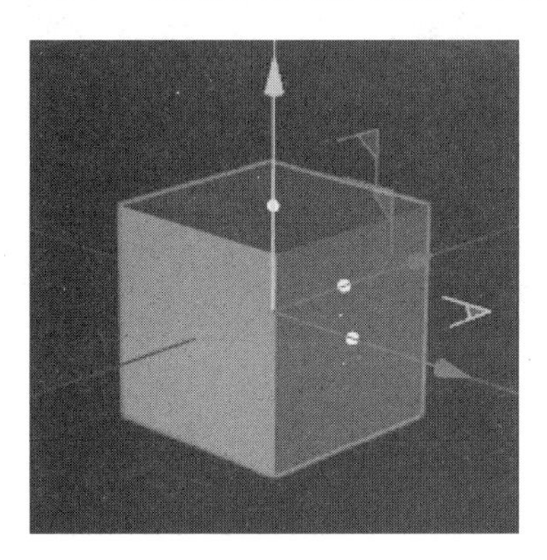

图 2-4

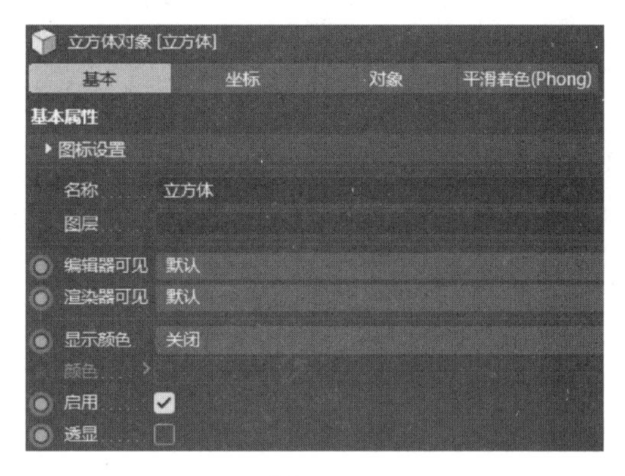

图 2-5

名称：在这里可以输入对象的名称。
图层：可以指定对象分配给哪个图层。
编辑器可见：设置所选对象在视图窗口是否可见。
渲染器可见：设置所选对象在渲染时是否可见。
透显：设置所选对象在视图窗口是否具有透视功能。

2.2.2 坐标

“坐标”选项卡参数，如图 2-6 所示。

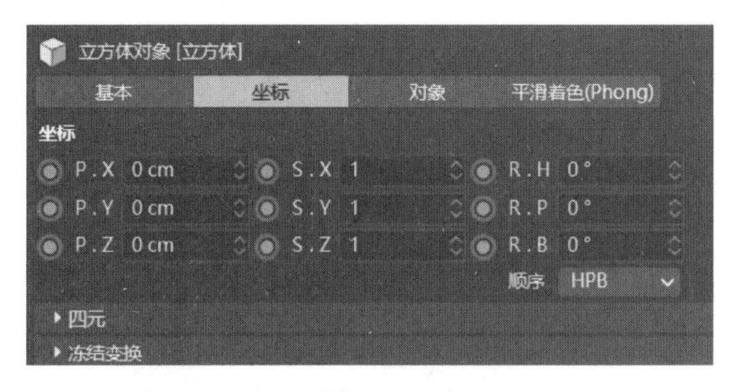

图 2-6

坐标：P.X/Y/Z 表示对象相对于世界坐标的位置，如果对象在子级中，则表示对象相对于父级坐标的位置。S.X/Y/Z 表示对象的大小比例。R.H/P/B 表示对象相对于世界坐标的角度。

2.2.3 对象

“对象”选项卡参数，如图 2-7 所示，主要选项如下。
尺寸：设置立方体的尺寸大小，也可在视图中拖动黄色点的手柄调整立方体大小。
分段：设置 3 个轴向上的分段数量。

分离表面：选择该选项后，当把立方体转换为可编辑对象时，立方体的每一个面都会被独立分离出来，如图 2-8 所示。

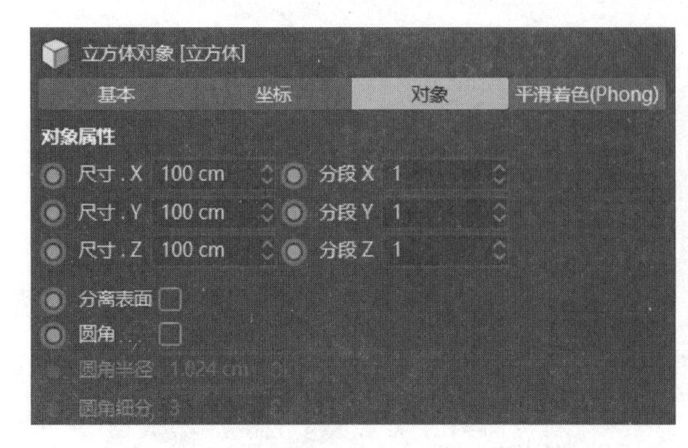

图 2-7

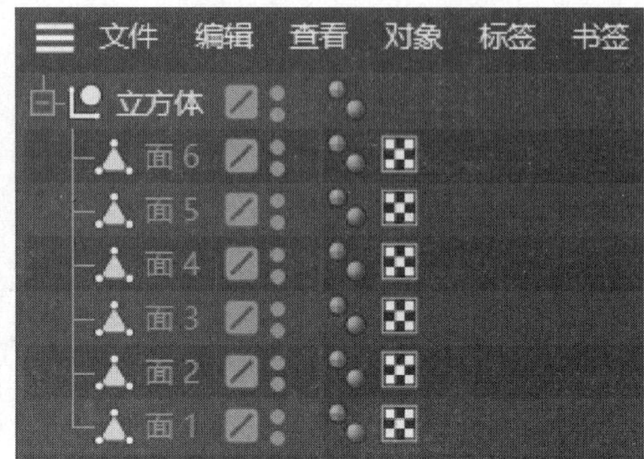

图 2-8

圆角：设置立方体边缘的倒角，通过圆角半径和圆角细分来调整倒角大小和圆滑程度，如图 2-9 所示。

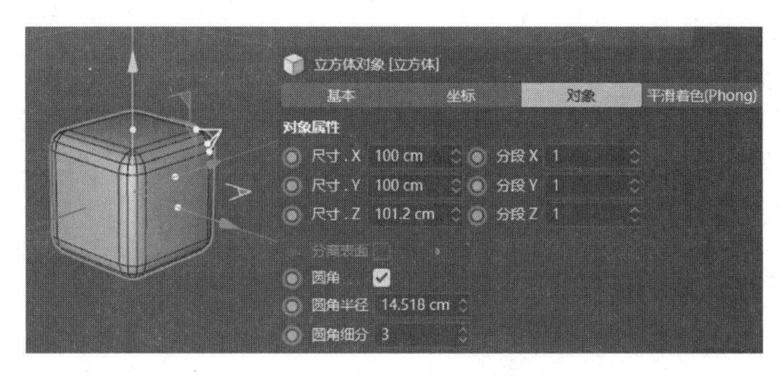

图 2-9

2.3 圆锥体 / 圆柱体

圆锥体和圆柱体参数设置相似，下面以圆锥体为例讲解，如图 2-10 所示。

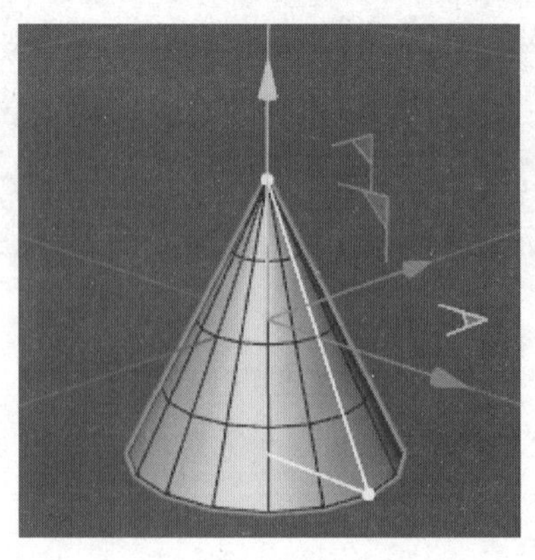

图 2-10

2.3.1 对象

“对象”选项卡参数，如图 2-11 所示。

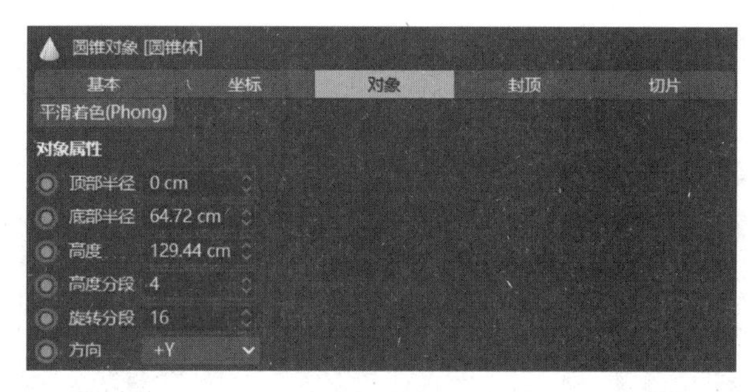

图　2-11

顶部半径 / 底部半径：设置圆锥体顶部和底部的大小，数值为 0 时顶部为最尖锐状态，当顶部半径和底部半径相等时，形成圆柱体。

2.3.2　封顶

“封顶”选项卡参数，如图 2-12 所示，主要选项如下。

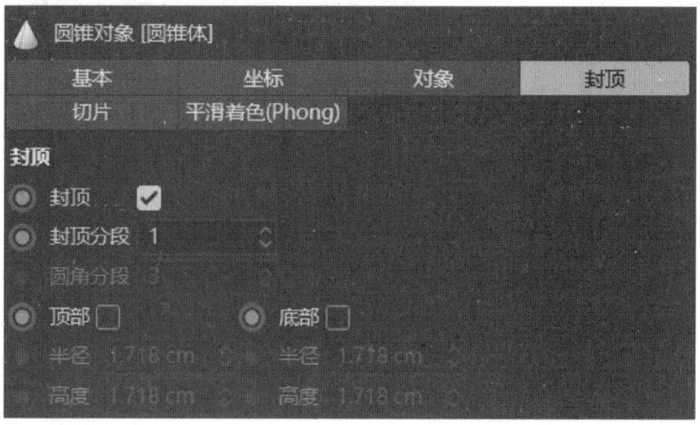

图　2-12

封顶：勾选该选项后，圆锥的顶部和底部会被封闭，如图 2-13 所示。

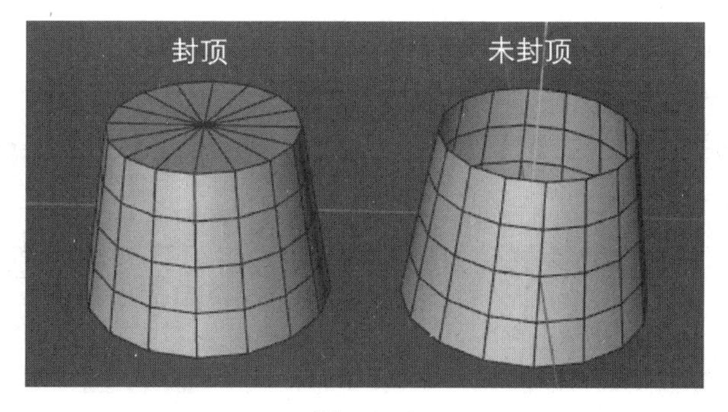

图　2-13

圆角分段：设置封顶后圆角的分段数。

顶部 / 底部：设置圆锥边缘倒角的大小和平滑度。

2.3.3　切片

“切片”选项卡参数，如图 2-14 所示。

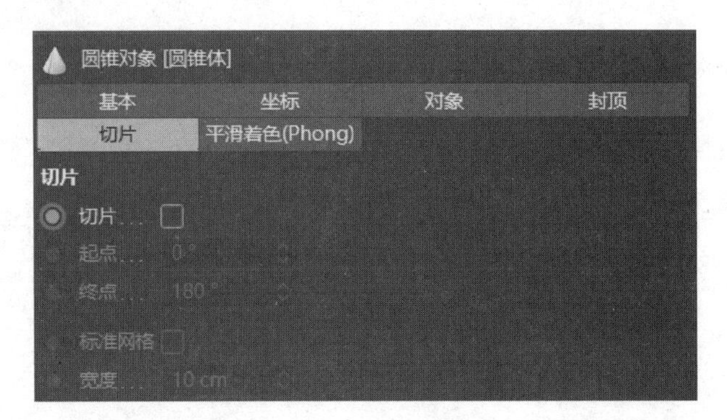

图 2-14

切片：默认创建的是完整圆锥体，如果想创建部分圆锥体，可以勾选“切片”复选框，设置开始角度和结束角度，如图 2-15 所示。

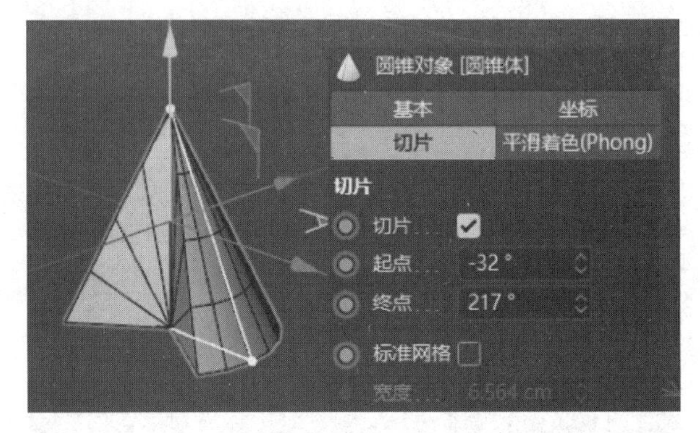

图 2-15

注：其他参数化几何体的切片功能与圆锥体相似，后面不再赘述。

2.4 球体

球体对象及其属性参数如图 2-16 所示，主要选项如下。

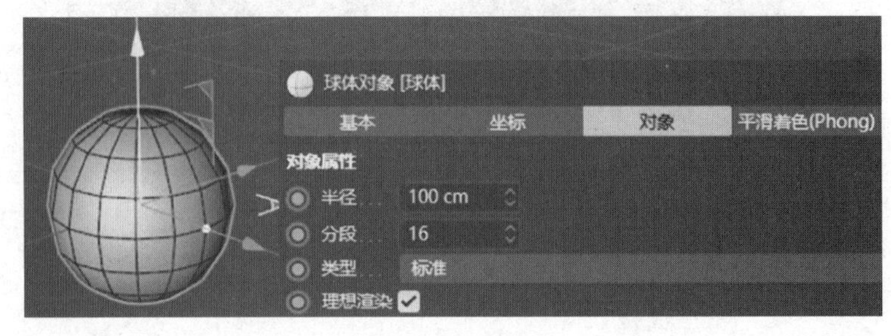

图 2-16

半径：设置球体的大小。

分段：设置球体的分段，控制球体的光滑程度。

类型：设置球体的布线方式，如图 2-17 所示。

理想渲染：启用后，无论参数化几何体在视图中的效果质量如何，渲染出来都是平滑球体。

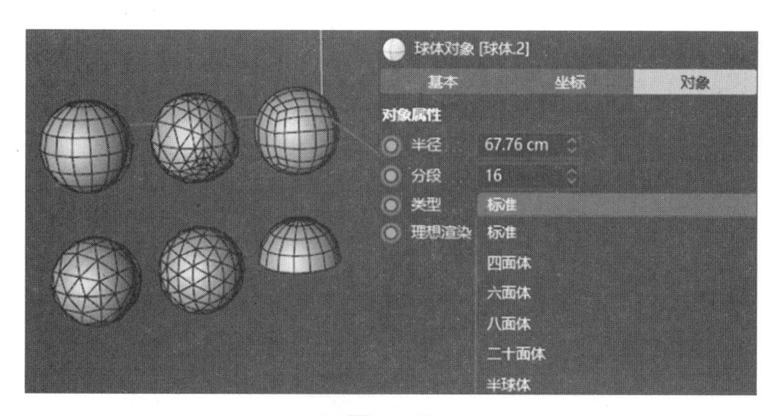

图 2-17

2.5 圆环

圆环对象及其属性参数如图 2-18 所示，主要选项如下。

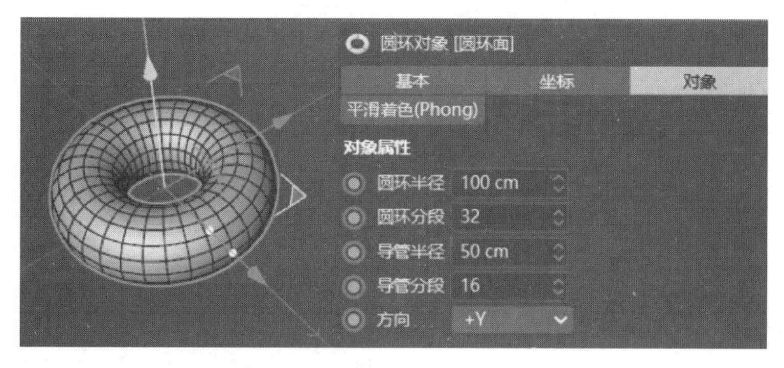

图 2-18

圆环半径 / 圆环分段：设置圆环的半径和分段数。

导管半径 / 导管分段：设置圆环管道的大小和分段数。

2.6 平面

平面对象及其属性参数如图 2-19 所示。

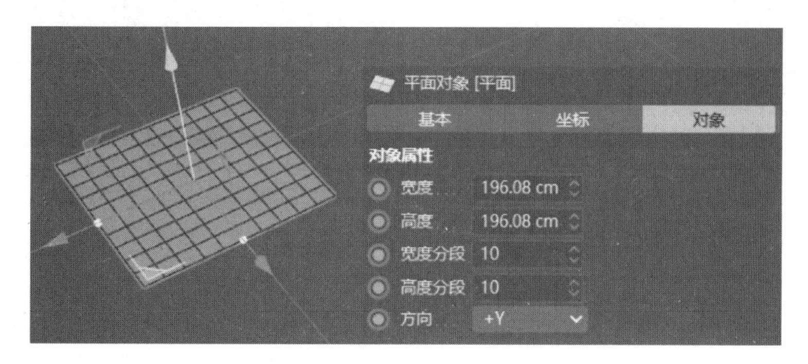

图 2-19

宽度 / 高度：设置平面对象的宽 / 高尺寸。

实战案例：制作展台模型

美妆展台

案例路径：CH2 → 工程文件 → 美妆展台 .c4d。

本实例主要用圆柱体、圆环和平面制作完成，最终效果如图 2-20 所示。

图 2-20

【步骤 1】新建两个“平面”对象，一个作为地面，另一个作为背景墙，如图 2-21 所示。

【步骤 2】新建一个“圆柱体”对象，修改“半径”为 104cm，“高度”为 157cm，“旋转分段”为 25，启用“圆角”，修改“分段”为 5，如图 2-22 所示。

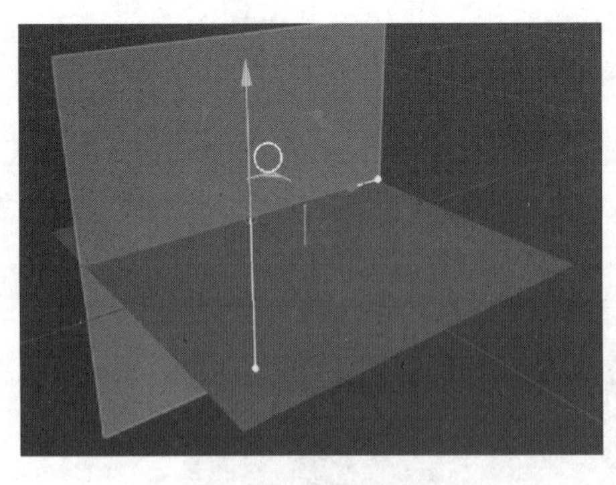

图 2-21

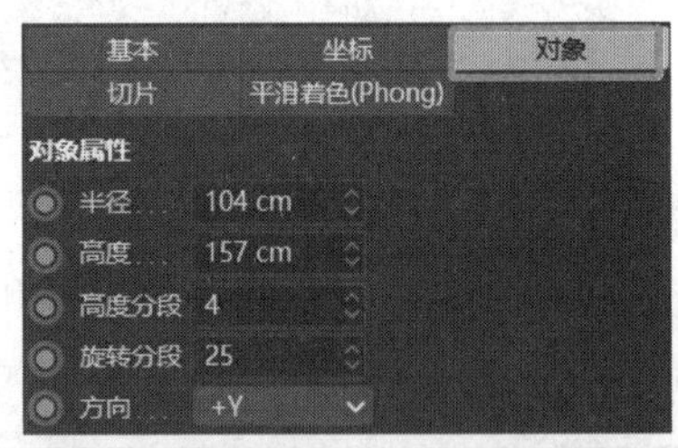

图 2-22

【步骤 3】复制“圆柱体”对象，生成“圆柱体 1”和“圆柱体 2”，分别修改两者的“高度”半径为 135cm 和 207cm，如图 2-23 所示。移动三个“圆柱体”到合适的位置，如图 2-24 所示。

【步骤 4】新建“圆环”对象，修改“圆环半径”为 253cm，“圆环分段”为 65，“导管半径”为 10cm，“导管分段”为 20，如图 2-25 所示。移动“圆环”到合适的位置，如图 2-26 所示。

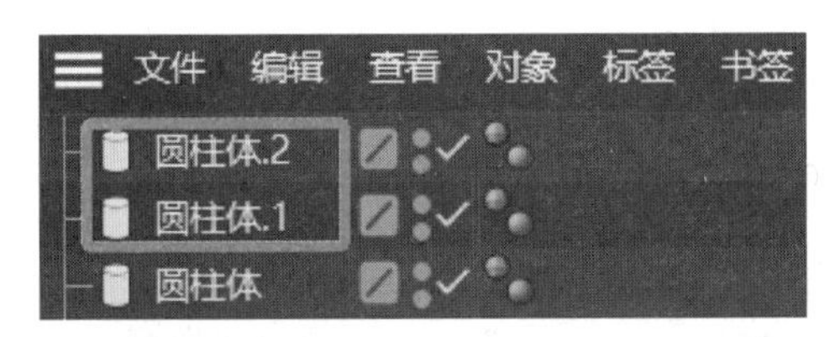

图　2-23

图　2-24

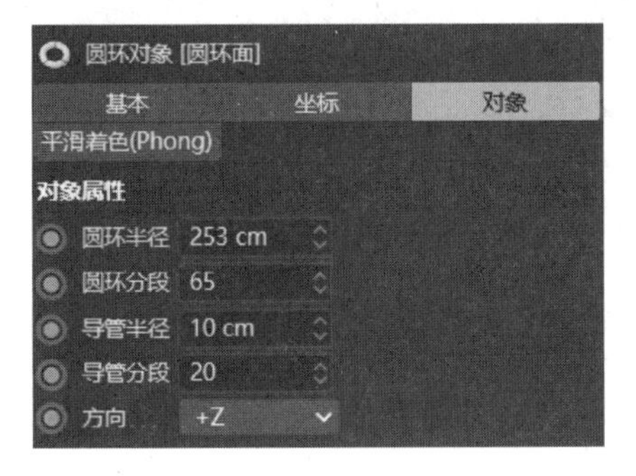

图　2-25

图　2-26

【步骤 5】复制 7 个“圆环”对象，修改“导管半径”分别为 9cm、8cm、7cm、6cm、5cm、4cm、3cm，移动“圆环”到合适的位置，模型效果如图 2-27 所示。

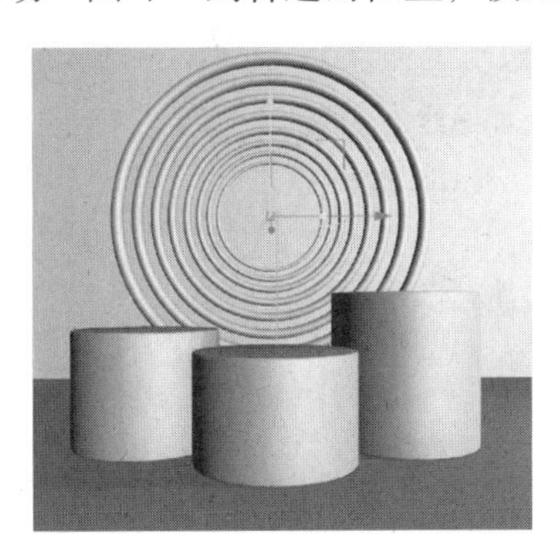

图　2-27

2.7　管道

管道对象及其属性参数如图 2-28 所示，主要选项如下。

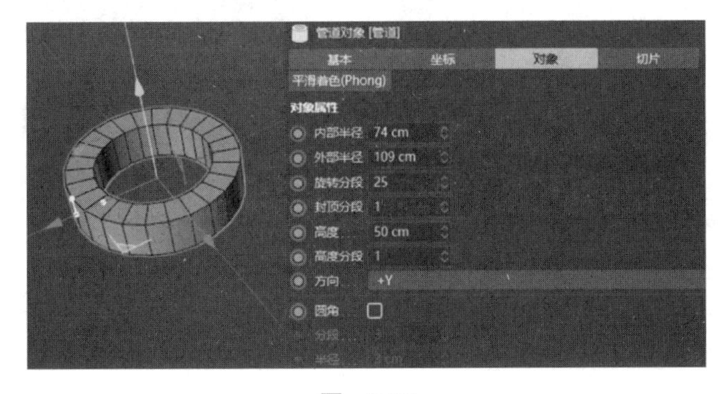

图　2-28

内部半径 / 外部半径：设置管道的尺寸和厚度。

旋转分段：设置管道的平滑程度。

圆角 / 分段 / 半径：设置管道边缘倒角的平滑程度，如图 2-29 所示。

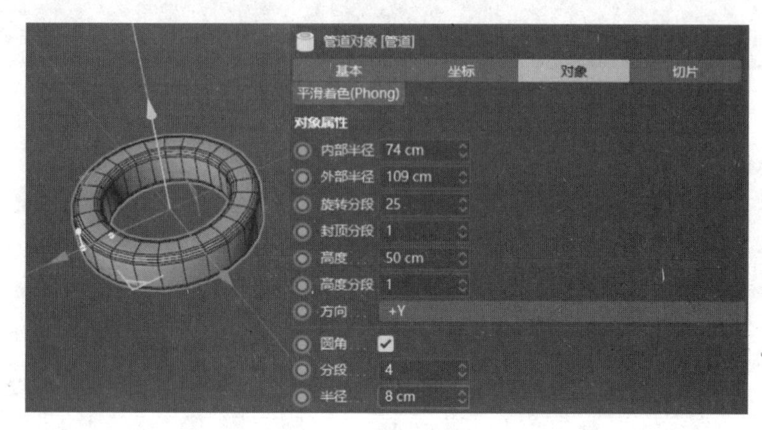

图 2-29

2.8 圆盘

圆盘对象及其属性参数如图 2-30 所示。

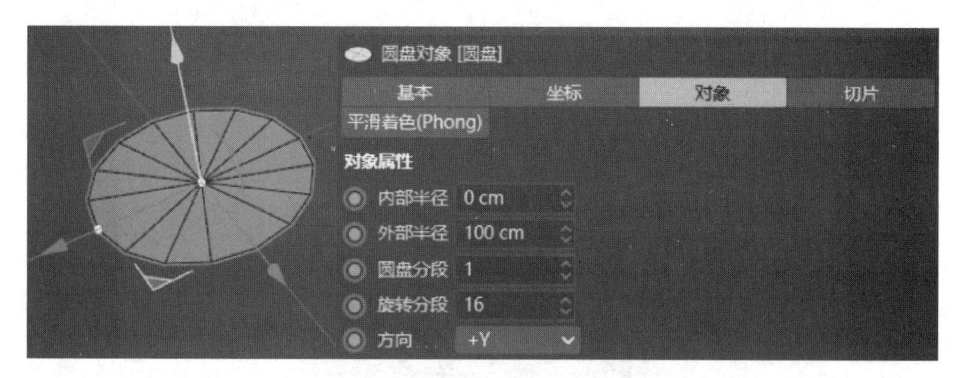

图 2-30

内部半径 / 外部半径：设置圆盘内部 / 外部半径的大小，当内部半径值大于 0 时，圆盘形成环形平面，如图 2-31 所示。

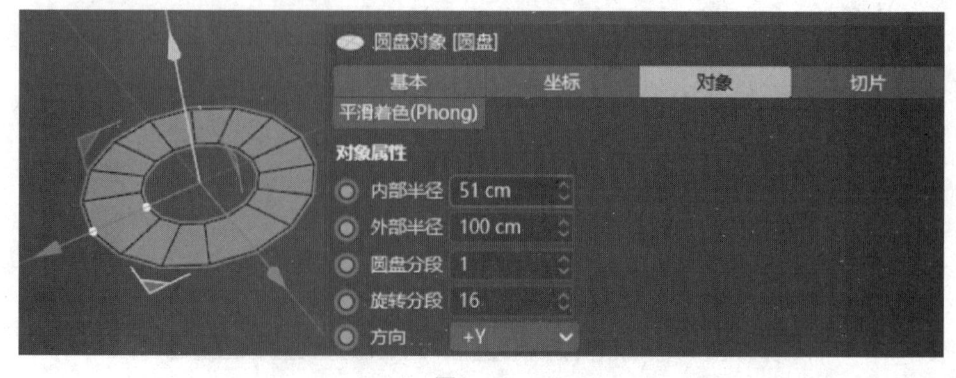

图 2-31

2.9　球体

球体对象及其属性参数如图 2-32 所示，主要选项如下。

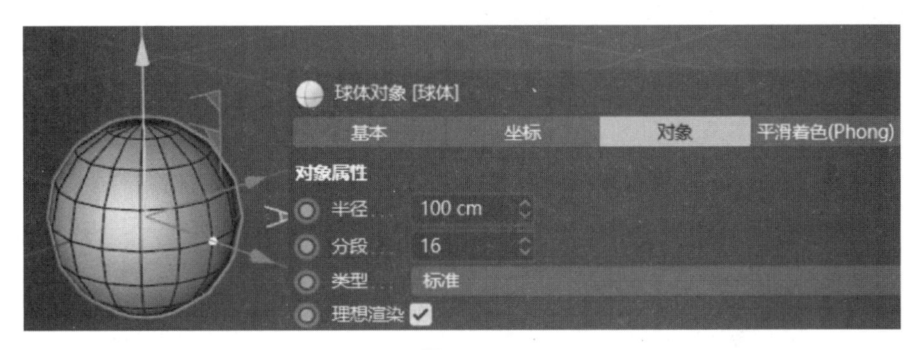

图　2-32

半径：设置球体的大小。

分段：设置球体的分段，控制球体的光滑程度。

类型：设置球体的布线方式，如图 2-33 所示。

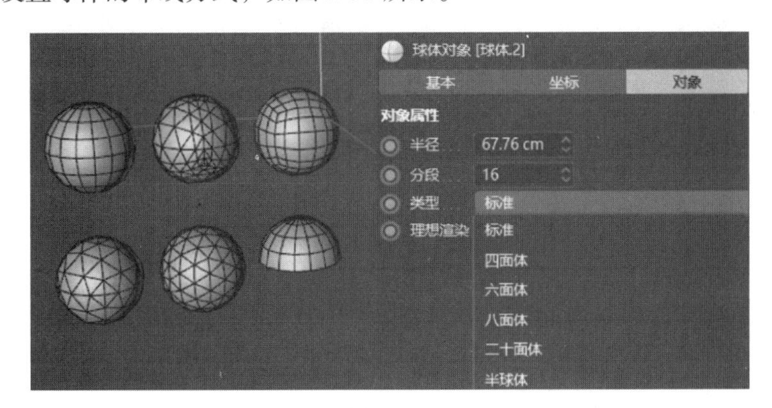

图　2-33

理想渲染：启用后，无论参数化几何体在视图中的效果质量如何，渲染出来都是平滑球体。

2.10　胶囊

胶囊对象及其属性参数如图 2-34 所示，主要选项如下。

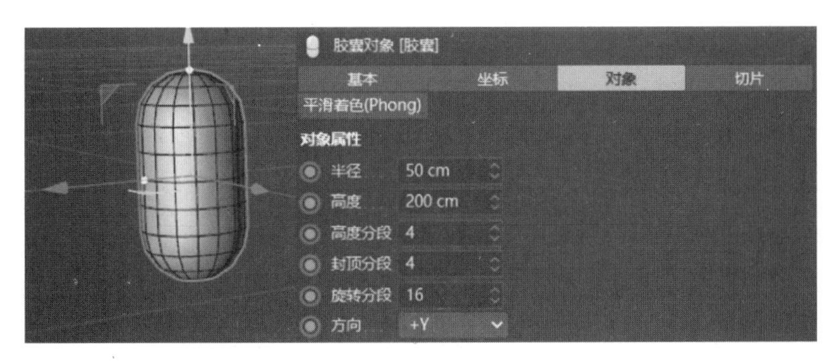

图　2-34

半径：设置胶囊的半径大小。

封顶分段：设置胶囊的封顶分段数量。

旋转分段：设置胶囊的旋转分段数量。

2.11 宝石

宝石对象及其属性参数如图 2-35 所示。

图 2-35

类型：设置宝石体的类型，如图 2-36 所示。

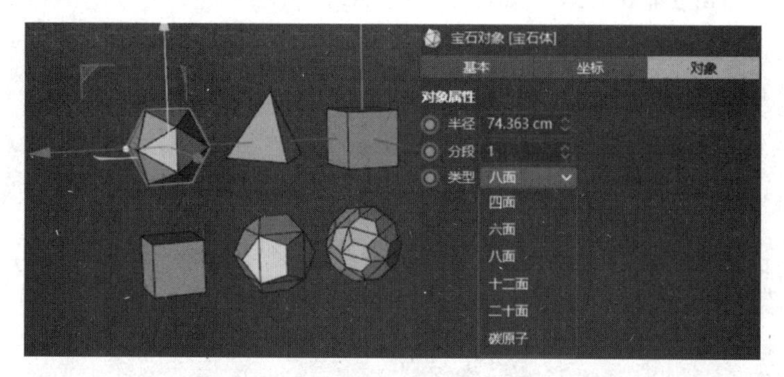

图 2-36

实战案例：电子产品展台模型的制作

案例路径：CH2 → 工程文件 → 电子产品展台 .c4d。

本实例主要用立方体、圆柱体、圆环、球体、管道和平面的制作，最终效果如图 2-37 所示。

电子产品展台

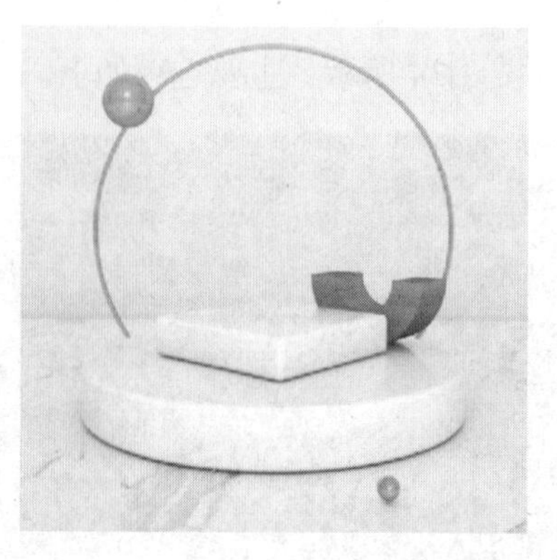

图 2-37

【步骤 1】创建“圆柱体”对象，修改“半径”为 100cm，“高度”为 26cm，“旋转分段”为 120，开启“圆角”属性，修改圆角“分段”为 6，如图 2-38 所示。

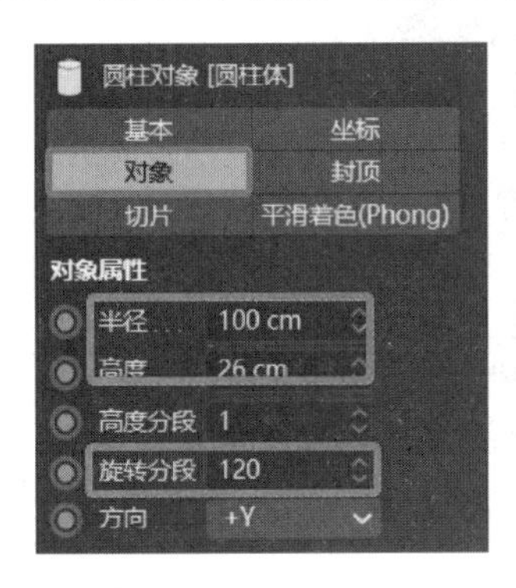

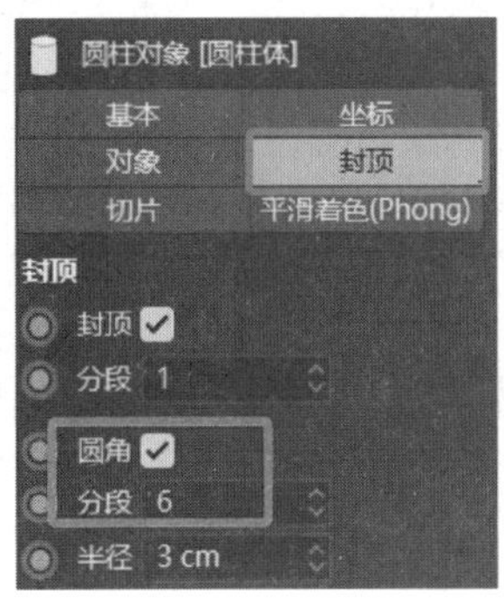

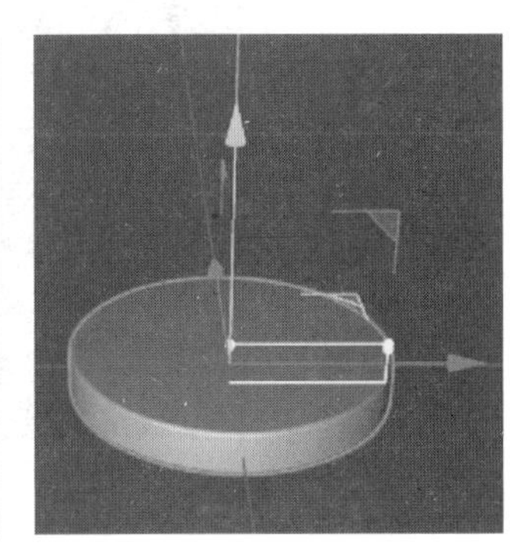

图 2-38

【步骤 2】创建“立方体”对象，修改“尺寸 .X”为 90cm，“尺寸 .Y”为 20cm，“尺寸 .Z”为 90cm，启用“圆角”，使用移动工具调整位置，如图 2-39 所示。

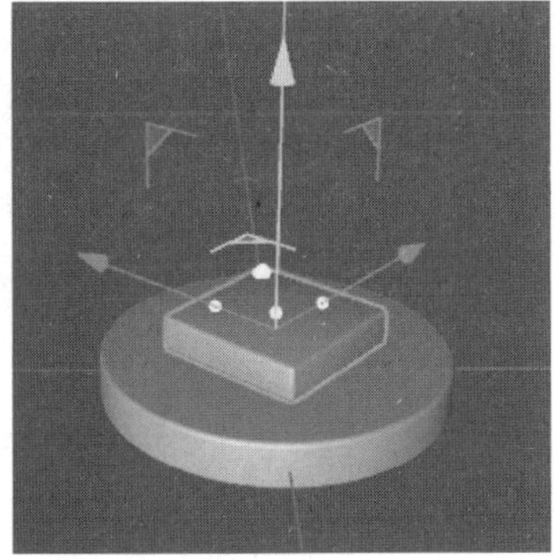

图 2-39

【步骤 3】创建“圆环”对象，修改“圆环半径”为 124cm，“圆环分段”为 65，“导管半径”为 2cm，“方向”为 +Z，使用移动工具调整位置，如图 2-40 所示。

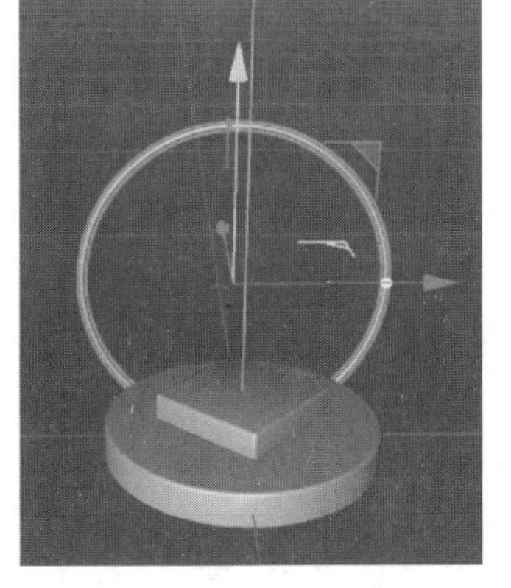

图 2-40

【步骤 4】创建“球体”对象，修改“半径”为 18cm，“分段”为 30，使用移动工具调整位置，如图 2-41 所示。

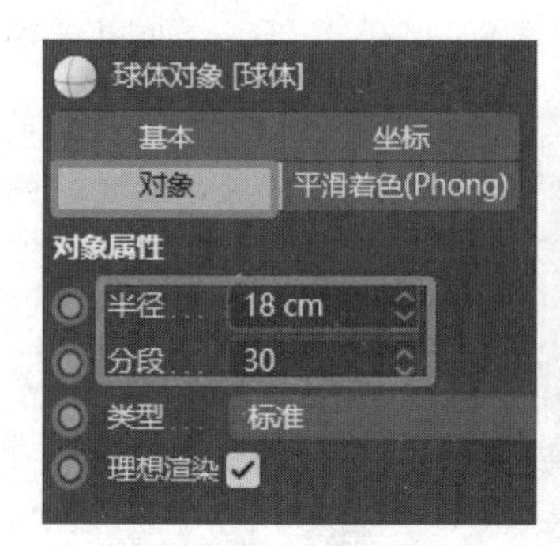

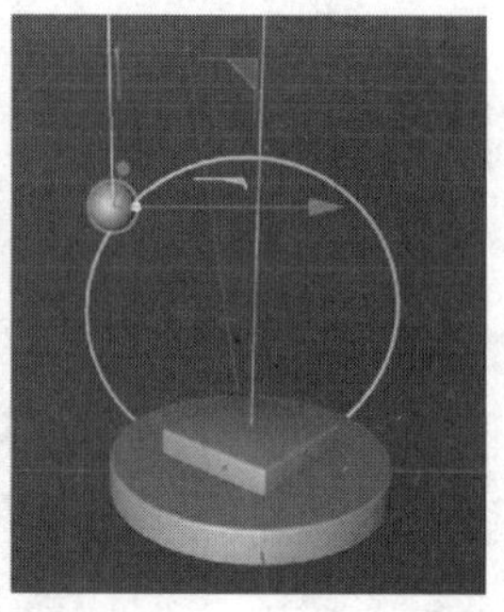

图 2-41

【步骤 5】创建“管道”对象，修改“内部半径”为 18cm，“外部半径”为 37cm，“旋转分段”为 40，“高度”为 28cm，“方向”为 +X，使用移动工具调整位置，如图 2-42 所示。

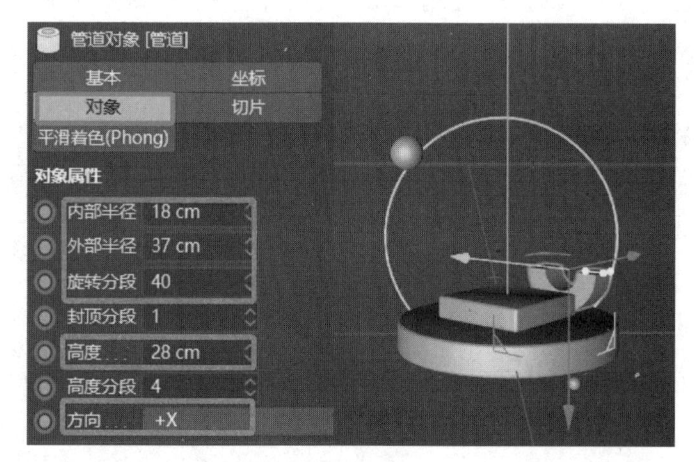

图 2-42

【步骤 6】创建“立方体”对象，制作地板，修改“尺寸 .X”为 1200cm，“尺寸 .Y”为 10cm，“尺寸 .Z”为 600cm，启用“圆角”。创建“平面”对象，制作背景墙，如图 2-43 所示。移动场景对象，调整合适位置，单击“渲染到图片查看器”工具，渲染效果如图 2-44 所示。

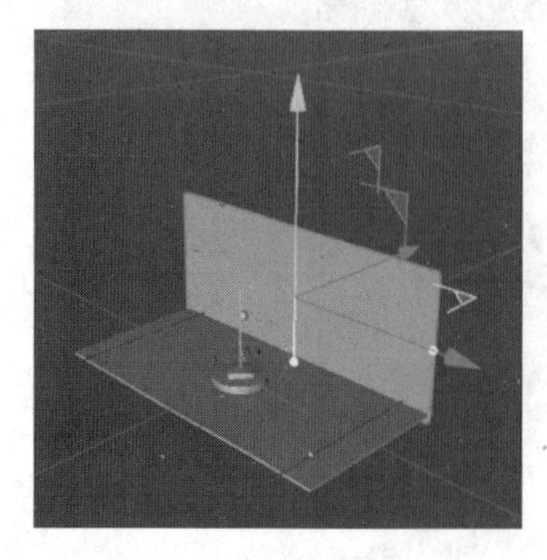

图 2-43

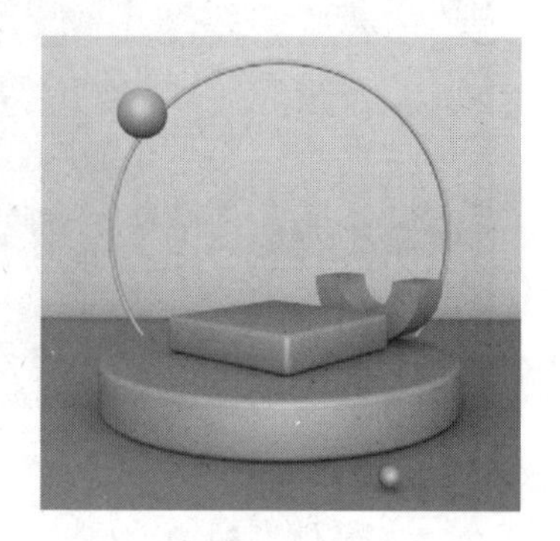

图 2-44

实战案例：雪人模型的制作

案例路径：CH2 → 工程文件 → 雪人 .c4d。

雪人

本实例主要用球体、圆锥、圆柱体、圆环和平面的制作，效果如图 2-45 所示。

【步骤 1】单击“球体”工具，创建一个球体，制作雪人的身体，设置球体的参数，如图 2-46 所示。

图　2-45

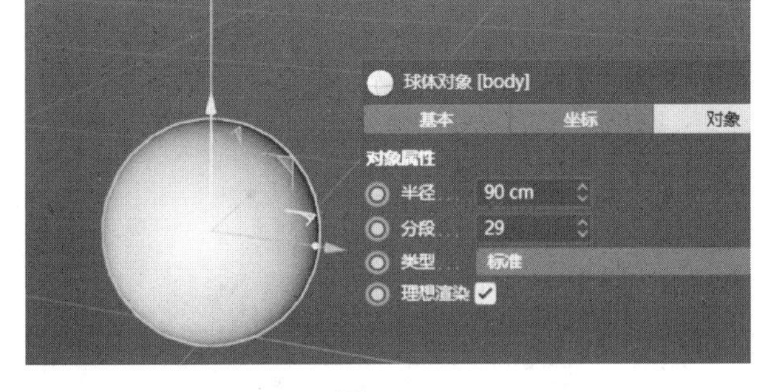

图　2-46

【步骤 2】选择创建的球体，按住 Ctrl 键，沿 *Y* 轴向上拖动复制一个球体，制作雪人头部，修改“半径”为 54cm，如图 2-47 所示。

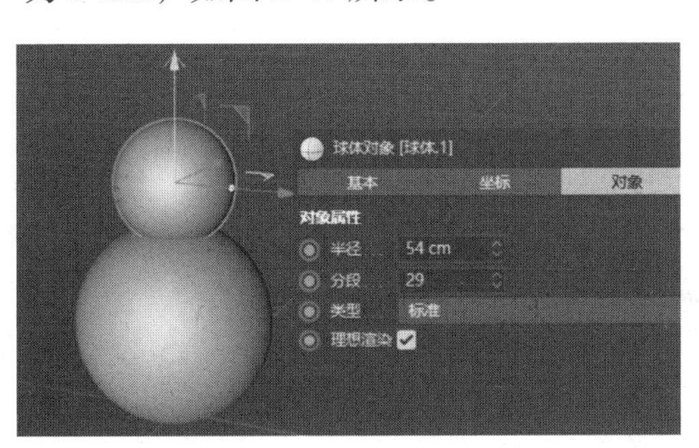

图　2-47

【步骤 3】创建一个球体，设置球体的参数，再复制 4 个球体，使用“移动工具”调整球体的位置，制作雪人的扣子，设置参数如图 2-48 所示，效果如图 2-49 所示。

球体对象 [球体.5]

基本	坐标	对象

对象属性

半径	7 cm
分段	29
类型	标准
理想渲染	✓

图　2-48

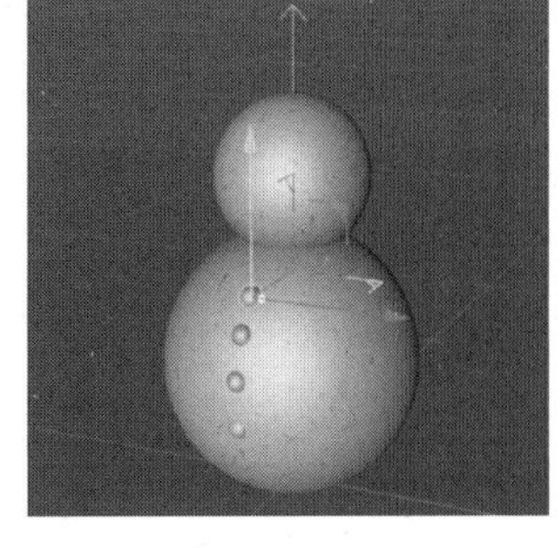

图　2-49

【步骤 4】复制一个球体，调整球体位置，制作雪人的一只眼睛，如图 2-50 所示。

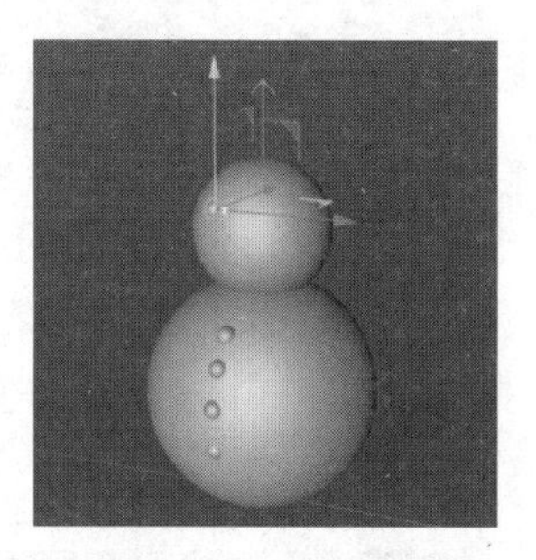

图 2-50

【步骤 5】给球体添加“对称”生成器，制作球体的两只眼睛，设置参数如图 2-51 所示，效果如图 2-52 所示。

图 2-51

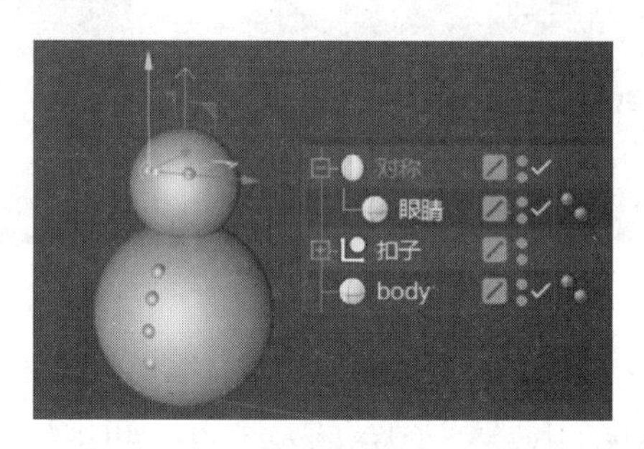

图 2-52

【步骤 6】新建“圆锥体”对象，设置“圆锥体”的参数，调整“圆锥体”的位置，制作雪人的鼻子，如图 2-53 所示，效果如图 2-54 所示。

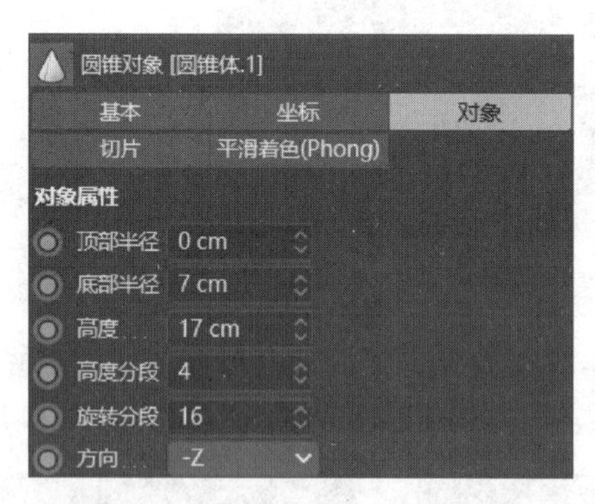

图 2-53

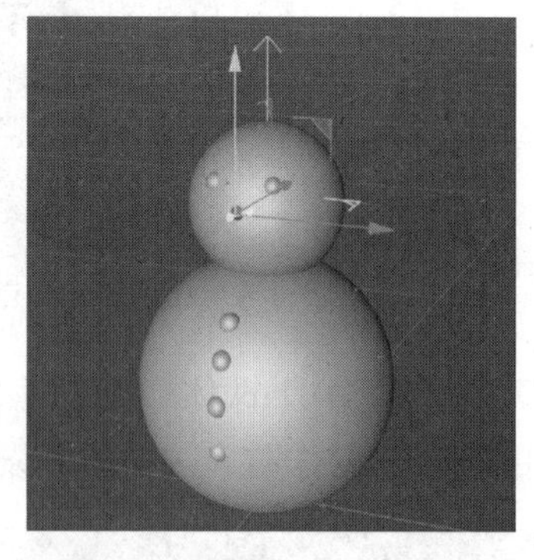

图 2-54

【步骤 7】新建“圆锥体”对象，设置“圆锥体”的参数，调整“圆锥体”的位置，制作雪人的帽子，如图 2-55 所示，效果如图 2-56 所示。

【步骤 8】新建“圆环”，设置“圆环”的参数值，调整“圆环”的位置，制作雪人的围脖，如图 2-57 所示，效果如图 2-58 所示。

【步骤 9】新建“圆柱体”，设置“圆柱体”参数，如图 2-59 所示。调整“圆柱体”的位置，给“圆柱体”添加“对称”生成器，雪人的手臂制作完成，效果如图 2-60 所示。

【步骤 10】创建两个平面，一个作为地面，另一个作为背景墙，调整“雪人”模型到合适位置，单击“渲染到图片查看器”工具，效果如图 2-61 所示。

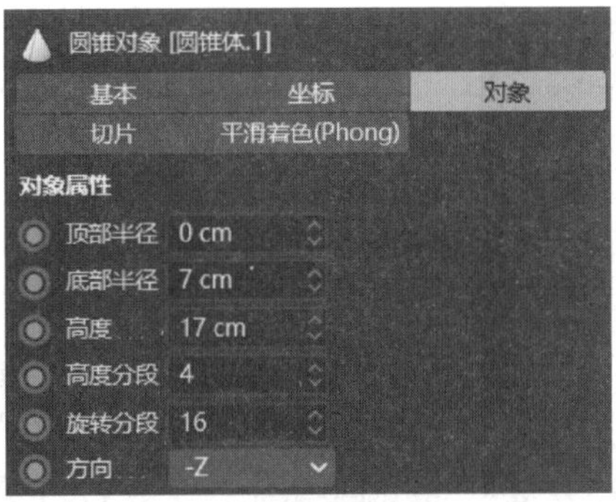

圆锥对象 [圆锥体.1]
基本 坐标 对象
切片 平滑着色(Phong)
对象属性
顶部半径 0 cm
底部半径 7 cm
高度 17 cm
高度分段 4
旋转分段 16
方向 -Z

图　2-55

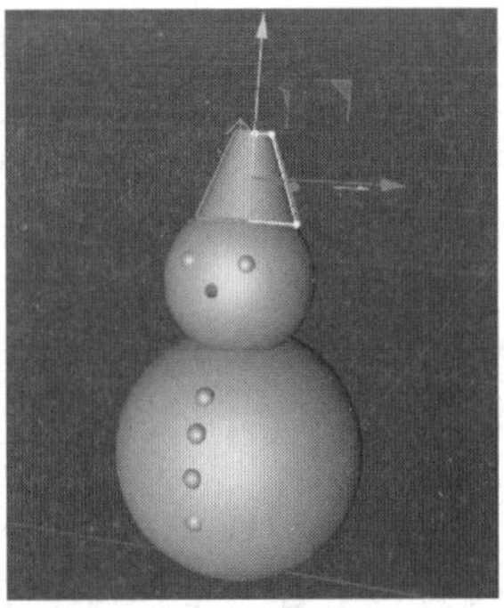

图　2-56

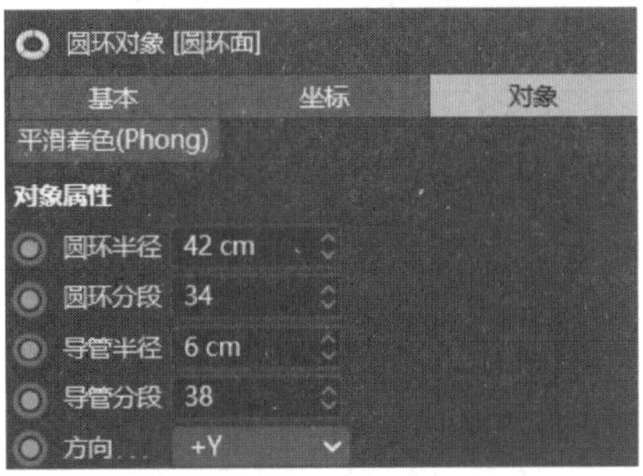

圆环对象 [圆环面]
基本 坐标 对象
平滑着色(Phong)
对象属性
圆环半径 42 cm
圆环分段 34
导管半径 6 cm
导管分段 38
方向 +Y

图　2-57

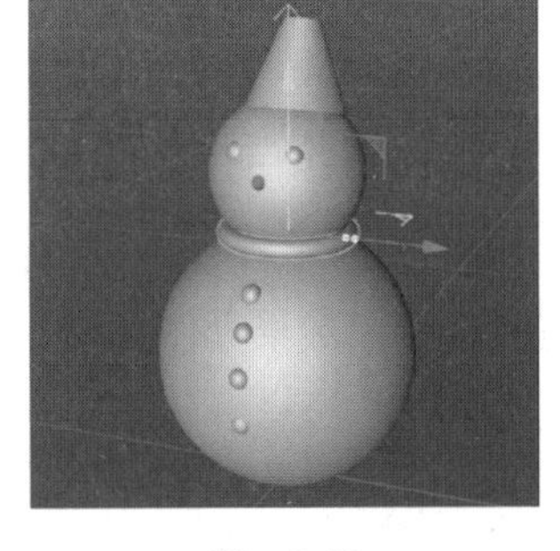

图　2-58

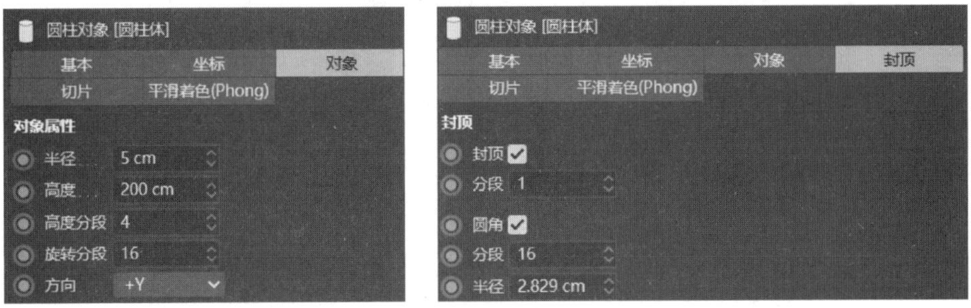

圆柱对象 [圆柱体]
基本 坐标 对象
切片 平滑着色(Phong)
对象属性
半径 5 cm
高度 200 cm
高度分段 4
旋转分段 16
方向 +Y

圆柱对象 [圆柱体]
基本 坐标 对象 封顶
切片 平滑着色(Phong)
封顶
封顶 ✓
分段 1
圆角 ✓
分段 16
半径 2.829 cm

图　2-59

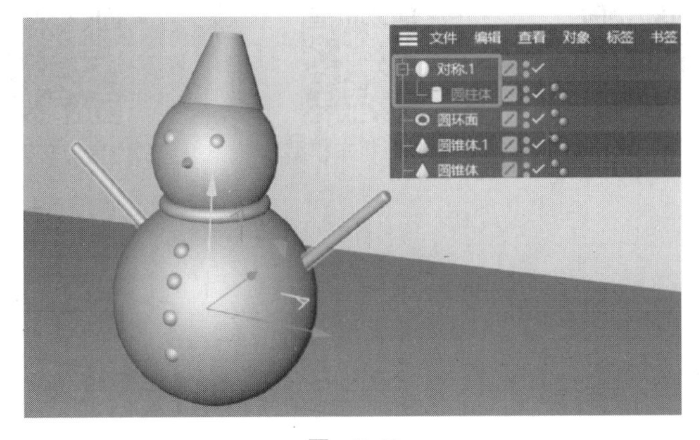

图　2-60

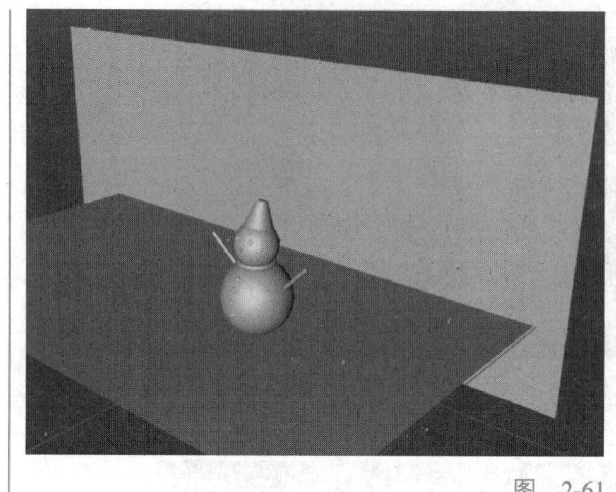
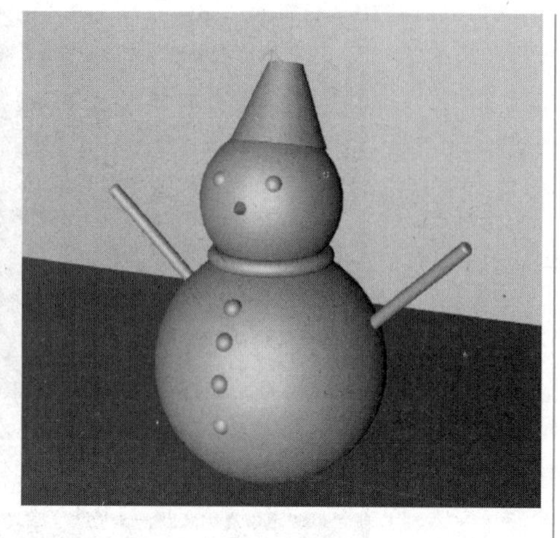

图 2-61

拓展案例：制作自行车模型

案例路径：CH2 → 工程文件 → 自行车 .c4d。

制作自行车模型，效果如图 2-62 所示。

图 2-62

制作自行车模型 1

制作自行车模型 2

制作自行车模型 3

第 3 章　样条线和 NURBS 建模

本章将介绍曲面建模。曲面建模也叫 NURBS 建模，是 Cinema 4D 软件中重要的建模方式之一。曲面建模主要通过样条线的绘制，然后对样条线施加相应的命令，生成三维模型。

重点知识

- 熟悉样条工具。
- 熟练掌握样条线的绘制方法。
- 熟练掌握样条线生成模型的方法。

3.1　样条线

长按“工具栏”中的“样条画笔”按钮，弹出样条工具面板，如图 3-1 所示。创建样条线一般有两种方式：一种是手动绘制样条线，另一种是软件预制样条线。

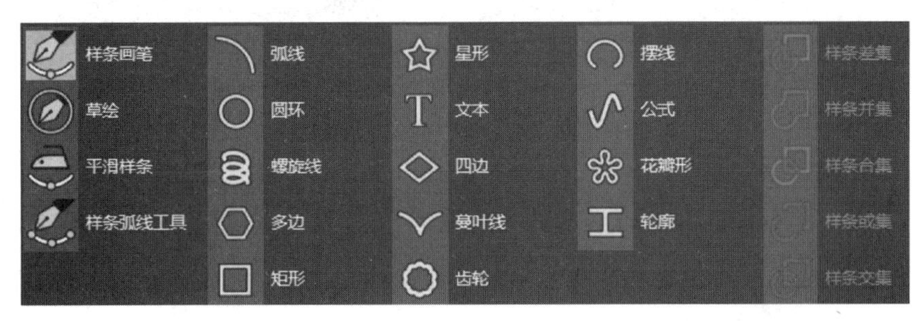

图　3-1

3.1.1　手动绘制样条线

1. 样条画笔

单击“样条画笔”工具，可以在视图中绘制任意形状的二维样条。“样条画笔”参数选项卡如图 3-2 所示。

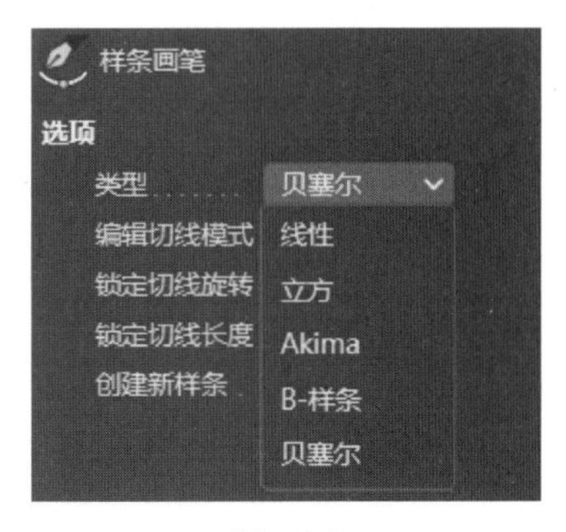

图　3-2

类型：系统提供了 6 种类型的画笔工具，分别为“贝塞尔”“线性”“立方”、Akima、“B- 样条”和“贝塞尔”，如图 3-2 所示。其中，“线性”和“贝塞尔”较为常用。

线性：线性类型画笔通常用来绘制直线，绘制时没有手柄，如图 3-3 所示。

贝塞尔：贝塞尔类型画笔通常用来绘制带有曲线的形状，绘制时控制点带有手柄，拖动手柄可自由调控曲线的形状，如图 3-4 所示。

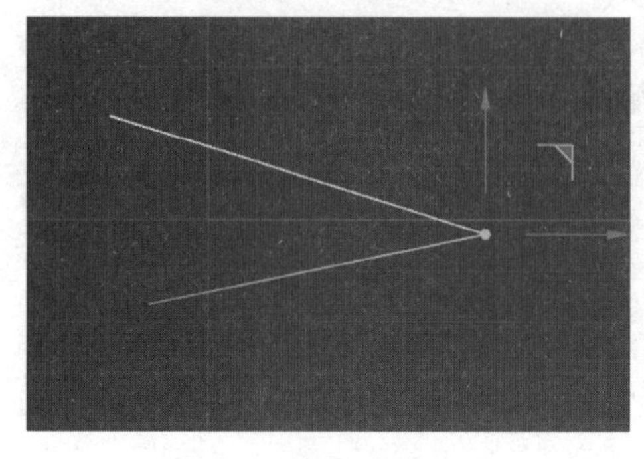

图 3-3

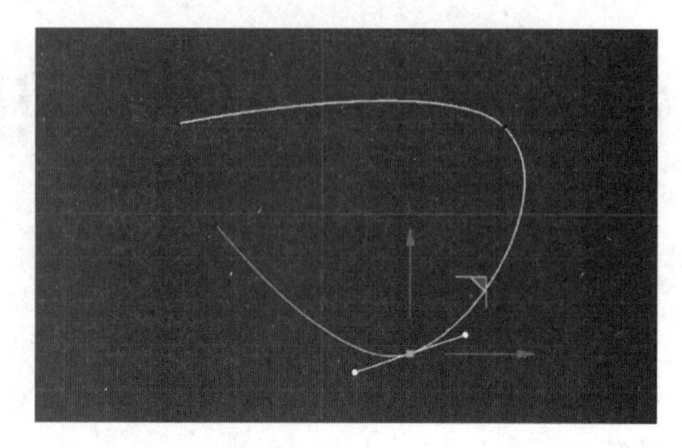

图 3-4

2. 草绘

单击“草绘”工具，通过拖动光标绘制样条，优点是自由性强，绘制速度快；缺点是外形不够精细，样条线上的点不容易控制，如图 3-5 所示。“草绘”工具的参数如图 3-6 所示。

图 3-5

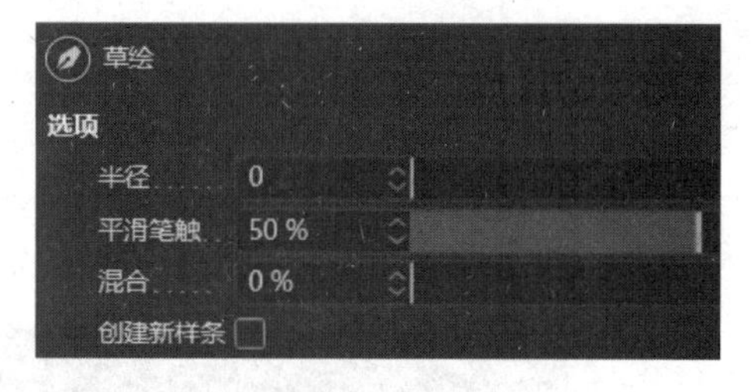

图 3-6

半径：设置绘制时的画笔半径。

平滑笔触：设置画笔的平滑效果，数值越大绘制的线越平滑。

3. 平滑样条

单击“平滑样条”工具，按住鼠标左键后在样条上拖动即可使样条变得更光滑，如图 3-7 所示。

4. 样条弧线工具

样条弧线工具可用于创建弧形曲线，如图 3-8 所示。

图 3-7

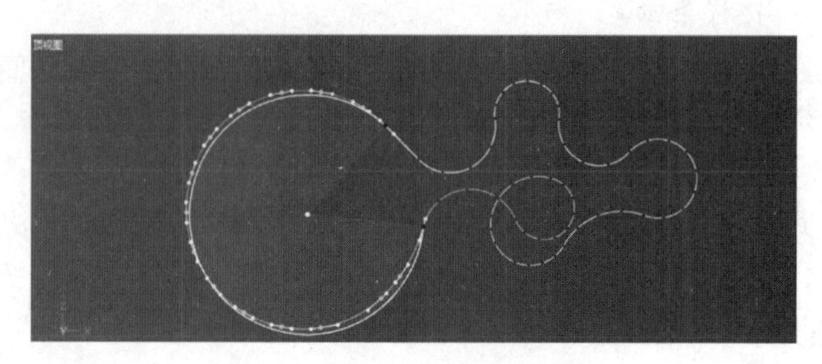

图 3-8

3.1.2 预制样条线

预制样条线是软件自身提供的样条线，此类样条线可以通过改变相应参数或编辑进行更改，如图 3-9 所示。

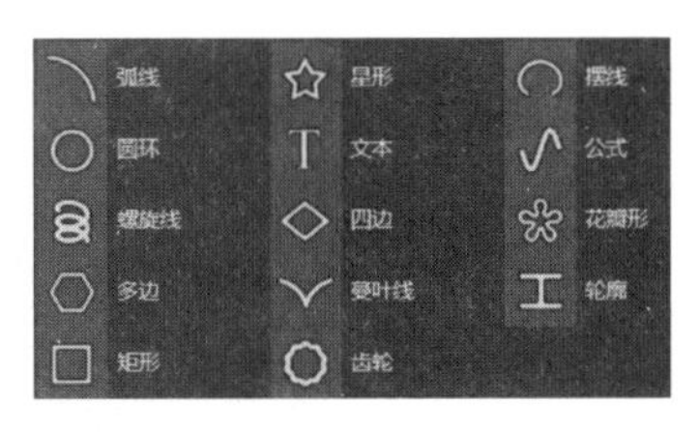

图 3-9

1. 弧线

单击“弧线”工具，默认创建 1/4 圆的样条线，如图 3-10 所示。“弧线”参数选项如图 3-11 所示。

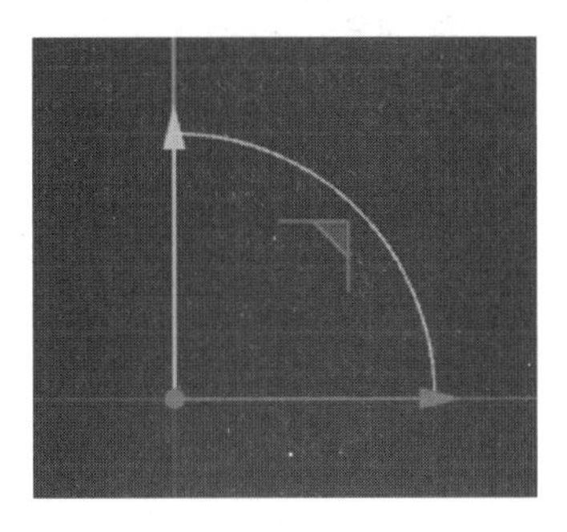

图 3-10

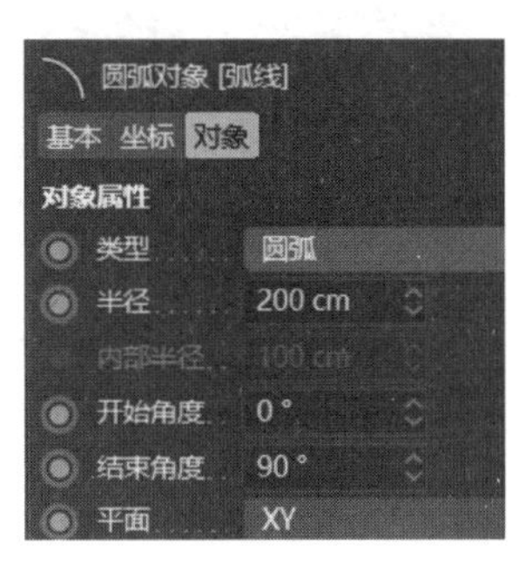

图 3-11

类型：设置圆弧的类型，包括圆弧、扇区、分段、环状 4 种。

半径：设置圆弧的半径。

开始角度：设置圆弧的起始位置。

结束角度：设置圆弧的末点位置。

平面：设置圆弧的轴向，分别为 XY、ZY、XZ。

2. 圆环

单击“圆环”工具，可以创建圆环样条线，如图 3-12 所示。“圆环”参数选项如图 3-13 所示。

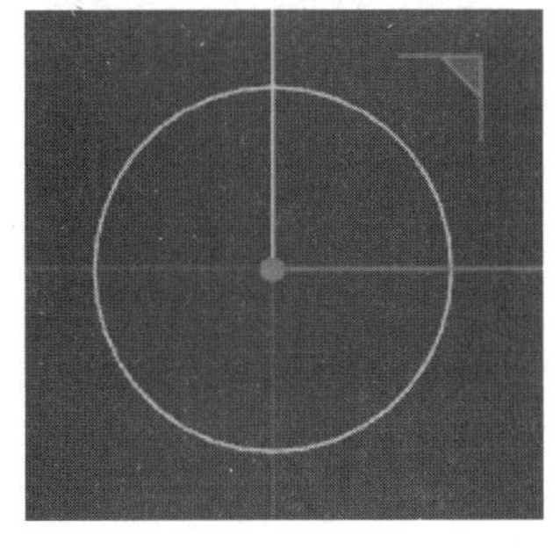

图 3-12

图 3-13

椭圆 / 半径：勾选“椭圆”选项后，圆形变成椭圆，“半径”用于设置椭圆的半径。

环状 / 内部半径：勾选“环状”选项后，圆形变成圆环；“内部半径”用于设置圆环内部的半径。

3. 螺旋线

单击“螺旋线”工具，创建“螺旋线”样条线，如图 3-14 所示。“螺旋线”参数选项卡如图 3-15 所示。

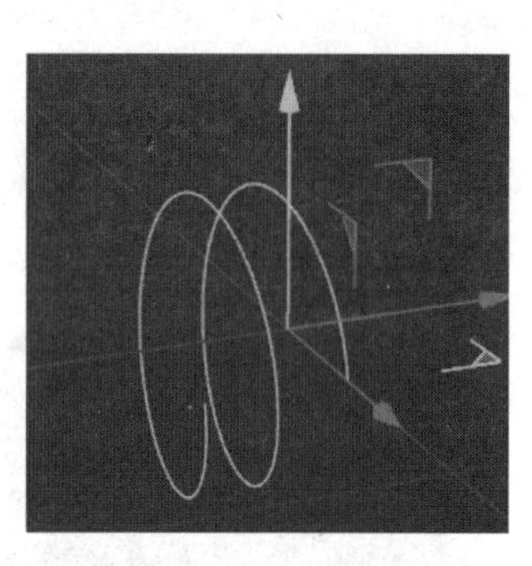

图 3-14

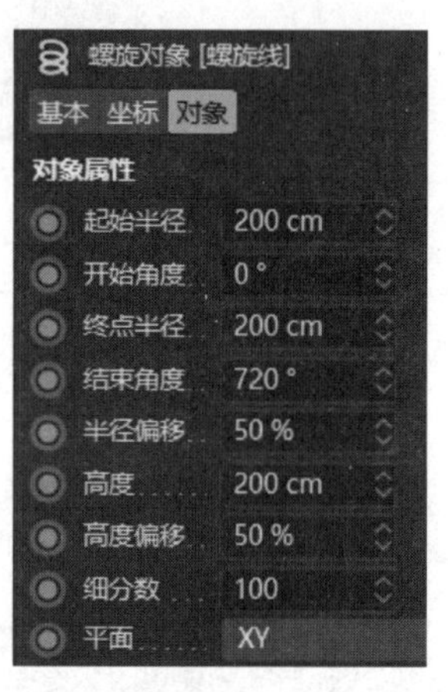

图 3-15

起始半径 / 终点半径：设置螺旋线起点 / 终点的半径。

开始角度 / 结束角度：设置螺旋线底部的角度 / 顶部的角度，即设置螺旋线的圈数。

半径偏移：设置螺旋半径的偏移程度，只有起始半径和终点半径的值不同时，才有变化。

高度：设置螺旋线的高度。

高度偏移：设置螺旋高度的偏移程度。

细分数：设置螺旋线的细分程度，值越高越圆滑。

4. 多边

单击“多边”工具，创建多边样条线，如图 3-16 所示。“多边”参数选项卡如图 3-17 所示。

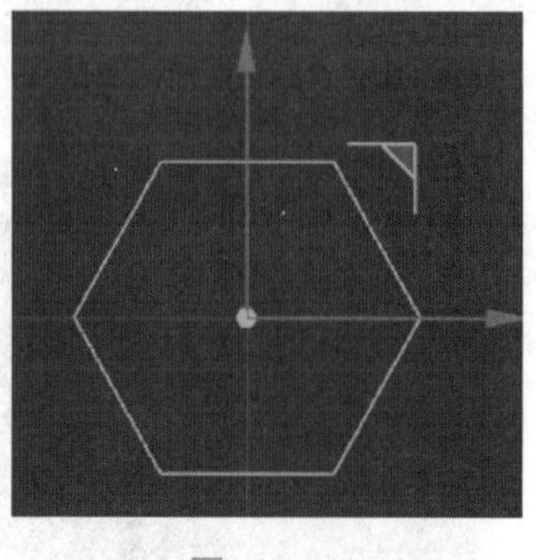

图 3-16

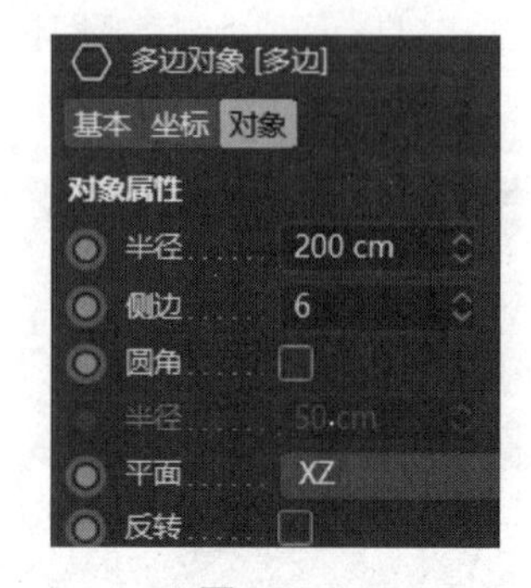

图 3-17

侧边：设置多边形的边数。

圆角 / 半径：勾选圆角选项后，直角变圆角，半径控制圆角大小。

5. 矩形

单击“矩形”工具，创建矩形样条线，如图 3-18 所示。“矩形”参数选项卡如图 3-19 所示。

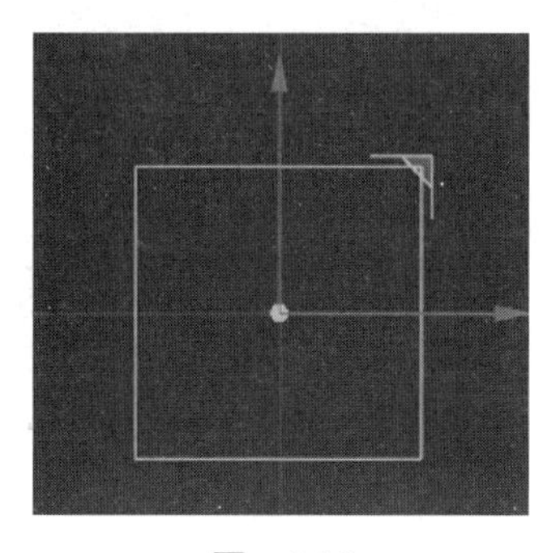

图　3-18

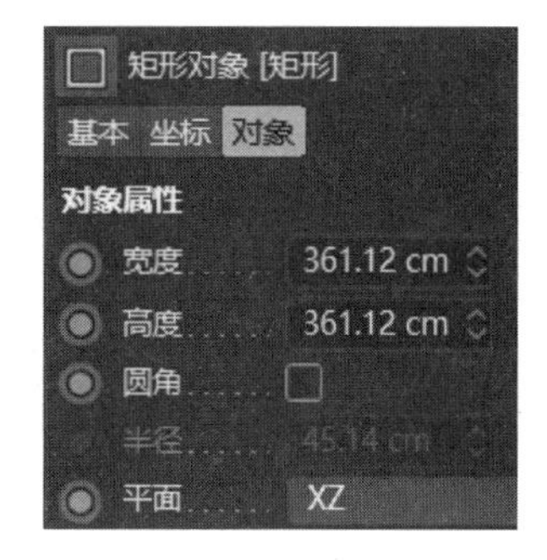

图　3-19

宽度 / 高度：用于调节矩形的高度和宽度。

圆角：勾选该项后，矩形将变为圆角矩形，可以通过“半径”来调节圆角半径。

6. 星形

单击“星形”工具，创建星形条线，如图 3-20 所示。“星形”参数选项卡如图 3-21 所示。

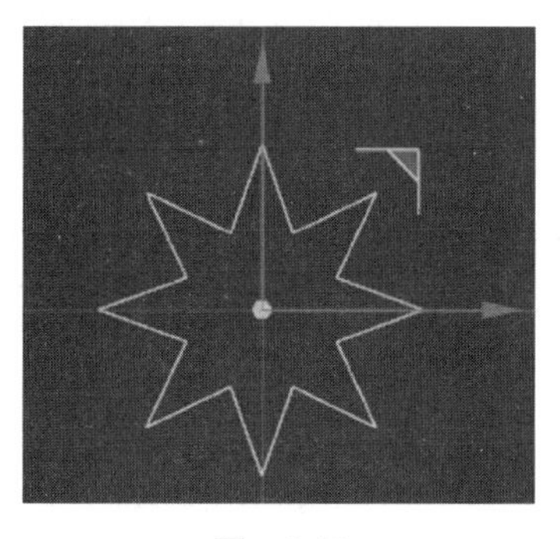

图　3-20

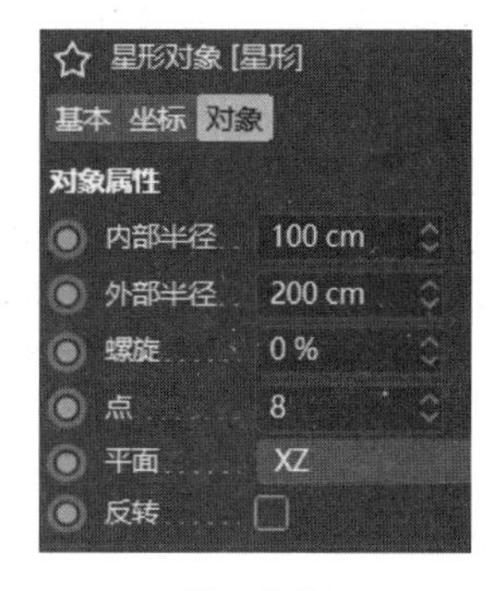

图　3-21

内部半径 / 外部半径：这两项分别用来设置星形内部顶点和外部顶点的半径大小。

螺旋：设置星形内部顶点的螺旋程度。

点：设置星形的顶点个数。

7. 文本

单击“文本”工具，创建文本样条线，如图 3-22 所示。“文本”参数选项卡如图 3-23 所示。

文本：修改文本内容。

字体：设置字体类型。

对齐：以坐标轴为参照，设置文字的对齐方式，有“左对齐”“中对齐”和“右对齐”。

高度：设置文字的大小。

水平间隔 / 垂直间隔：设置文字的水平间距 / 行间距。

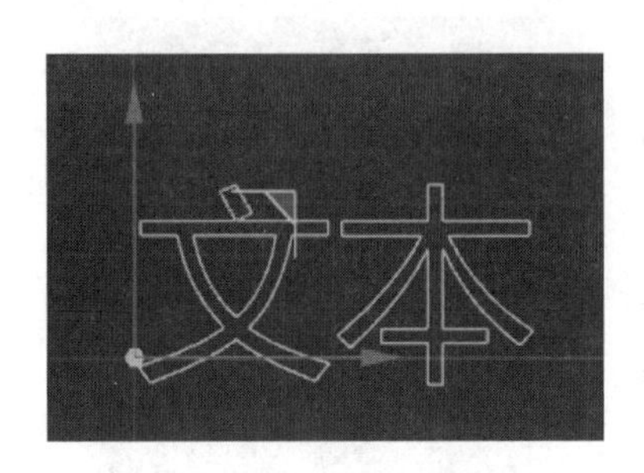

图　3-22

图　3-23

分隔字母：勾选该项后，将“文本”对象转化为可编辑对象时，文字会被分离为各自独立的对象。

8. 四边

单击“四边”工具，创建四边样条线，如图 3-24 所示。“四边”参数选项卡如图 3-25 所示。

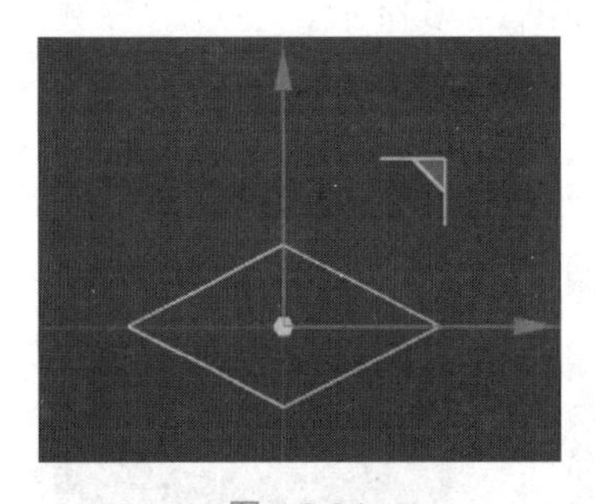

图　3-24

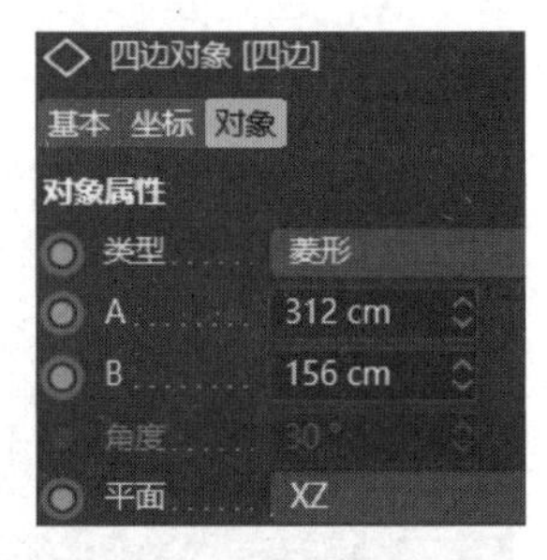

图　3-25

类型：设置四边的类型，包括菱形、风筝、平行四边形、梯形 4 种。

A/B：设置四边一侧 / 另一侧的长度。

角度：当类型为“平行四边形”和“梯形”时，可以设置四边产生角度变化。

9. 蔓叶线

单击“蔓叶线”工具，创建蔓叶线样条线，如图 3-26 所示。“蔓叶线”参数选项卡如图 3-27 所示。

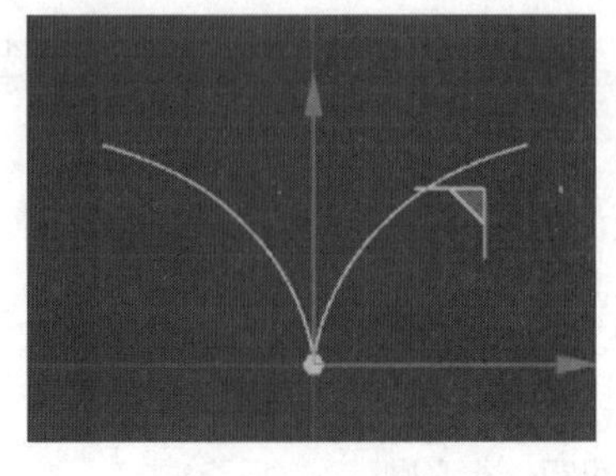

图　3-26

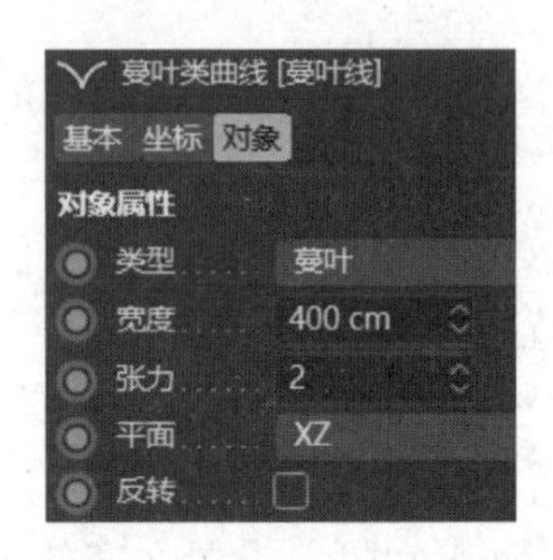

图　3-27

类型：有 3 种，依次是“蔓叶”“双扭”“环索”。

宽度：设置蔓叶类曲线的生长宽度。

张力：设置曲线之间张力伸缩的大小，只能用于控制“蔓叶”和“环索”两种类型曲线。

10. 齿轮

单击“齿轮”工具，创建齿轮样条线，如图 3-28 所示。“齿轮”参数选项卡如图 3-29 所示。

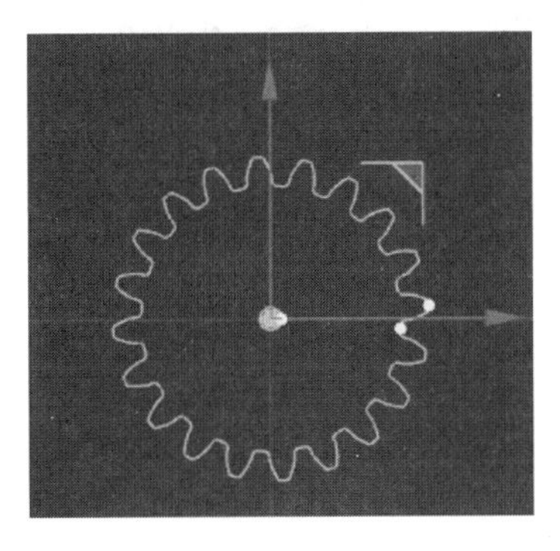

图　3-28

图　3-29

齿：设置齿轮的数量。

内部半径 / 中间半径 / 外部半径：分别设置齿轮内部、中间和外部的半径。

斜角：设置齿轮外侧斜角角度的大小。

11. 摆线

单击“摆线”工具，创建摆线样条线，如图 3-30 所示。“摆线”参数选项卡如图 3-31 所示。

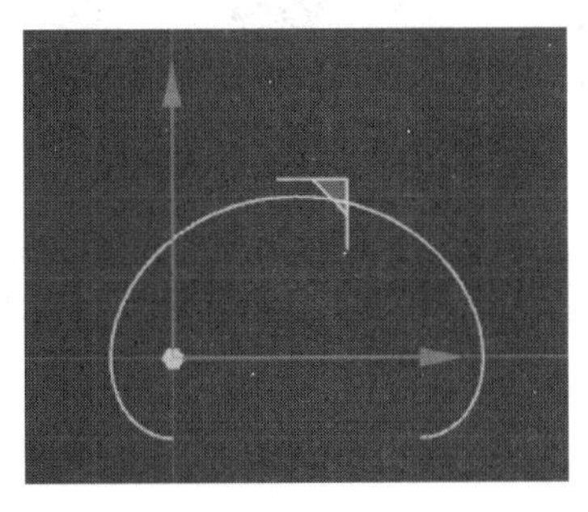

图　3-30

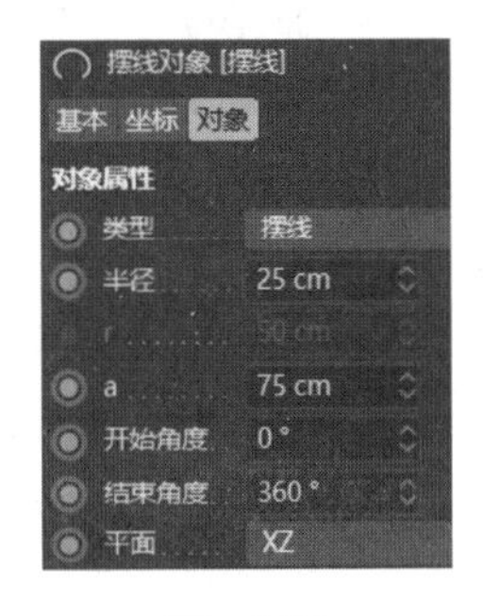

图　3-31

类型：设置摆线类型，依次是“摆线”“外摆线”“内摆线”。

半径：设置摆线的整体大小。

r：动圆的半径（当摆线类型为“内摆线”“外摆线”时，才能被激活）。

a：放大圆的半径。

开始角度 / 结束角度：分别可以使样条线进行环形生长。

12. 公式

单击“公式”工具，创建公式样条线，如图 3-32 所示。“公式”参数选项卡如图 3-33

所示。“公式”样条线主要是通过数学函数公式来改变样条线的形状。

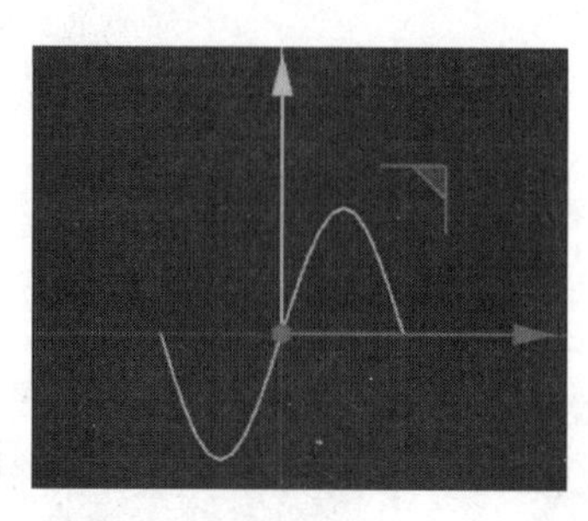

图 3-32

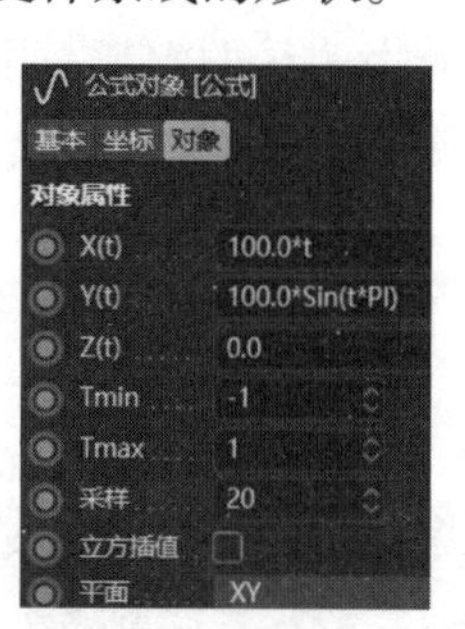

图 3-33

X(t)/Y (t)/Z(t)：在这 3 个参数的文本框内输入数学函数公式后，系统将根据公式生成曲线。

Tmin/Tmax：用于设置公式中 t 参数的最大值和最小值。

采样：用于设置曲线的采样精度。

立方插值：勾选该项后，曲线将变得平滑。

13. 花瓣形

单击“花瓣形”工具，创建花瓣样条线，如图 3-34 所示。“花瓣形”参数选项卡如图 3-35 所示。

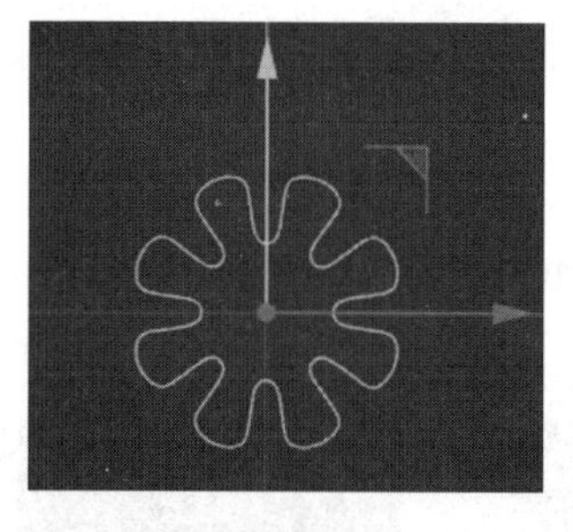

图 3-34

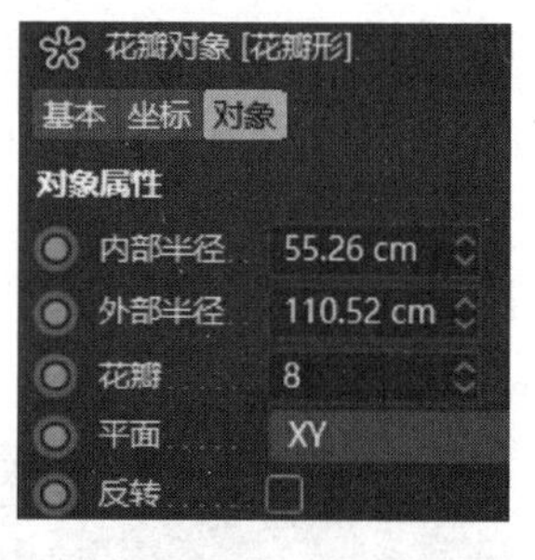

图 3-35

内部半径 / 外部半径：用于设置花瓣曲线内部 / 外部的半径。

花瓣：设置花瓣的数量。

14. 轮廓

单击“轮廓”工具，创建轮廓绘制样条线，如图 3-36 所示。“轮廓”参数选项卡如图 3-37 所示。

图 3-36

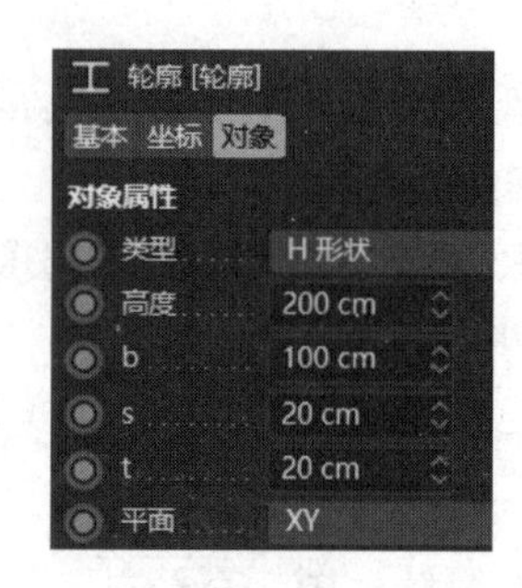

图 3-37

类型：设置轮廓类型，依次是“H 形状”“L 形状”“T 形状”“U 形状”和“Z 形状”。

高度 /b/s/t：这 4 个参数分别用于控制轮廓曲线的高度和各部分的宽度。

3.1.3 样条布尔

样条布尔作用于多个样条，实现样条与样条之间的相加、相减、相乘等运算，这些效果统称为样条布尔。样条布尔位于样条工具组内，如图 3-38 所示。

图 3-38

1. 样条差集

使用时选择两个样条，单击“样条差集”工具，即可减去重复部分，使用前后的效果如图 3-39（a）和（b）所示。

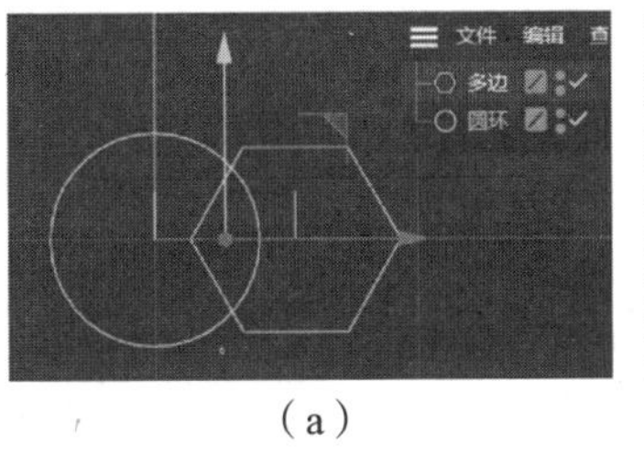

（a）

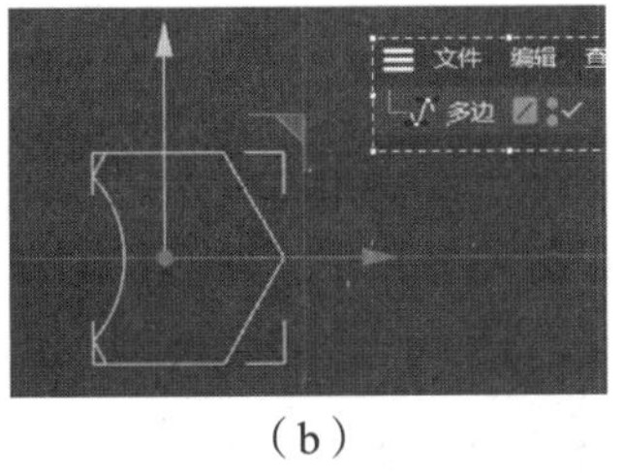

（b）

图 3-39

2. 样条并集

使用时选择两个样条，单击“样条并集”按钮，即可将其相加，使用前后的效果如图 3-40（a）和（b）所示。

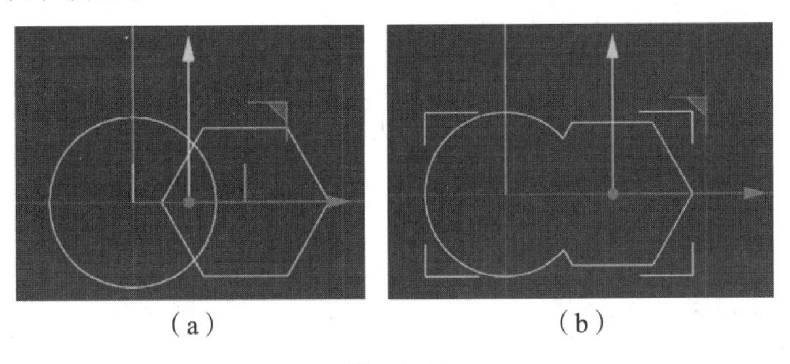

（a）（b）

图 3-40

3. 样条合集

使用时选择两个样条，单击“样条合集”按钮，即可留下重合部分，使用前后的效果如图 3-41（a）和（b）所示。

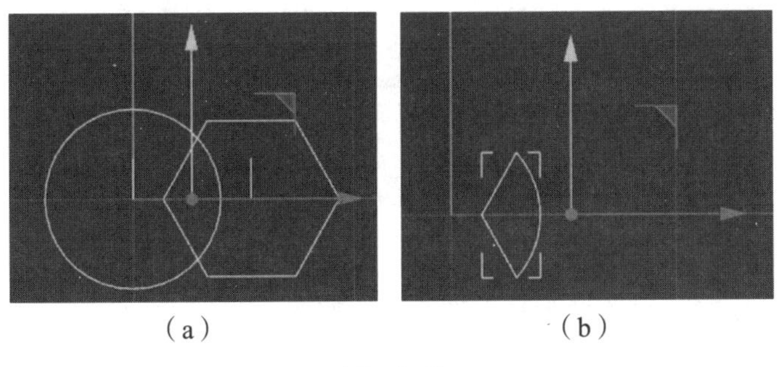

（a）（b）

图 3-41

3.1.4 编辑样条线

1. 使用移动工具或样条画笔工具控制样条手柄

在点模式下，用移动工具或画笔工具可以控制点的整个手柄；按住 Shift 键，可以调节点的单侧手柄，如图 3-42 所示。

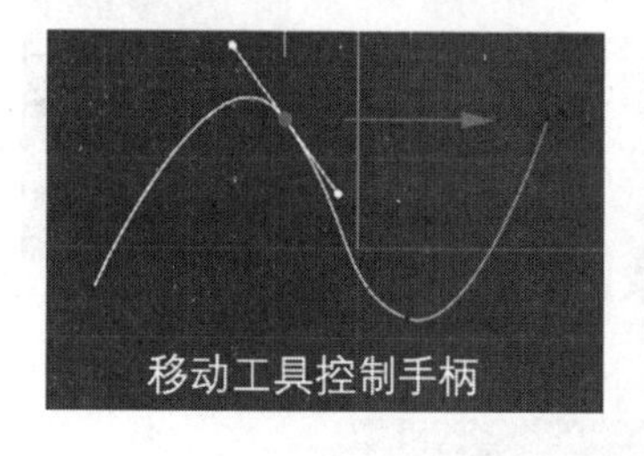

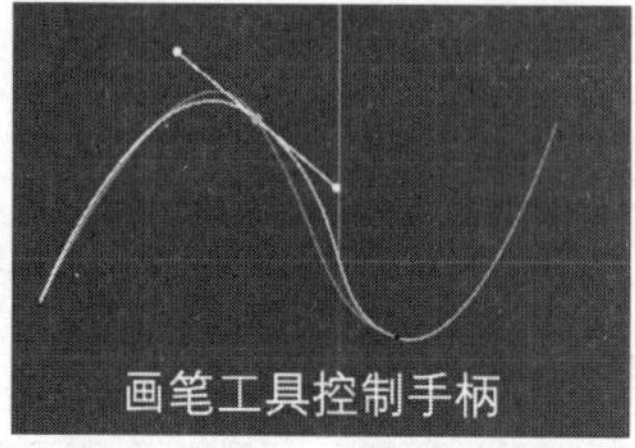

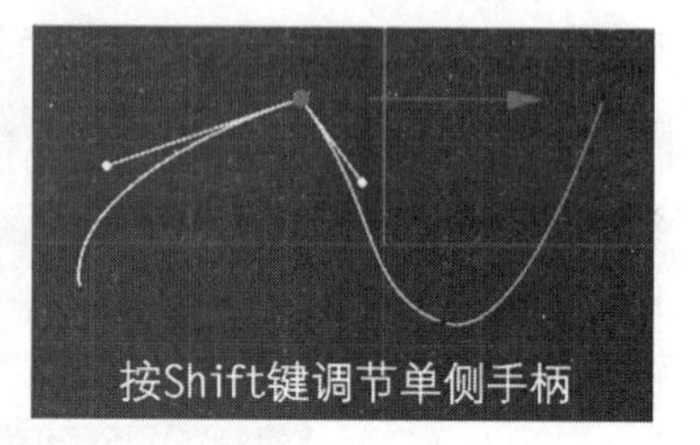

图 3-42

2. 使用菜单命令编辑样条线

在点模式下，右击，选择命令菜单，对样条上的点进行选择或编辑，如图 3-43 所示。

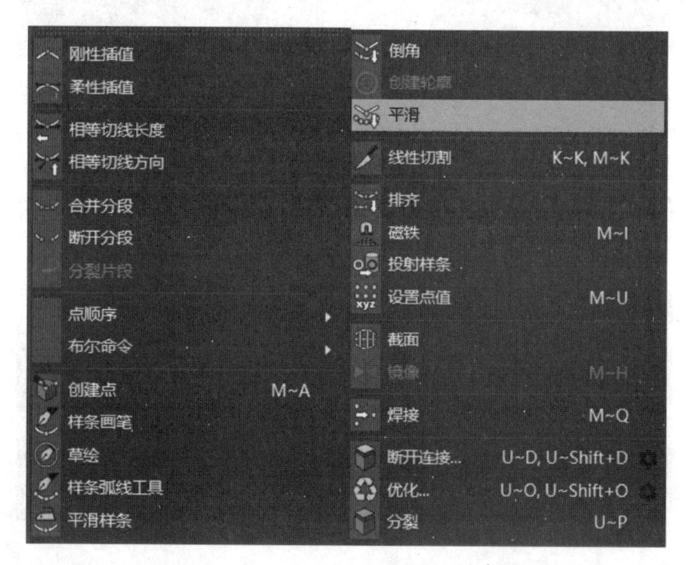

图 3-43

刚性插值：表示将该点转换为无手柄状态，如图 3-44 所示。

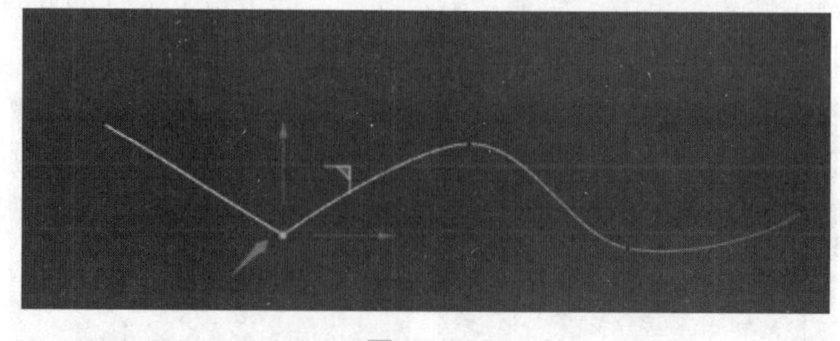

图 3-44

柔性插值：表示将该点转换为有手柄状态，如图 3-45 所示。

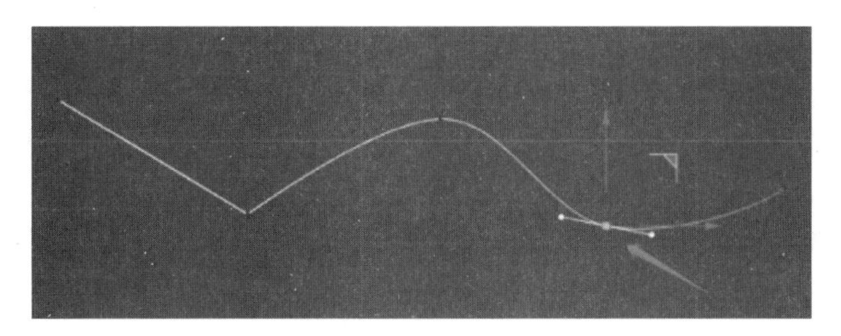

图　3-45

相等切线长度：表示该点两侧的手柄长度一样，如图 3-46 所示。

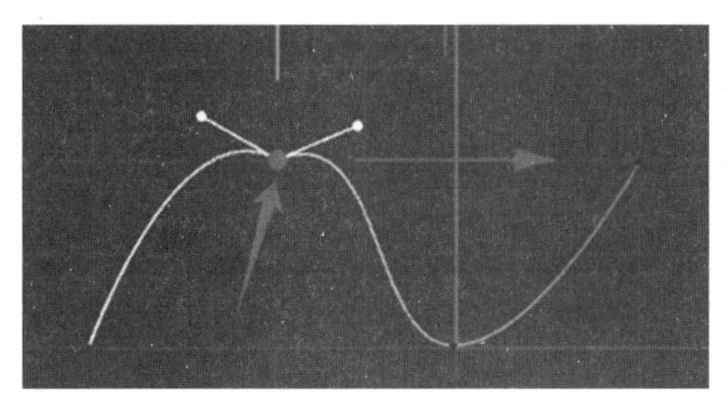

图　3-46

相等切线方向：表示该点两侧手柄打平在一条直线上，如图 3-47 所示。

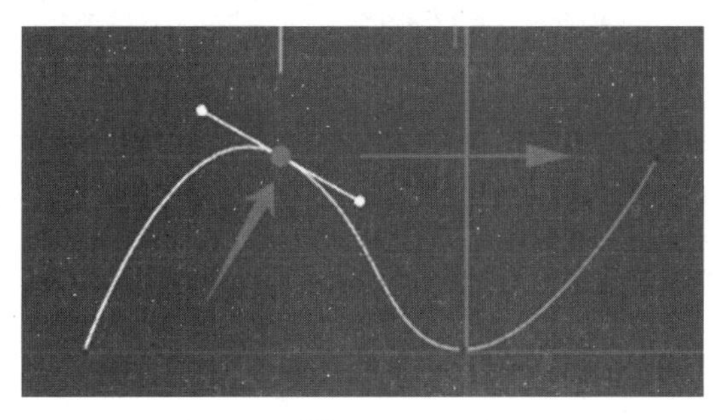

图　3-47

合并分段：用于把同一样条对象内的两段非闭合样条线，连成一段样条。也可直接选择首尾点进行相连，如图 3-48 和图 3-49 所示。

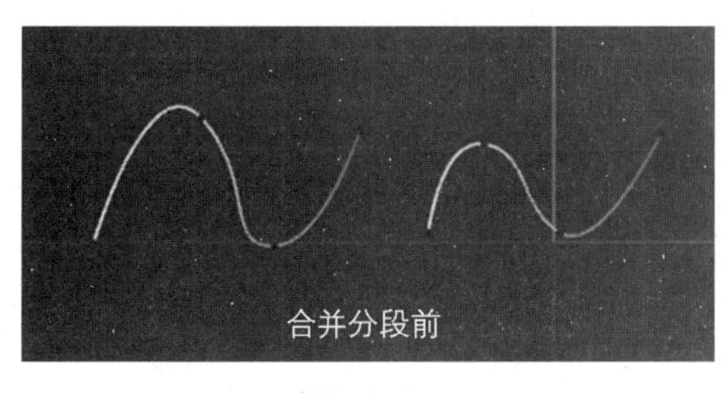

图　3-48

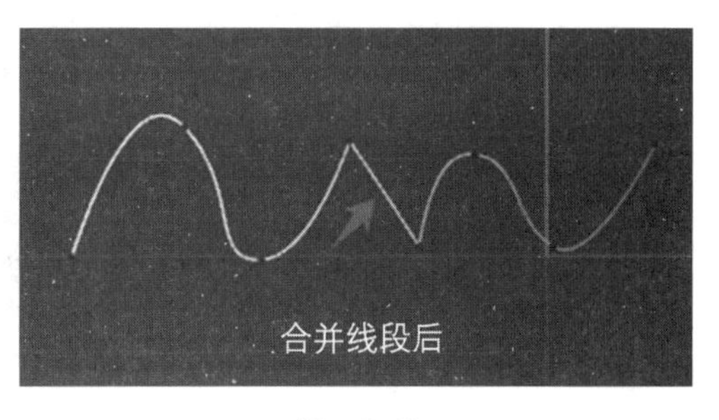

图　3-49

断开分段：选择一条非封闭样条中除首尾外的任意一点，该点相邻的线段被去除，成为孤立的点，如图 3-50 和图 3-51 所示。

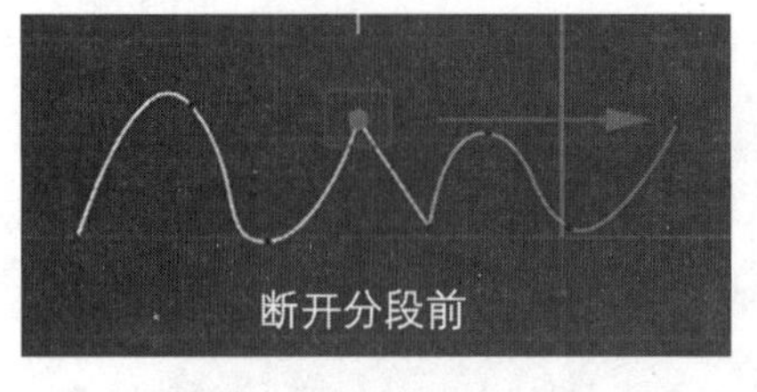

图 3-50

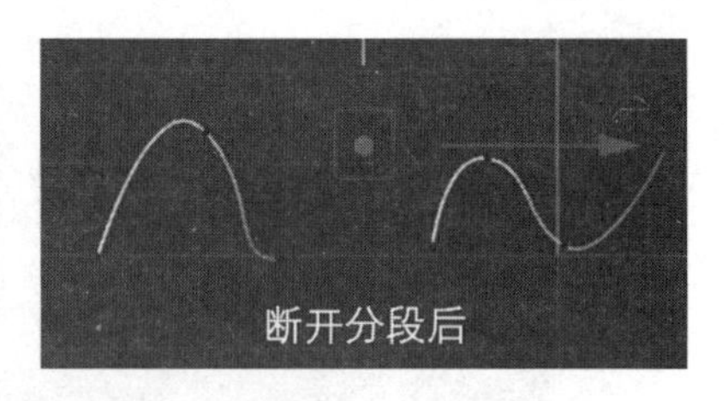

图 3-51

分裂片段：可以使一条由多段样条组成的样条，各自成为独立的样条，如图 3-52 和图 3-53 所示。

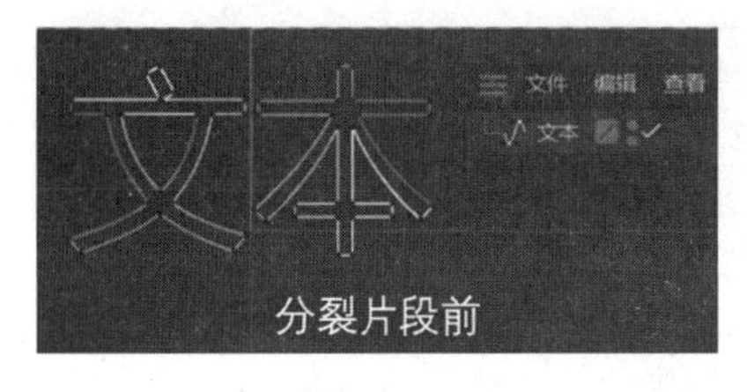

图 3-52

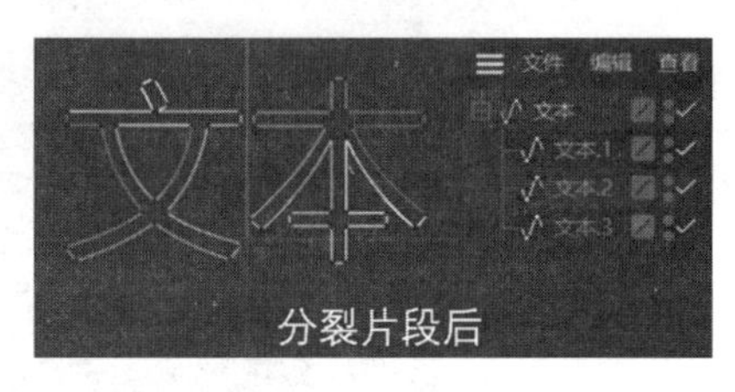

图 3-53

倒角：选中点执行该命令，按住鼠标左键拖曳，可以形成一个圆角。圆角效果可通过倒角属性做调整，如图 3-54 和图 3-55 所示。

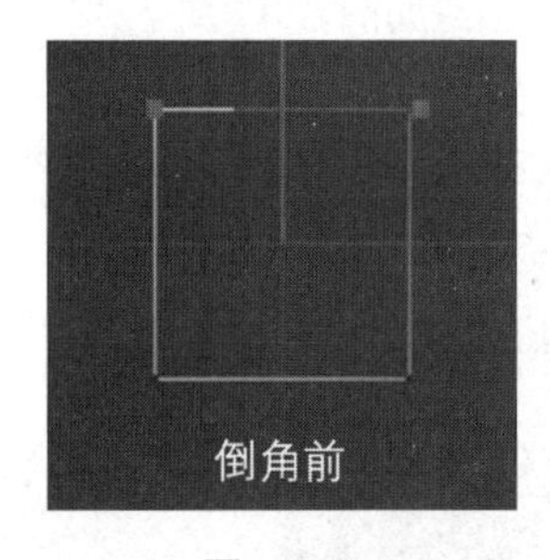

图 3-54

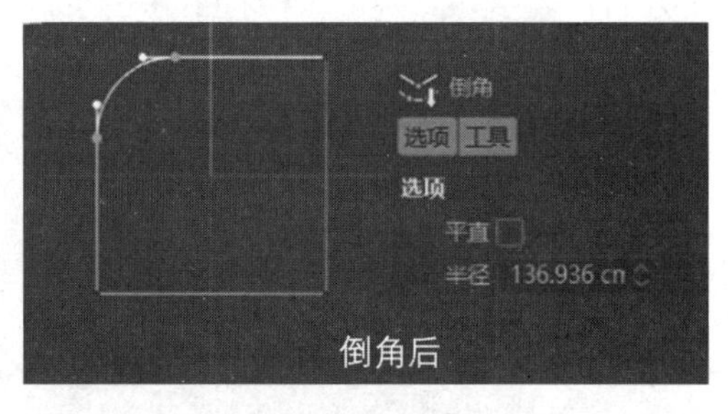

图 3-55

创建轮廓：选择样条，按住鼠标左键拖曳，出现一个新的样条，新样条和原样条各部分都是等距的，如图 3-56 和图 3-57 所示。

注：当需要出现一个新的样条对象时，需要启用”创建新的对象“选项。

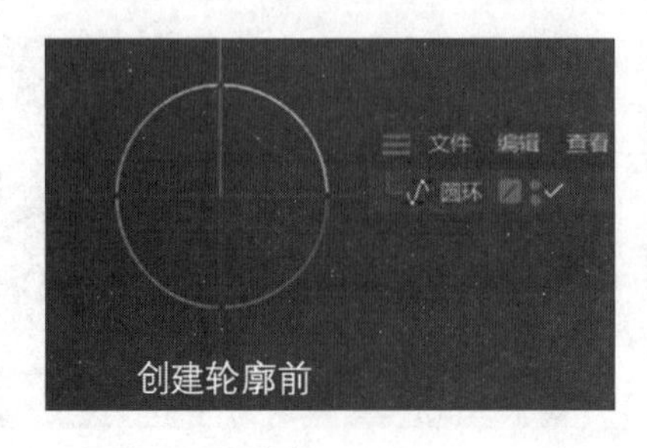

图 3-56

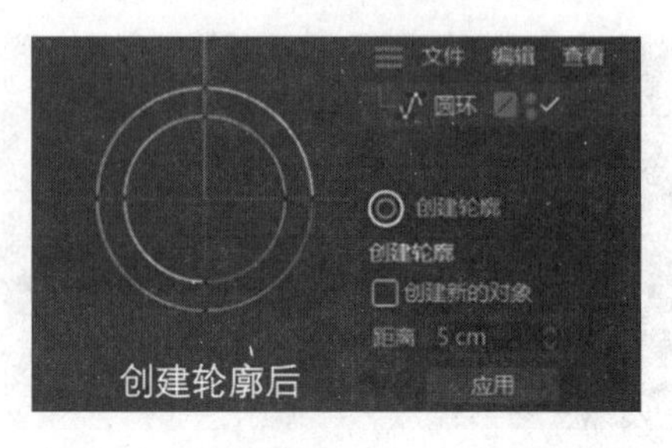

图 3-57

投射样条：可以使样条投射到对象上。

实战案例：投射样条的应用

【步骤 1】创建圆柱体对象，设置“高度分段”为 1，“高度”为 120，“旋转分段”为 40，创建圆环对象，调整圆环对象的大小，并移动到圆柱体对象前方，如图 3-58 所示。

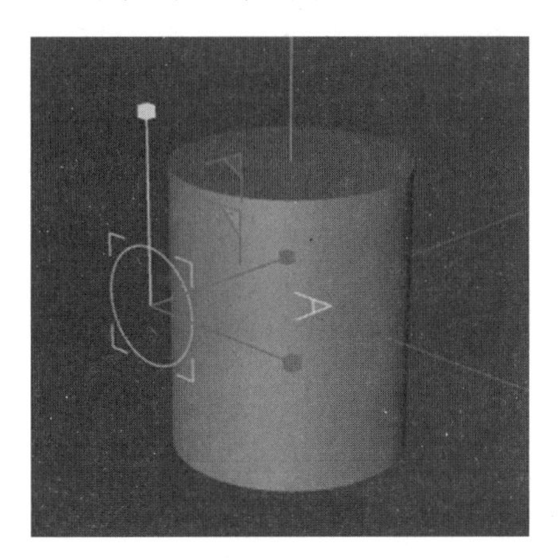

投射样条

图　3-58

【步骤 2】把圆环对象转为可编辑对象，切换为“点”模式，右击，选择“细分”命令，如图 3-59 所示。

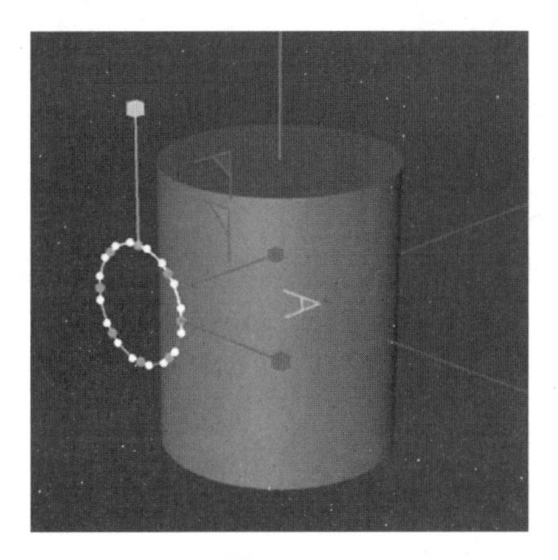

图　3-59

【步骤 3】切换到正视图，右击，选择“投射样条”命令，单击“应用”属性，如图 3-60 所示，切换到透视图，最终效果如图 3-61 所示。

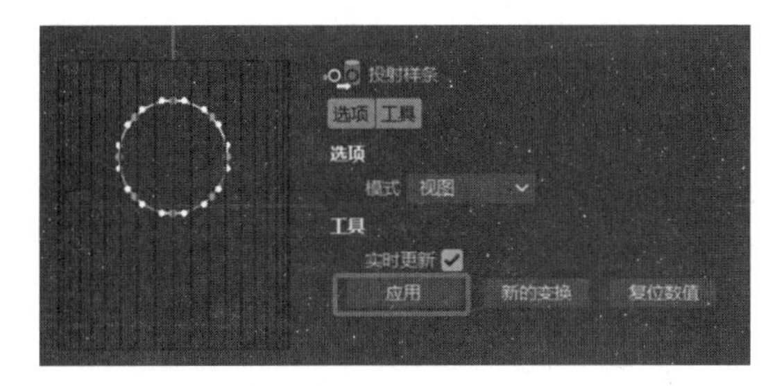

图　3-60

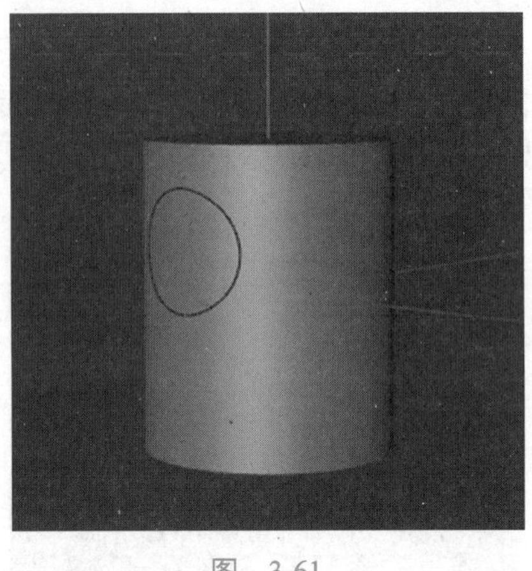

图 3-61

断开连接：在样条上任意选一点，执行该命令，该点将会被拆分成两个点，如图 3-62 所示。

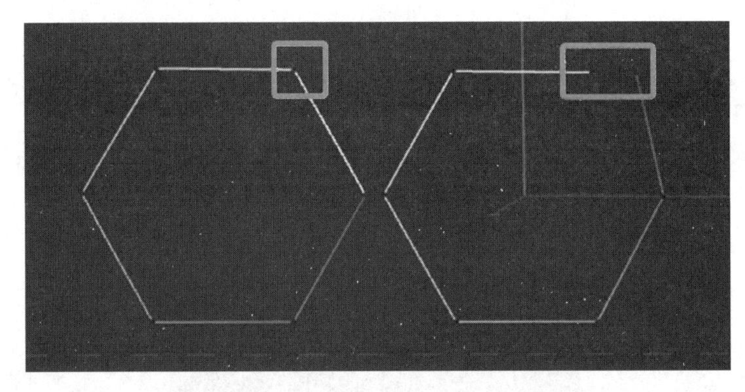

图 3-62

3.2 NURBS 建模命令

NURBS 建模命令包含“挤压”“旋转”“放样”“扫描”。

3.2.1 挤压

挤压是针对样条线建模的工具，可将二维曲线挤出成为三维模型。

执行主菜单“创建”→“样条”→“花瓣形”，创建一个花瓣形样条。

执行主菜单“创建”→“生成器”→“挤压”，创建一个挤压生成器。将花瓣样条作为挤压的子对象，即可将花瓣样条挤压成为三维花瓣模型，如图 3-63 所示。

在挤压生成器的属性面板中，需要掌握“对象”选项卡和“封盖”选项卡的应用，“对象”选项卡如图 3-64 所示，“封盖”选项卡如图 3-65 所示。接着继续完成三维花瓣模型，需对以下选项进行操作。

方向：用于设置挤压的方向，如图 3-66 所示。

偏移：用于设置挤压的距离，如图 3-67 所示。

细分数：控制挤压对象在挤压轴上的细分数量，如图 3-66 所示，效果如图 3-67 所示。

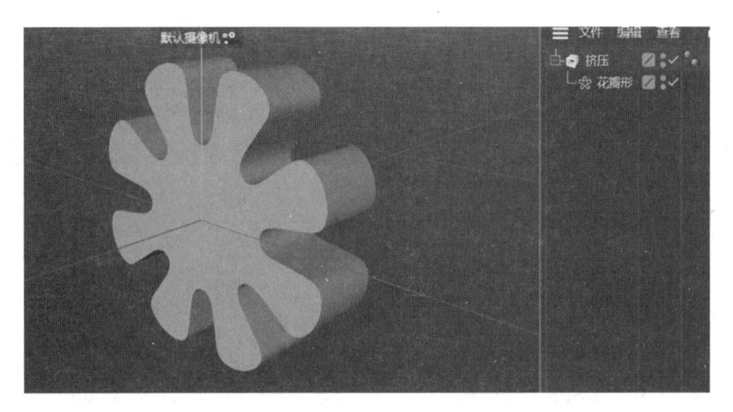

图　3-63

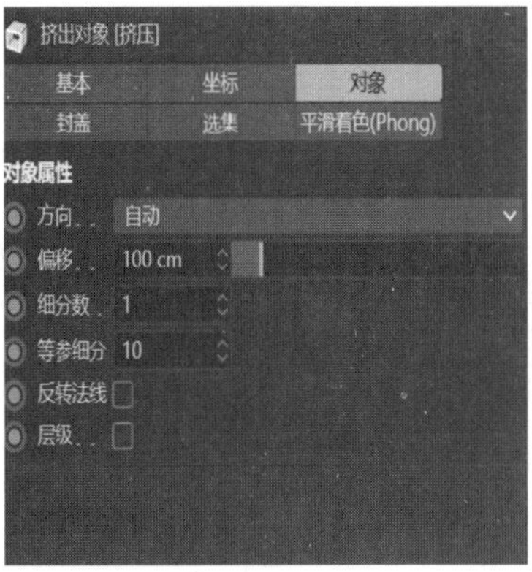

图　3-64

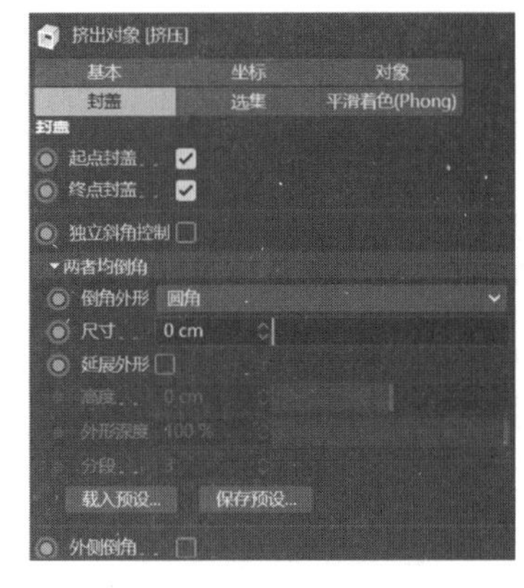

图　3-65

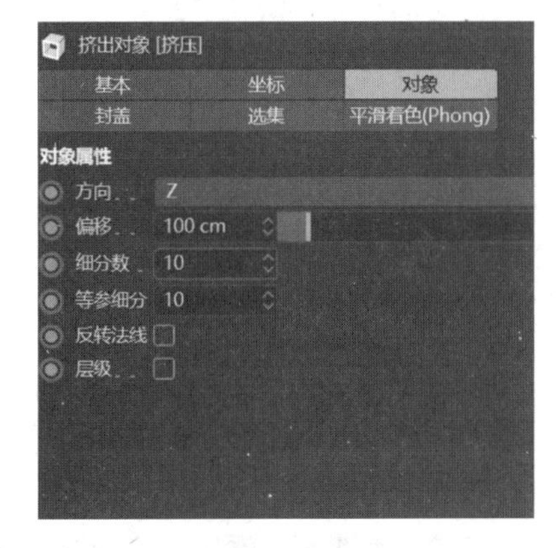

图　3-66

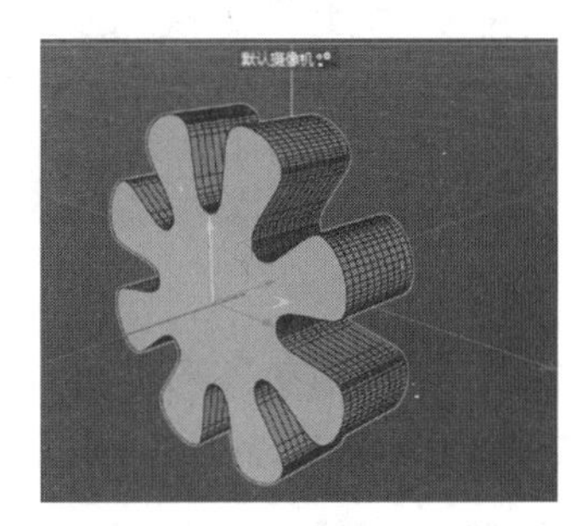

图　3-67

等参细分：执行“视图”→“显示”→“等参线”，可以观察到该参数控制等参线的细分数量，如图 3-68 所示，效果如图 3-69 所示。

反转法线：该选项用于反转法线的方向，如图 3-70 所示，效果如图 3-71 所示。

层级：勾选该项后，如果将挤压过的对象转换为可编辑多边形对象，那么该对象将按照层级进行划分显示，如图 3-72 所示。

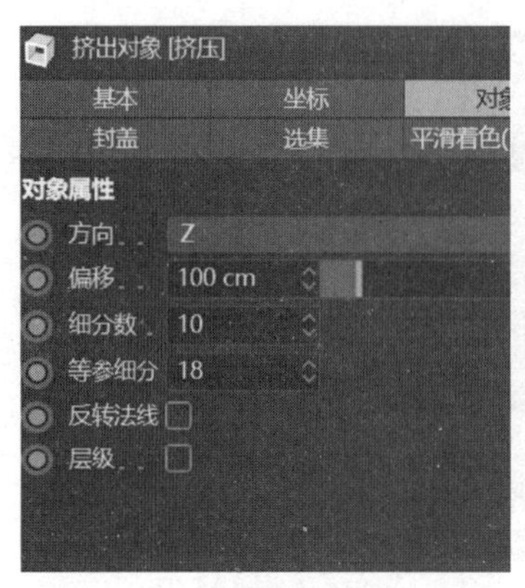

图 3-68

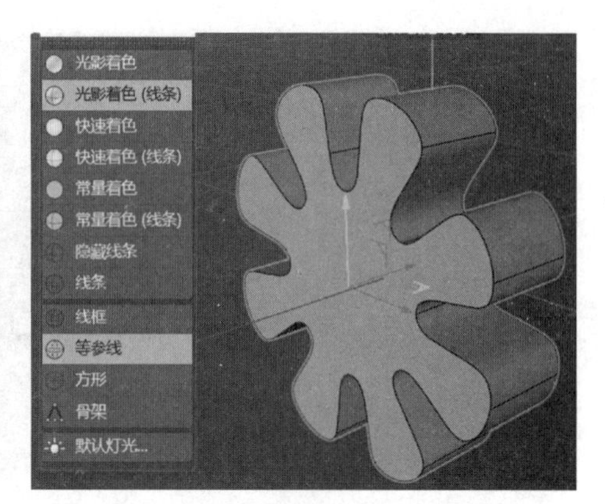

图 3-69

图 3-70

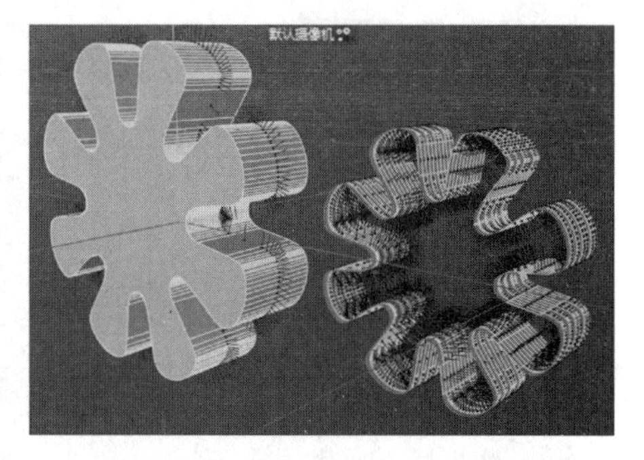

图 3-71

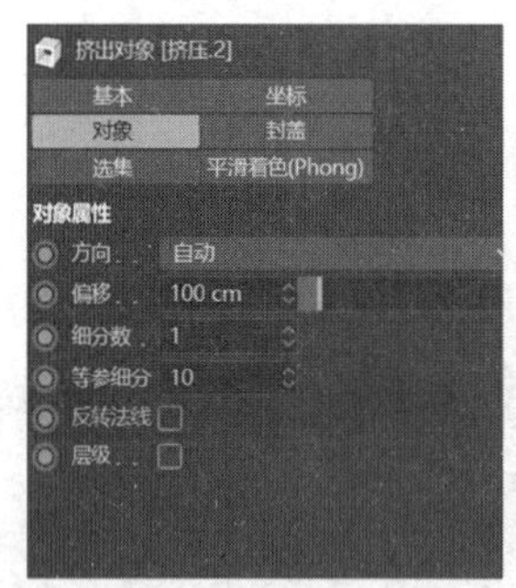

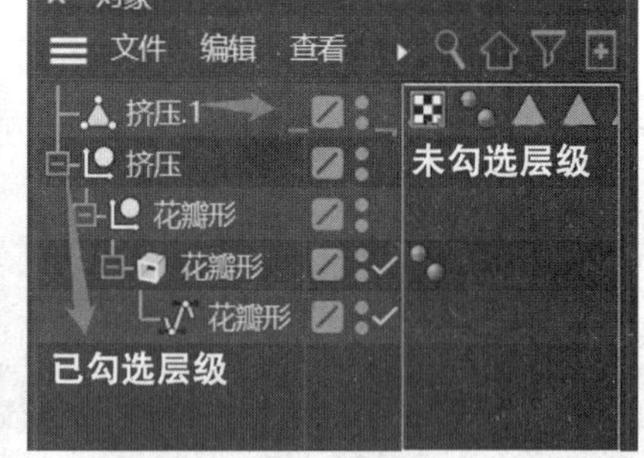

图 3-72

在封盖选项卡中，“倒角外形”决定倒角的形状，依次有“圆角”“曲线”“实体”和“步幅”4个选项，分别如图3-73（a）～（d）所示，“尺寸”决定倒角的大小。

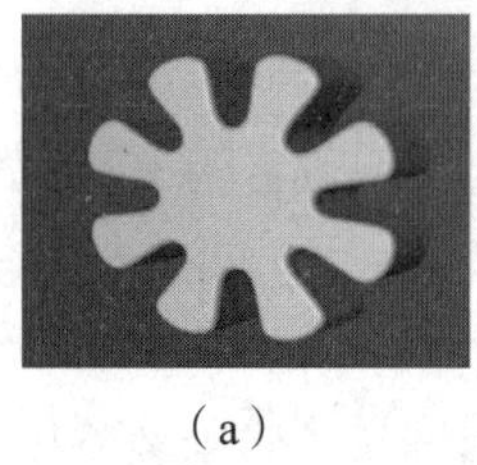

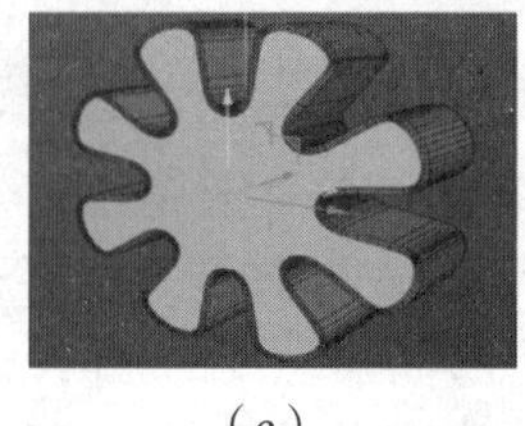

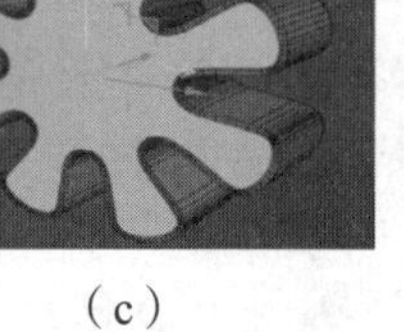

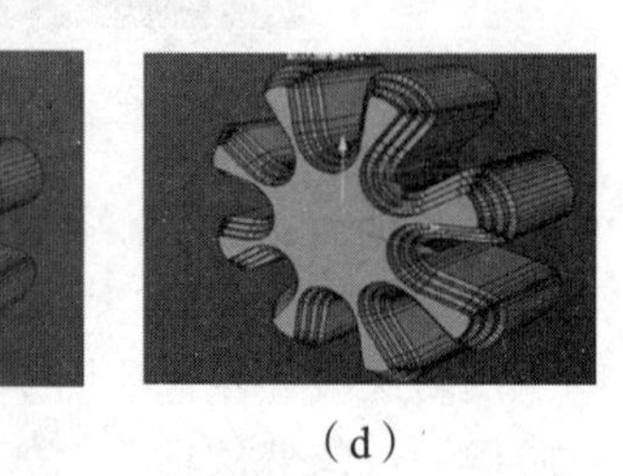

（a）（b）（c）（d）

图 3-73

实战案例：制作华为 Logo 模型

案例路径：CH03 →工程文件→ Logo.c4d。

本案例主要用样条画笔和挤压生成器制作华为 Logo 模型，效果如图 3-74 所示。

图　3-74

制作华为 Logo 模型 1

制作华为 Logo 模型 2

【步骤 1】单击“样条画笔”工具，创建样条，如图 3-75 所示。

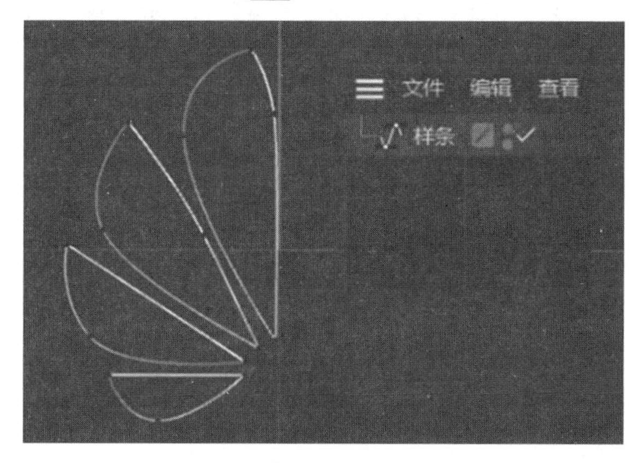

图　3-75

【步骤 2】选中样条对象，按住 Alt 键，单击“对称”生成器 对称，创建对称图形，如图 3-76 所示。

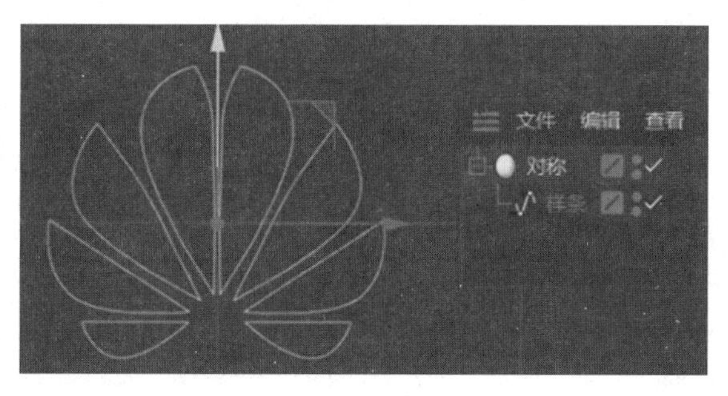

图　3-76

【步骤 3】单击“文本样条”工具 ，创建 HUAWEI 文本，如图 3-77 所示。

图 3-77

【步骤 4】选中两个样条对象，按住 Alt 键，单击“挤压”生成器 ，将两个对象挤压为三维模型，效果如图 3-78 所示。

图 3-78

3.2.2 旋转

旋转生成器可将二维曲线围绕 Y 轴旋转生成三维的模型。

选择“创建”→“生成器”→“旋转”，如图 3-79 所示，会在场景中创建一个旋转对象。单击鼠标中键切换到正视图，单击“样条画笔”工具，如图 3-80 所示，画出杯子的样条轮廓。将杯子样条线作为旋转的子对象，就能使杯子样条线沿 Y 轴旋转生成一个三维的模型，如图 3-81 所示。

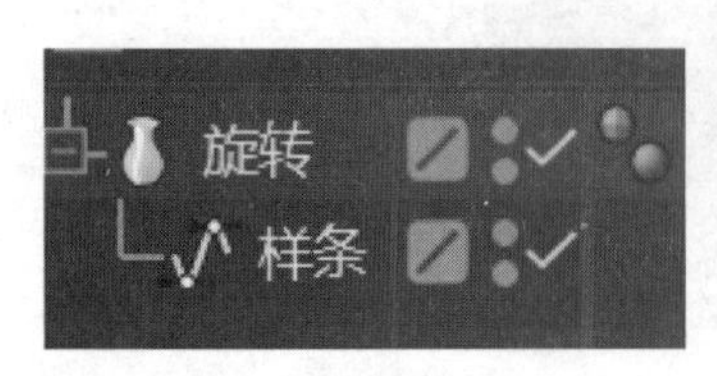

图 3-79

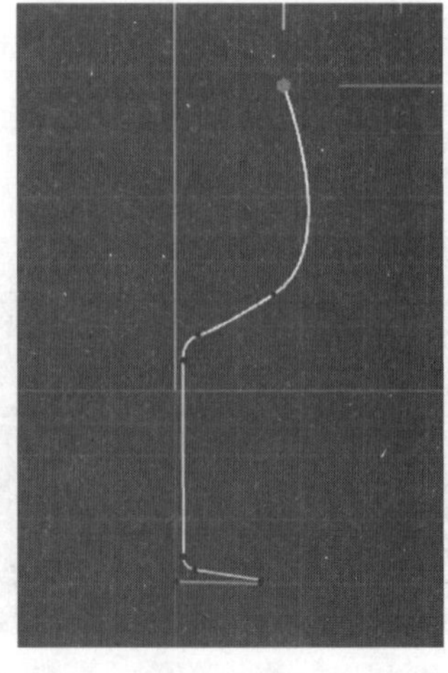

图 3-80

图 3-81

“对象”选项卡的参数面板如图 3-82 所示，各参数作用如下。

角度：控制旋转对象围绕 *Y* 轴旋转的角度，如图 3-83 所示。

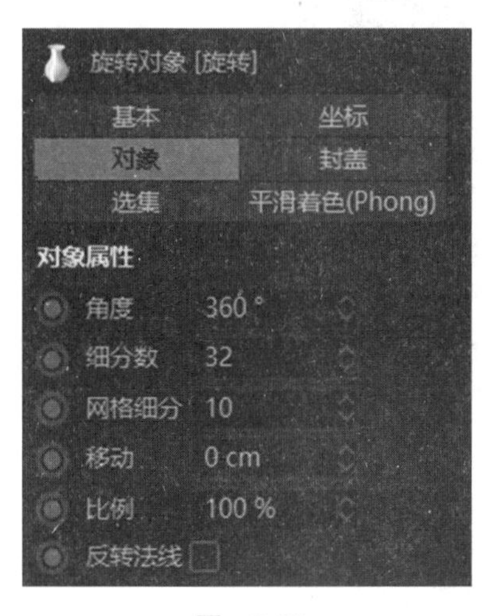

图　3-82

图　3-83

细分数：该参数定义旋转对象的细分数量。

网格细分：用于设置等参线的细分数量。

移动：移动参数用于设置旋转时纵向移动的距离，如图 3-84 所示。

比例：用于设置旋转时缩放的比例，如图 3-85 所示。

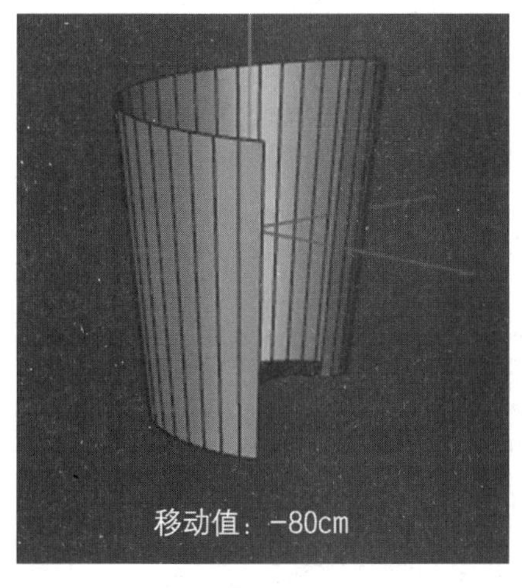

图　3-84

图　3-85

实战案例：制作鞭炮模型

案例路径：CH03 →工程文件→鞭炮 .c4d。

本案例主要用样条画笔工具、旋转生成器、和克隆制作鞭炮模型，效果如图 3-86 所示。

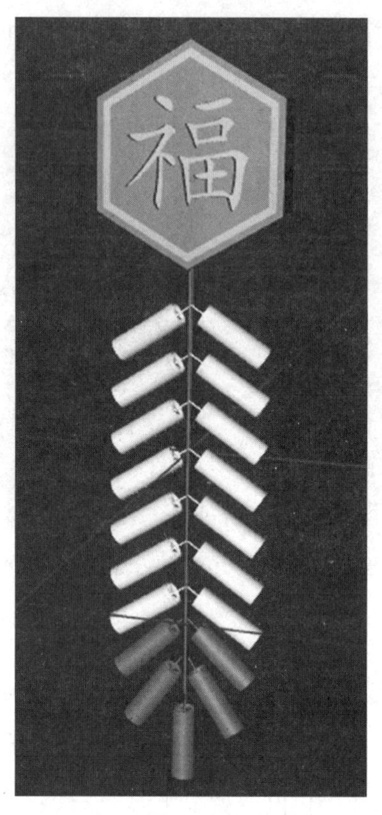

图 3-86

1. 创建单个炮竹模型

【步骤 1】单击“样条画笔”工具，在正视图中创建炮竹体轮廓，选中样条对象，按住 Alt 键，单击“旋转生成器”工具，如图 3-87 所示。

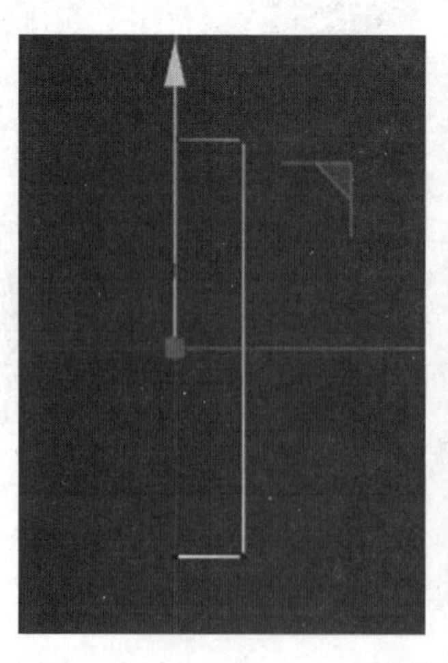
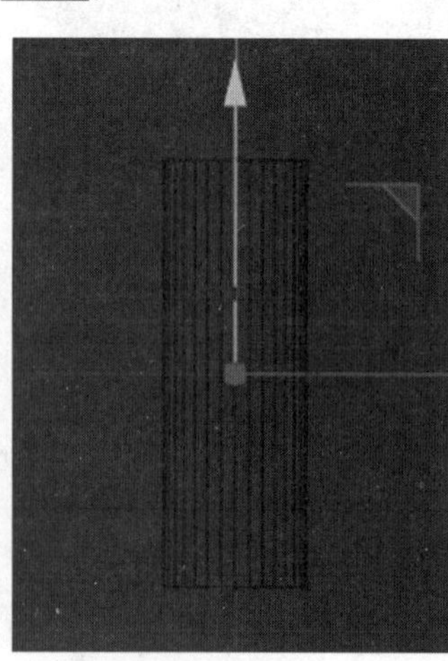

炮竹 1

炮竹 2

图 3-87

【步骤 2】按 C 键，将图 3-87 所示的模型转为可编辑对象，单击“边”工具，进入边模式，右击，选择“循环路径切割”命令，给对象的上、下各增加两条边，如图 3-88 所示。

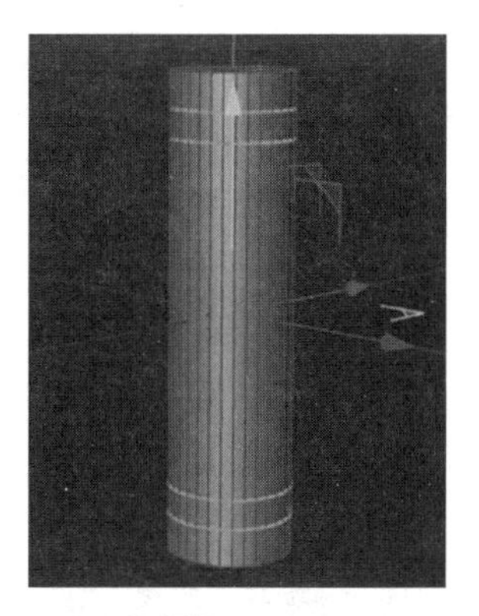

图 3-88

【步骤 3】单击“面”工具，进入面模式，单击“循环选择”工具循环选择，选择上、下两个面，使用“挤压”工具挤压，如图 3-89 所示。

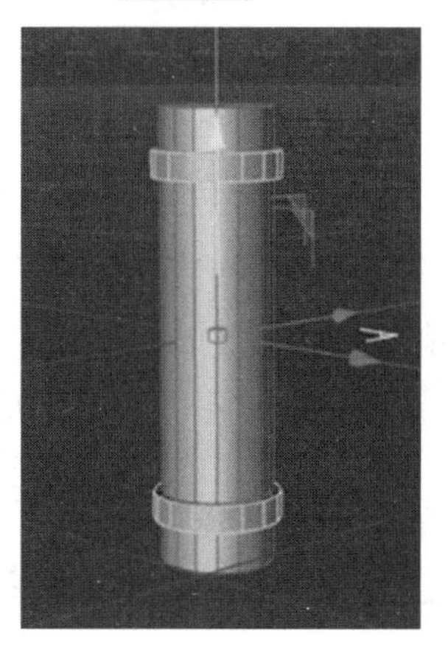

图 3-89

【步骤 4】单击“面”工具，进入面模式，选中顶部的面，单击“缩放”工具，按 Ctrl 键向内收缩，单击“移动”工具，按 Ctrl 键，沿 Y 轴向下拖动鼠标，如图 3-90 所示。

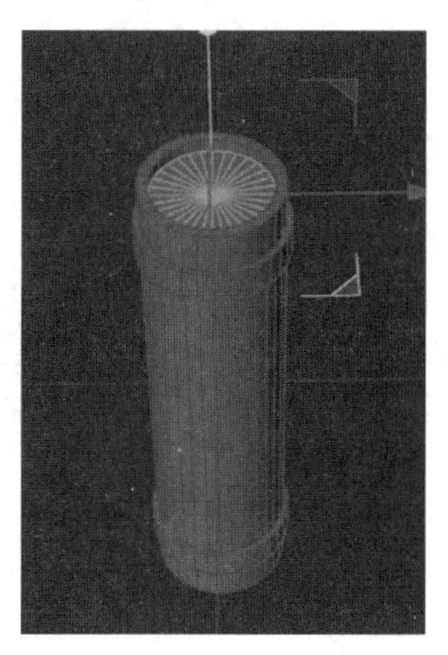

图 3-90

【步骤 5】单击“样条画笔”工具，绘制一条直线，单击“圆环”工具，绘制圆环，“半径”为 1cm，运用“扫描”工具制作炮竹芯，如图 3-91 所示。

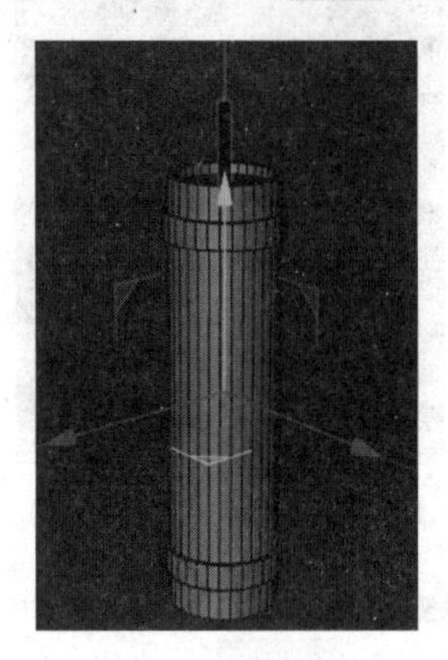

图 3-91

2. 创建鞭炮模型

【步骤 1】按快捷键 Alt+G 将炮竹芯和炮竹体打组为空白对象，复制空白对象为空白 1 对象，切换到正视图，调整空白对象 1 的 R.B 值为 60°，如图 3-92 所示。

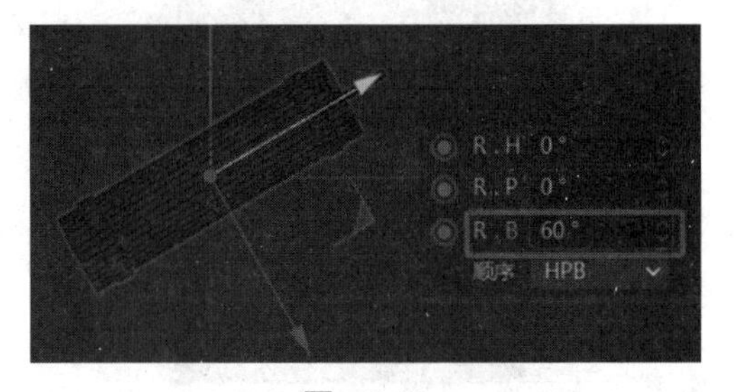

图 3-92

鞭炮部分

【步骤 2】给空白对象 1 添加“对称”工具，再添加“克隆”工具，复制出多个炮竹，克隆的“模式”为线性，“数量”为 8，如图 3-93 所示。

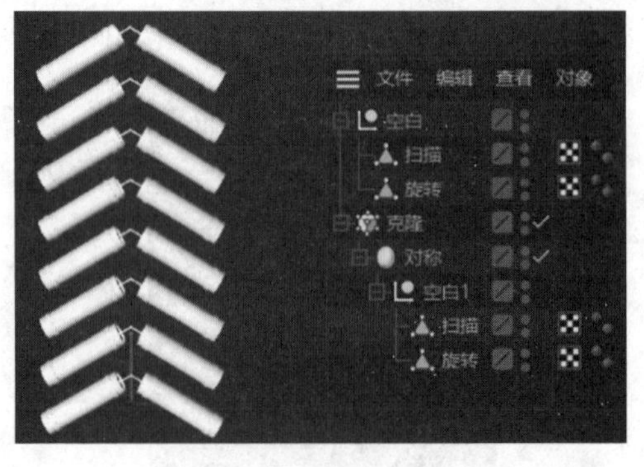

图 3-93

【步骤 3】制作连接炮竹的线，使用“样条画笔”工具，绘制一条直线，单击“圆环”工具，绘制圆环，“半径”为 1cm，使用“扫描”工具制作炮竹的线，如图 3-94 所示。

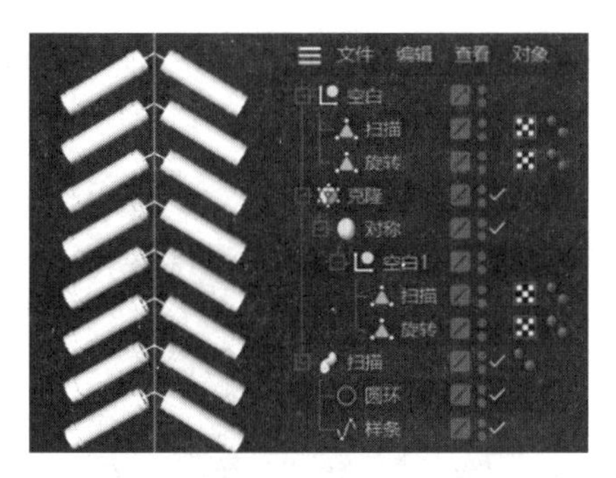

图　3-94

【步骤 4】复制克隆对象，命名为克隆 1，调整“数量”为 2，调整克隆 1 的子对象空白 1 的 R.B 的值为 36° ，如图 3-95 所示。

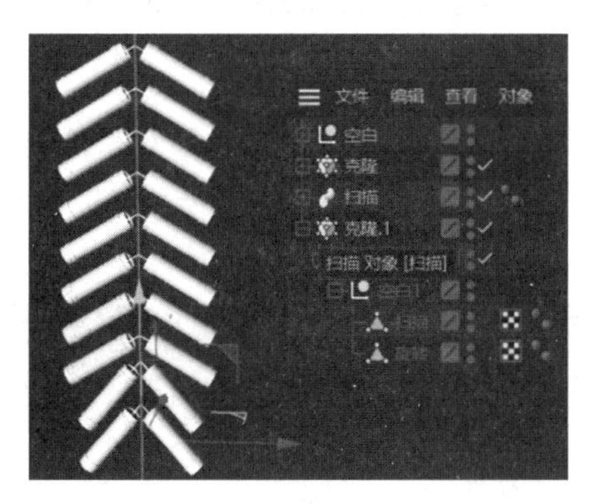

图　3-95

3. 创建菱形福字盒模型

【步骤 1】切换到正视图，单击“多边形”工具，调整多边形的角度 R.B 值为 30°，“半径”为 113cm，使用“挤压”工具，将多边形挤压成三维模型，调整挤压“偏移”值为 44cm，“倒角外形”为圆角，“尺寸”为 1cm。单击 C 键，切换为“面”模式，选中中间的面，使用“缩放”工具，按住 Ctrl 键，分别向内收缩 2 次，制作金边，如图 3-96 所示。

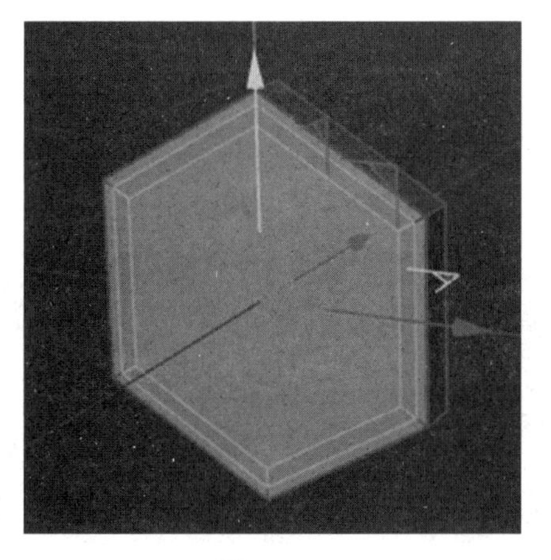

图　3-96

菱形福字盒 1

【步骤 2】使用“文本”工具，创建“福”字。使用“挤压”工具，制作“福”三维模型，如图 3-97 所示。

菱形福字盒 2

图 3-97

【步骤 3】使用“布尔”工具，使多边形对象与福字对象进行布尔运算，多边形对象上面刻出“福”字图案，如图 3-98 所示。单击“渲染到图片查看器”工具，可渲染出最终效果。

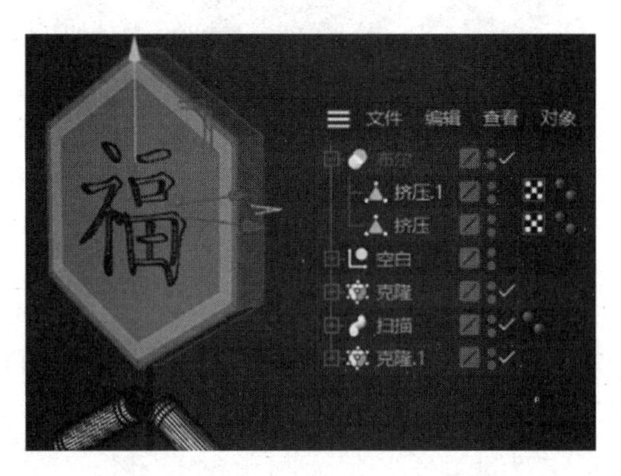

图 3-98

3.2.3 放样

放样生成器可根据多条二维曲线的外边界搭建曲面，从而形成复杂的三维模型。

选择“创建”→“生成器”→“放样”，会在场景中创建一个放样对象，如图 3-99 所示。再创建多个样条对象，将样条对象作为放样对象的子对象，即可让这些样条生成复杂的三维模型，如图 3-100 所示。

图 3-99

图　3-100

“对象”选项卡：参数面板如图 3-101 所示。

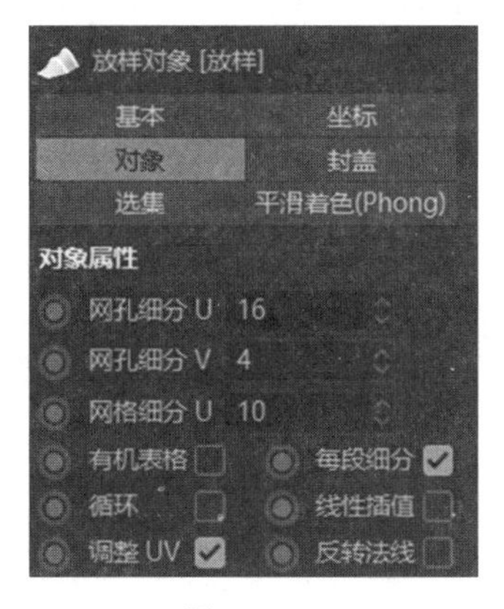

图　3-101

网孔细分 U/ 网孔细分 V: 设置放样的纵向和横向的细分数，如图 3-102 和图 3-103 所示。

图　3-102

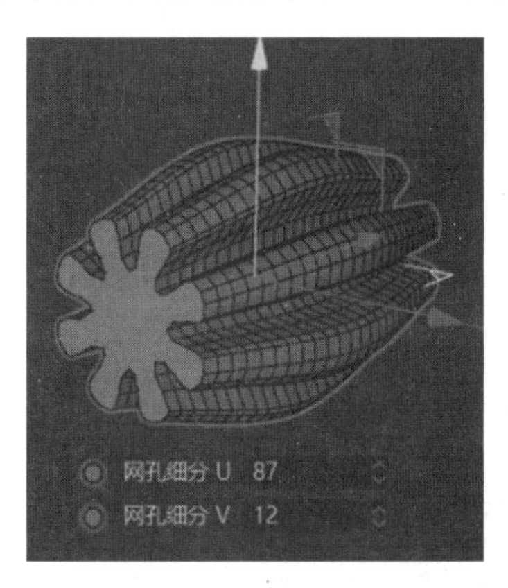

图　3-103

实战案例：制作梅瓶模型

案例路径：CH03 →工程文件→梅瓶 .c4d。

本案例主要用样条工具、放样生成器制作梅瓶模型，效果如图 3-104 所示。

【步骤 1】选择“圆环”工具，用圆环搭建出梅瓶的轮廓，如图 3-105 所示。

制作梅瓶模型

图 3-104

图 3-105

【步骤 2】将画好的圆环全部选中，按住 Alt 键，单击“放样”工具，再给放样添加“细分曲面”工具，如图 3-106 所示。

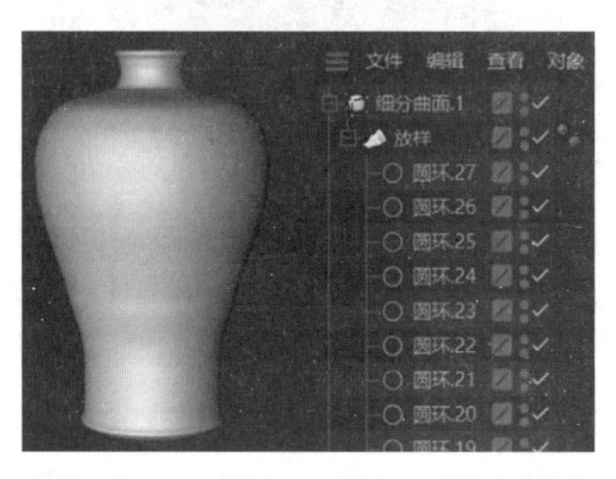

图 3-106

3.2.4 扫描

扫描生成器可以将一个二维图形的截面，沿着某条样条路径移动形成三维模型。

选择“创建”→“生成器”→“扫描”，就会在场景中创建一个扫描对象。再创建两个样条对象，一个当截面，一个当路径（截面在上，路径在下），如图 3-107 所示，让这两个样条对象成为扫描对象的子对象，即可扫描生成一个三维模型，如图 3-108 所示。

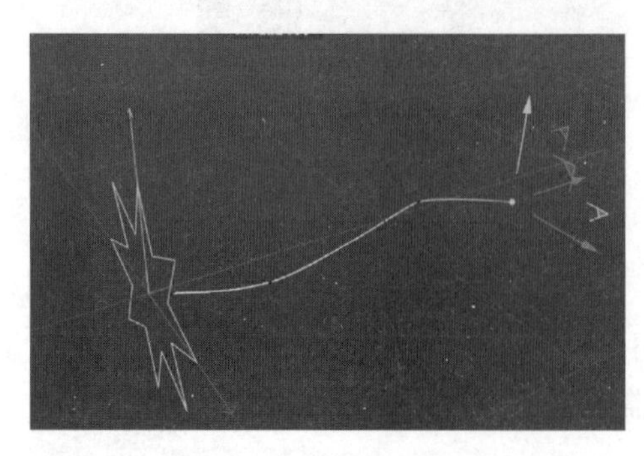

图 3-107

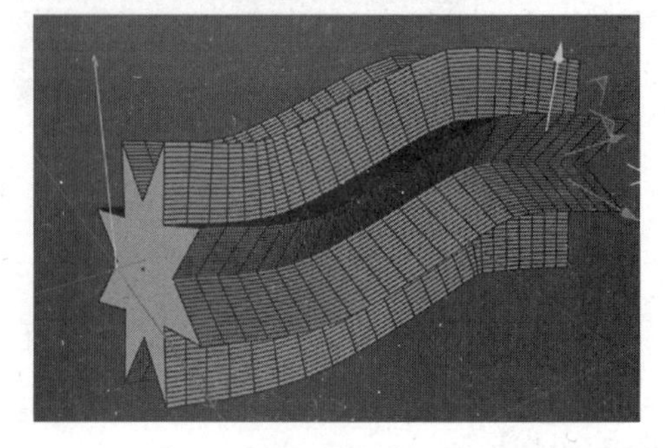

图 3-108

网格细分：设置等参线的细分数量。

终点缩放：设置扫描对象在路径终点的缩放比例，如图 3-109 所示。

结束旋转：设置对象到达路径终点时的旋转角度，如图 3-110 所示。

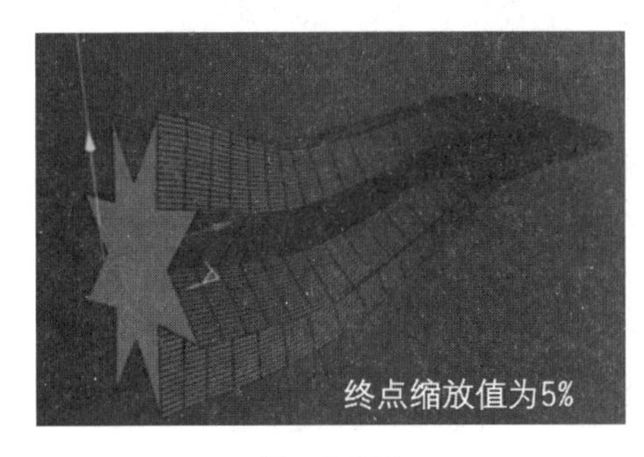

图　3-109

图　3-110

开始生长 / 结束生长：这两个参数分别设置扫描对象沿路径移动形成三维模型的起点和终点，如图 3-111 和图 3-112 所示。

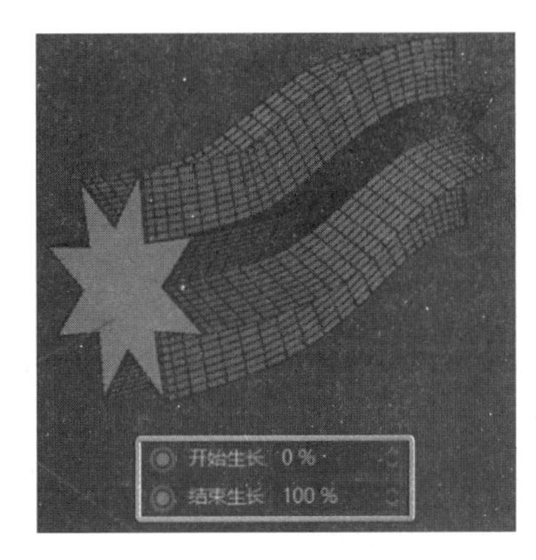

图　3-111

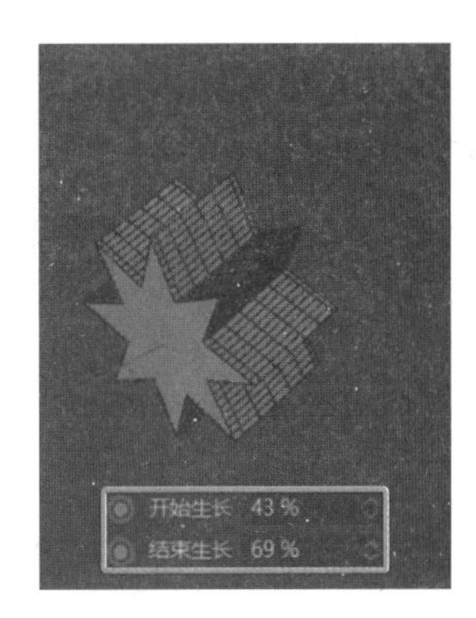

图　3-112

细节：该选项组包含“缩放”和“旋转”两组表格，在表格的左右两侧分别有两个小圆点，左侧的小圆点控制扫描对象起点处的缩放和旋转程度，右侧的小圆点控制扫描对象终点处的缩放和旋转程度。另外，可以在表格中按住 Ctrl 键并单击添加小圆点，来调整模型的不同形态。如果想删除多余的点，只需将该点向右上角拖曳出表格即可，如图 3-113 和图 3-114 所示。

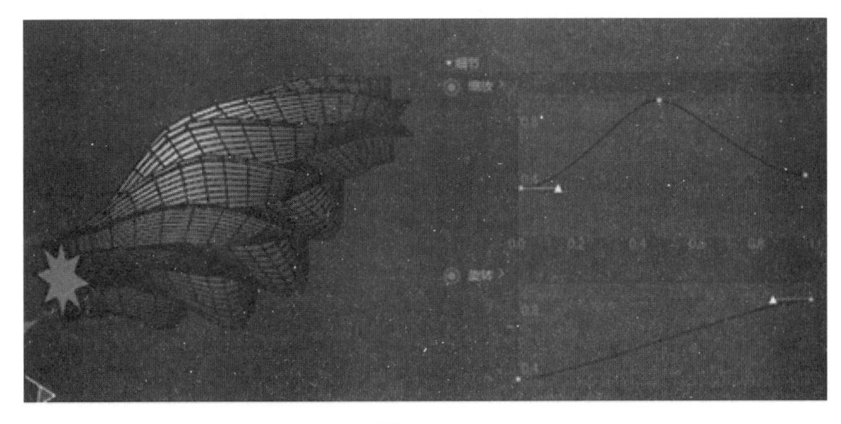

图　3-113

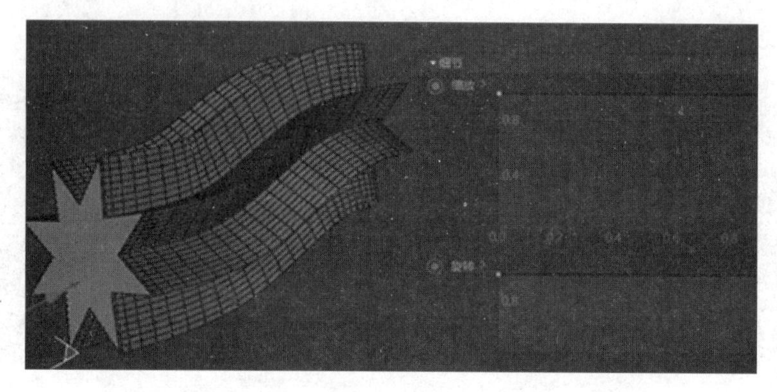

图 3-114

实战案例：制作中国结模型

案例路径：CH04 →工程文件→中国结 .c4d。

本案例主要用样条画笔工具、扫描生成器制作中国结模型，效果如图 3-115 所示。

制作中国结模型 1

图 3-115

【步骤 1】选择“样条画笔”工具，画出中国结的轮廓及挂绳的轮廓，如图 3-116 所示。

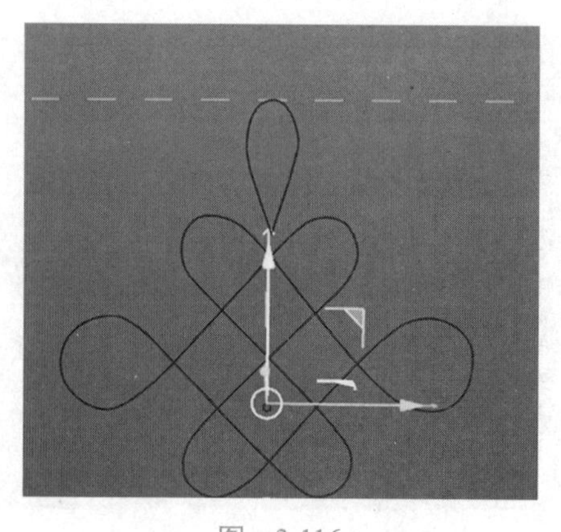

图 3-116

【步骤 2】创建圆环，设置“半径”为 28cm。将圆环和中国结轮廓样条选中，按住 Alt 键，单击“扫描”工具，如图 3-117 所示。

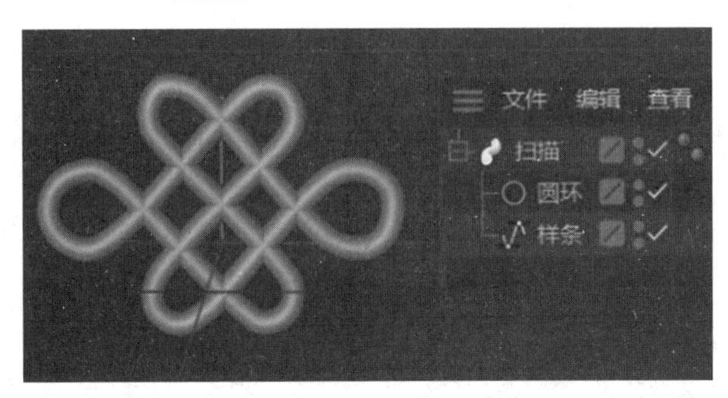

图　3-117

【步骤 3】创建圆环，设置“半径”为 7cm。将圆环和中国结挂绳轮廓样条选中，按住 Alt 键，单击“扫描”工具，如图 3-118 所示。

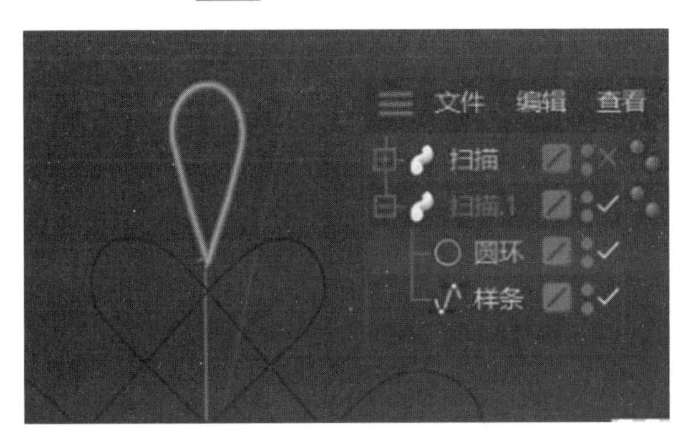

制作中国结模型 2

图　3-118

【步骤 3】创建两个圆环，一个“半径”为 6cm，一个“半径”为 36cm, 选中两个圆环，按住 Alt 键，单击“扫描”工具，如图 3-119 所示。

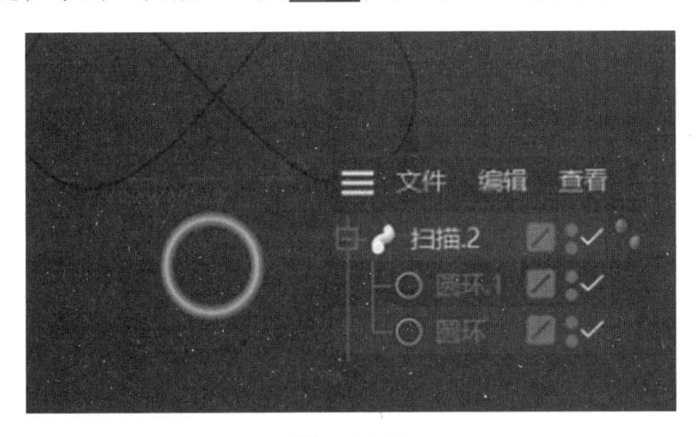

图　3-119

【步骤 4】选择“样条画笔”工具，画出中国结流苏的样条轮廓，创建圆环，圆环半径 3.5cm，选中中国结流苏的样条轮廓和圆环，按住 Alt 键，单击“扫描”工具，将制作好的流苏模型，复制 8 个，如图 3-120 所示。单击“渲染到图片查看器”工具，可渲染出最终效果。

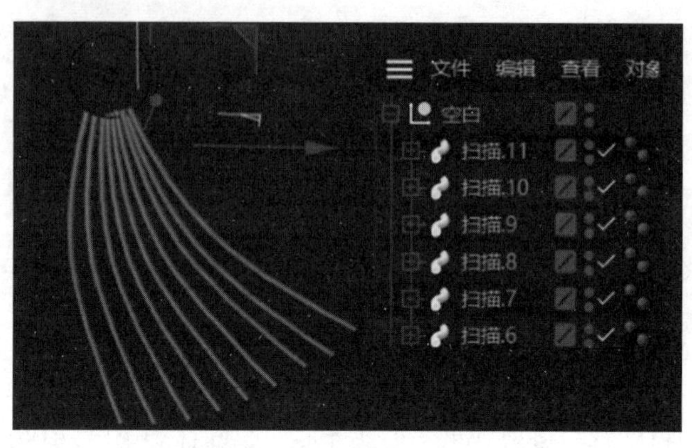

图 3-120

拓展案例：闹钟的制作

案例路径：CH04 →工程文件→闹钟 .c4d。

制作闹钟模型，效果如图 3-121 所示。

图 3-121

闹钟 1

闹钟 2

闹钟 3

第 4 章　多边形建模

本章将学习多边形建模，多边形建模是 Cinema 4D 软件中非常复杂的建模方式之一，也是非常重要的建模方式。通过将模型转换为可编辑多边形，可对模型的点、边、多边形进行编辑，大大提高了模型的可调性，从而一步步地将简单模型调整为复杂精细的模型。

重点知识

- 熟练掌握多边形建模的操作流程。
- 熟练掌握各子级别下的工具的多边形命令的应用。

多边形建模
概念及流程

4.1　多边形建模的概念

多边形建模是 Cinema 4D 非常重要的建模方式。它将一个简单的模型转换成可编辑的对象，后通过编辑和修改对象的点、边、面来调整模型的结构，最终实现精细复杂模型的过程。

4.2　转为可编辑对象

创建一个球体，在对象面板中，球体对象图标为球体，如图 4-1 所示，单击工具栏中的“转为可编辑对象”工具（快捷键 C），如图 4-2 所示，对象图标转为片状三角形。

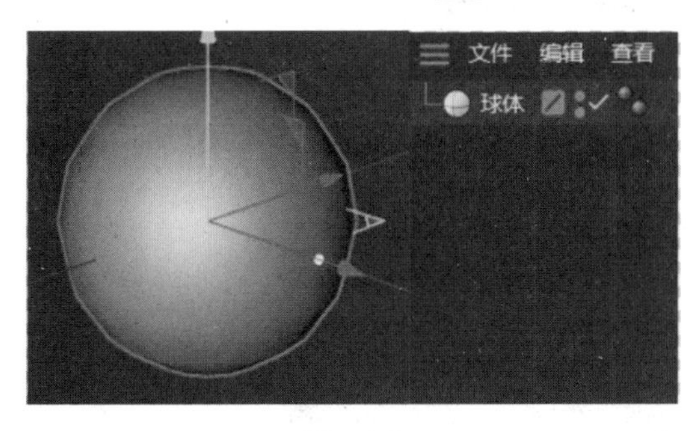

图　4-1

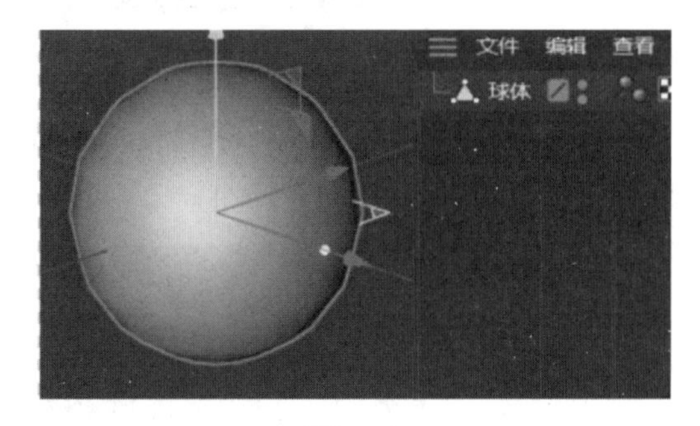

图　4-2

4.3　编辑多边形对象

编辑多边形有“点”模式、“边”模式和“多边形”模式，这 3 种模式都可在左侧工具栏中找到。

4.3.1 “点”模式

进入“点”模式，右击，能看到编辑点的常用编辑命令，如图 4-3 所示，效果如图 4-4 所示。

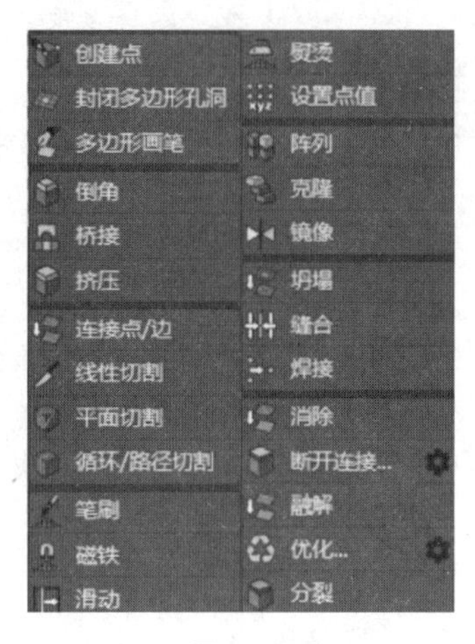

图 4-3

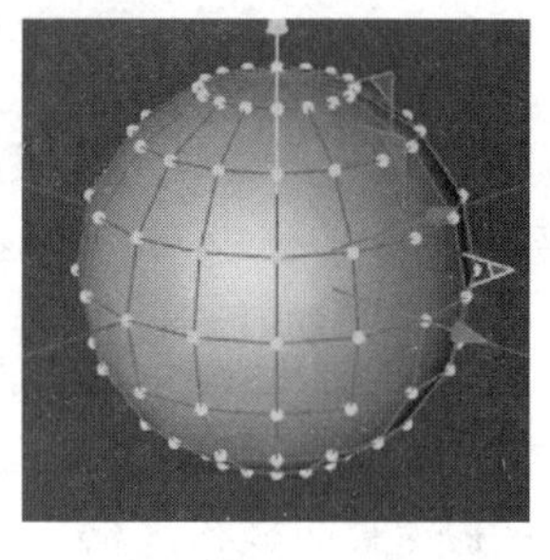

图 4-4

创建点：执行该命令，单击多边形对象的边面，效果如图 4-5 所示，可添加新的点，效果如图 4-6 所示。

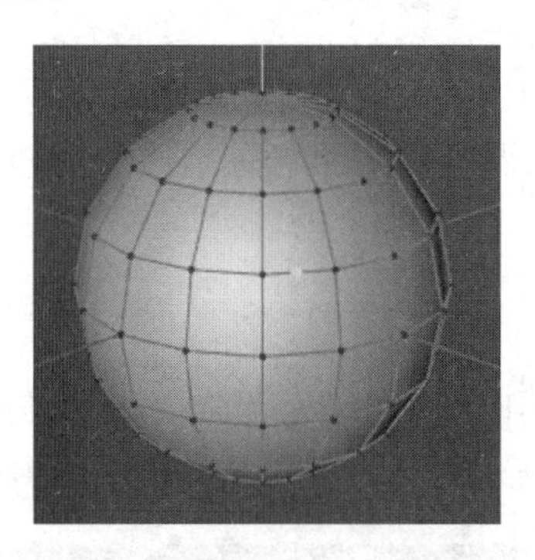

图 4-5

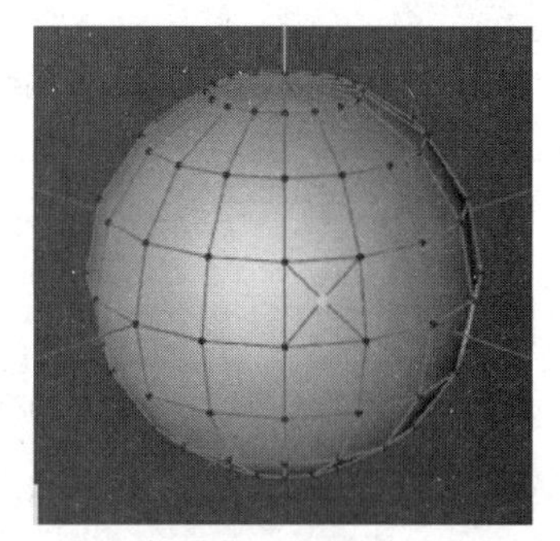

图 4-6

封闭多边形孔洞：执行该命令，效果如图 4-7 所示，单击模型的缺口位置，即可将模型缺口封闭，效果如图 4-8 所示。

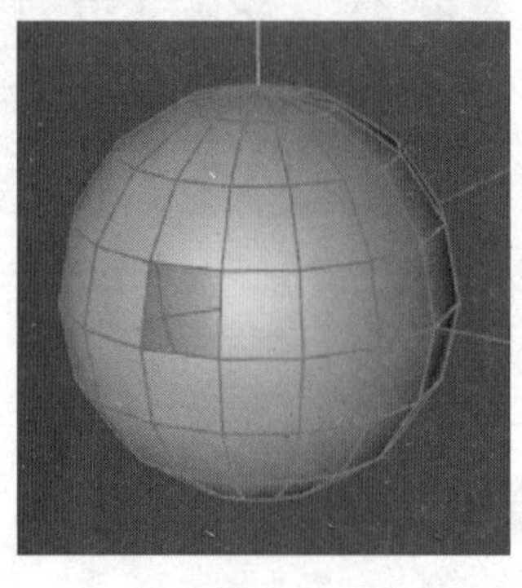

图 4-7

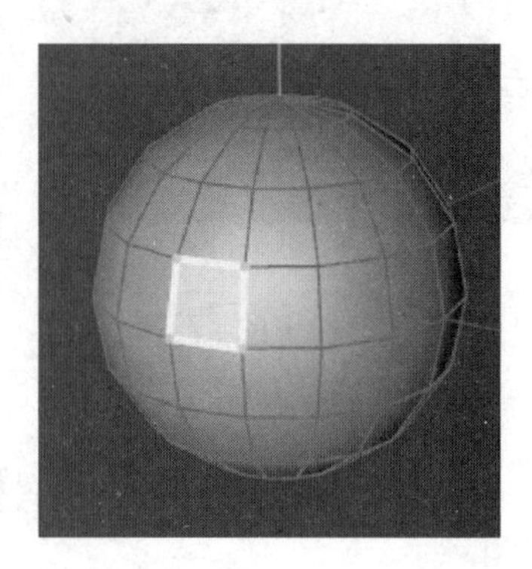

图 4-8

多边形画笔：执行该命令，先单击一个点，再单击另一个点，效果如图 4-9 所示，可以在两点间绘制一条线，效果如图 4-10 所示。

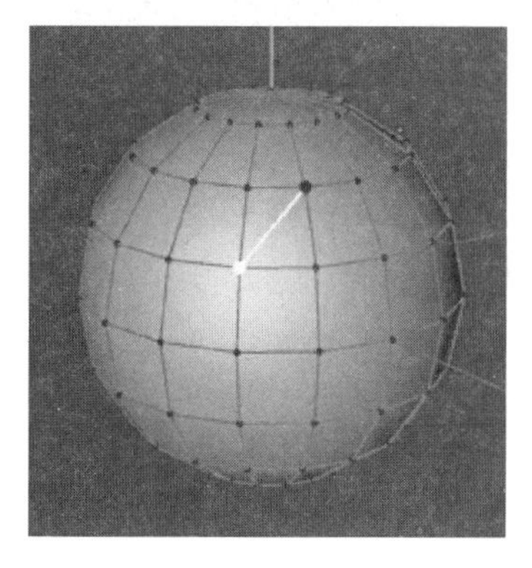

图　4-9

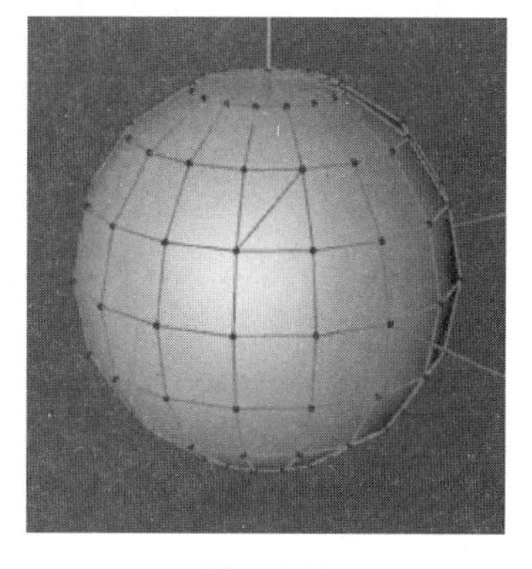

图　4-10

倒角：选中一个点，执行该命令，效果如图 4-11 所示，拖动光标即形成一个多边形，效果如图 4-12 所示。

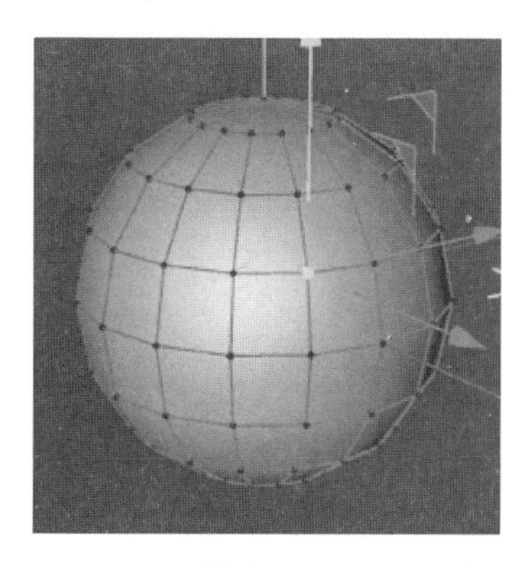

图　4-11

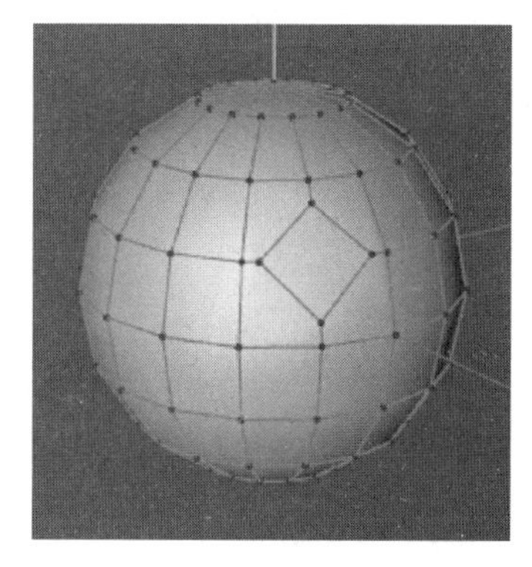

图　4-12

桥接：桥接命令通常需要在同一个多边形对象下执行，执行该命令，依次连接 3 个点，可形成一个新的面，如图 4-13 所示。

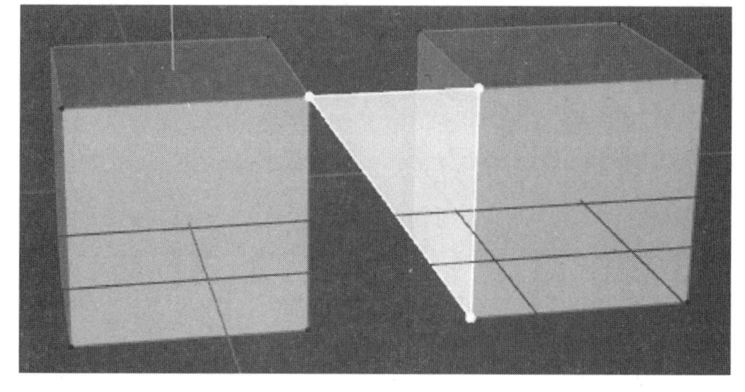

图　4-13

连接点 / 边：选择不在一条线上但相邻的两个点，执行该命令，效果如图 4-14 所示，可出现一条新的边，如图 4-15 所示。

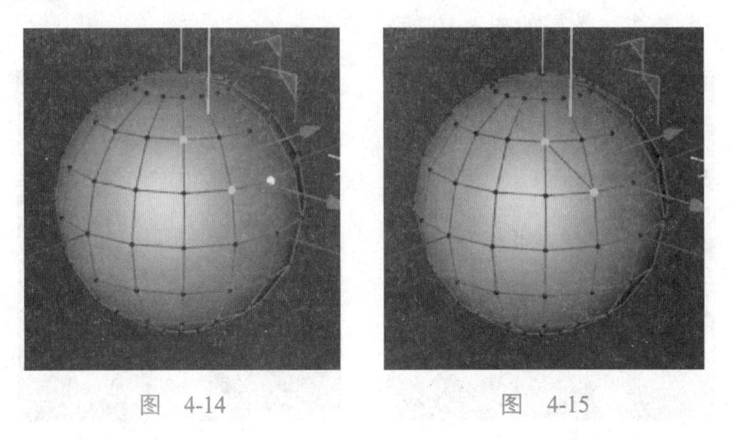

图 4-14　　　　图 4-15

线性切割：执行该命令，如图 4-16 所示，可在多边形上形成新的边，如图 4-17 所示。

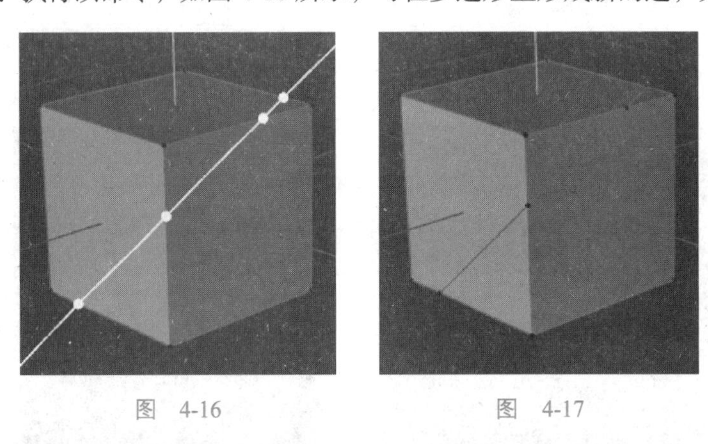

图 4-16　　　　图 4-17

循环 / 路径切割：执行该命令，如图 4-18 所示，可沿着多边形的一圈点或边添加新的边，如图 4-19 所示。

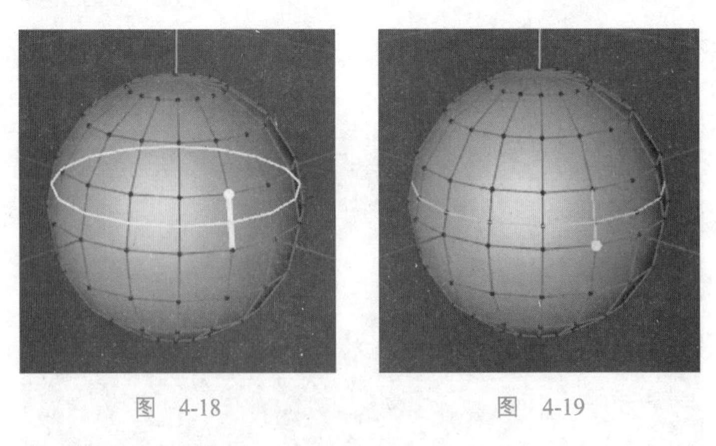

图 4-18　　　　图 4-19

笔刷：执行该命令，可以以软选择的方式对点进行涂抹，使模型产生起伏，如图 4-20 所示。

滑动：执行该命令，拖动点沿着边滑动，可使该点产生位置变化，如图 4-21（a）和

（b）所示。

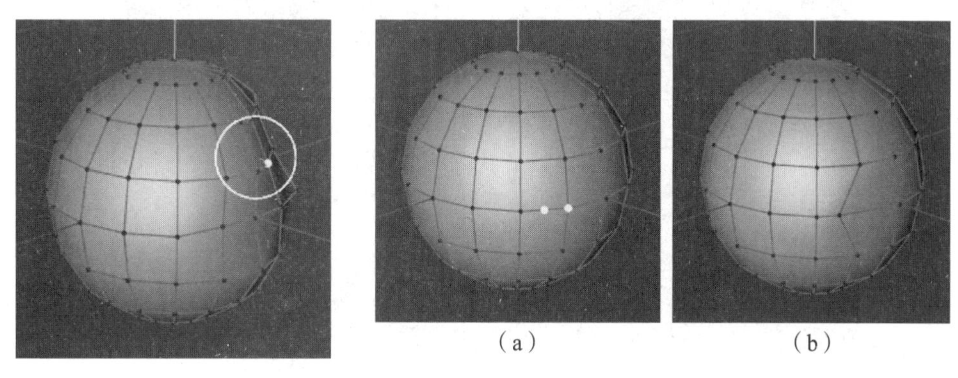

图　4-20　　　　图　4-21

坍塌：执行该命令，可以让多个点合成 1 个点，如图 4-22 所示。

缝合：执行该命令，对点和点进行缝合，如图 4-23 所示。

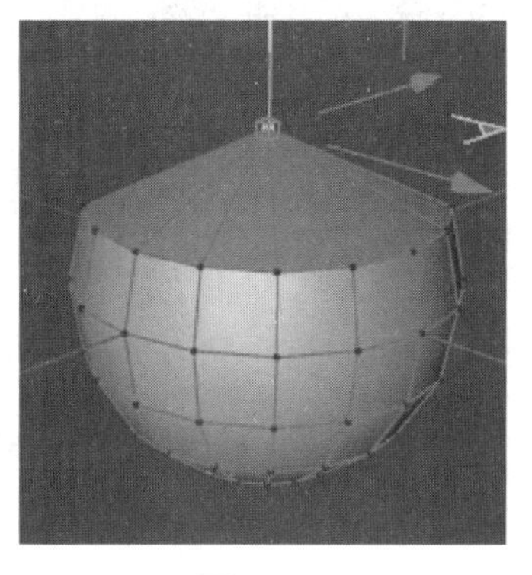

图　4-22

图　4-23

焊接：选择需要进行焊接的点，执行该命令，如图 4-24 所示，可使几个点焊接到指定位置，如图 4-25 所示。

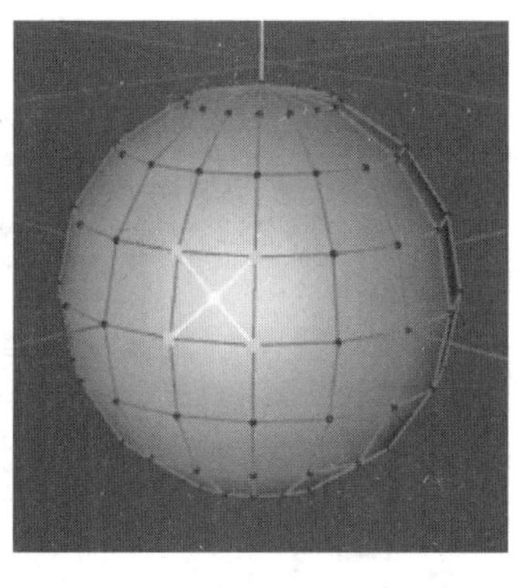

图　4-24

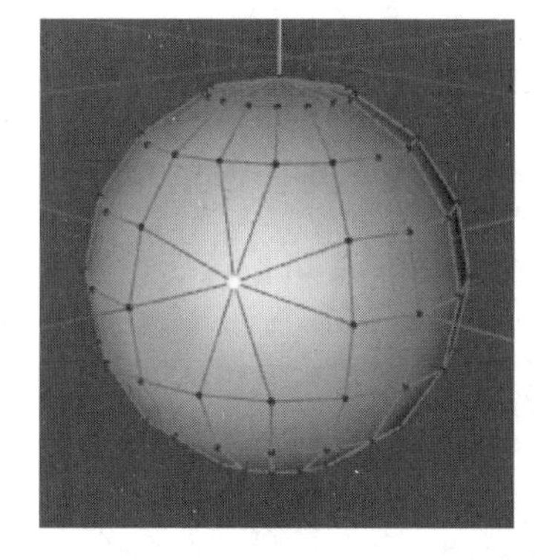

图　4-25

消除：可以移除选中的顶点，如图 4-26（a）和（b）所示。

（a）

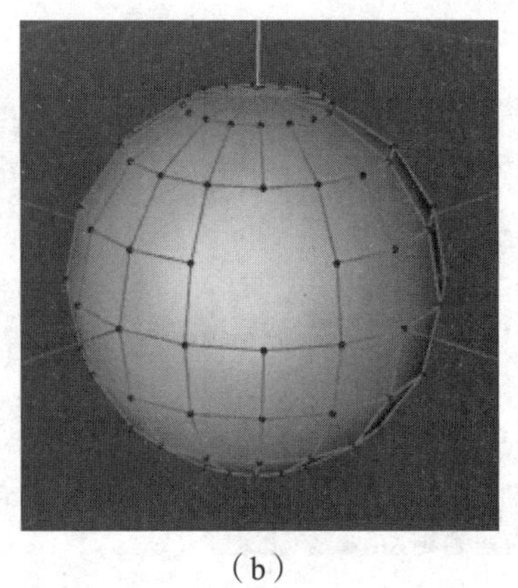

（b）

图 4-26

断开连接：选中点，执行该命令，如图 4-27 所示，即可将点断开，如图 4-28 所示。

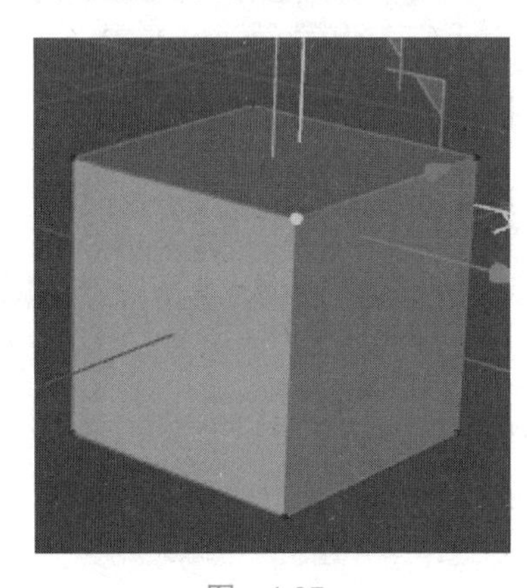

图 4-27

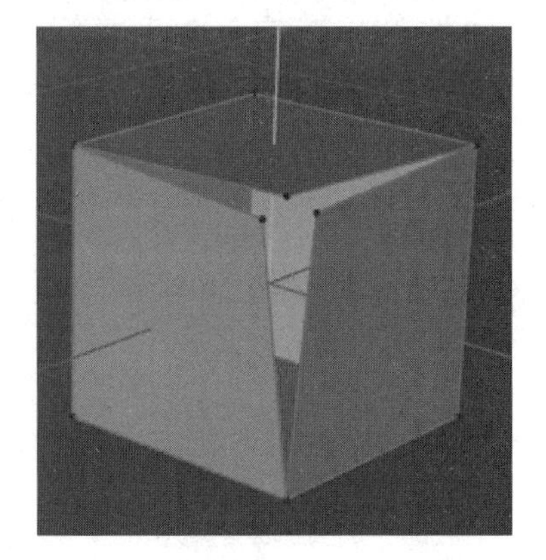

图 4-28

融解：选中模型上的点，执行该命令，如图 4-29 所示，即可将这些点融解消除，如图 4-30 所示。

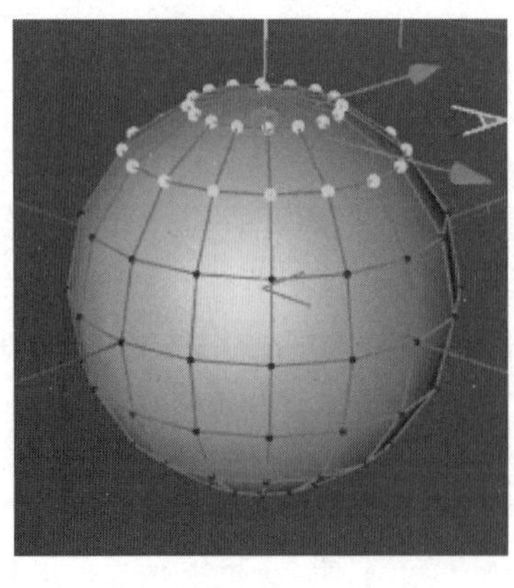

图 4-29

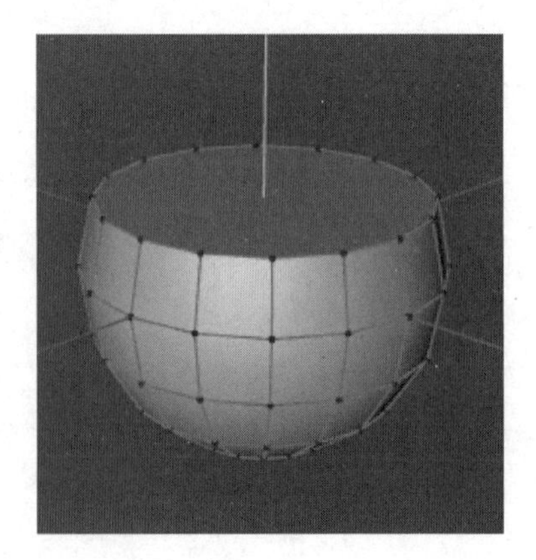

图 4-30

优化：执行该命令，可以消除多边形残余的空闲点，还可通过优化公差来控制焊接范围，如图 4-31 所示。

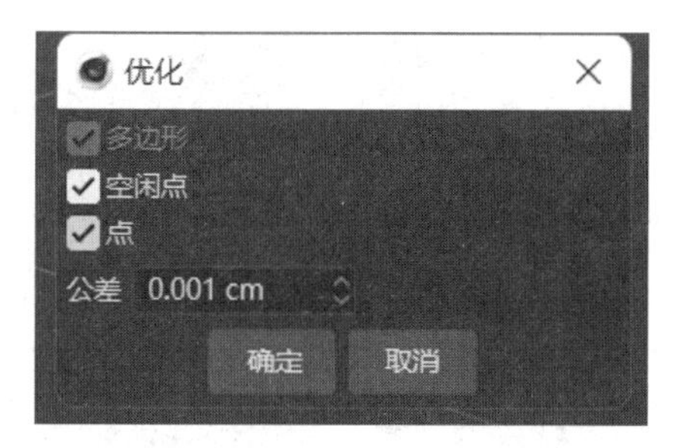

图　4-31

4.3.2 “边”模式

进入“边”模式，右击，能看到弹出的菜单中有很多命令与“点”模式是重复的，如图 4-32 所示，效果如图 4-33 所示。

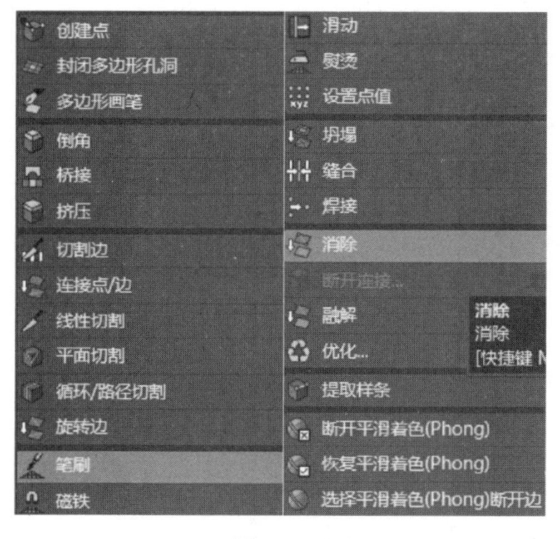

图　4-32

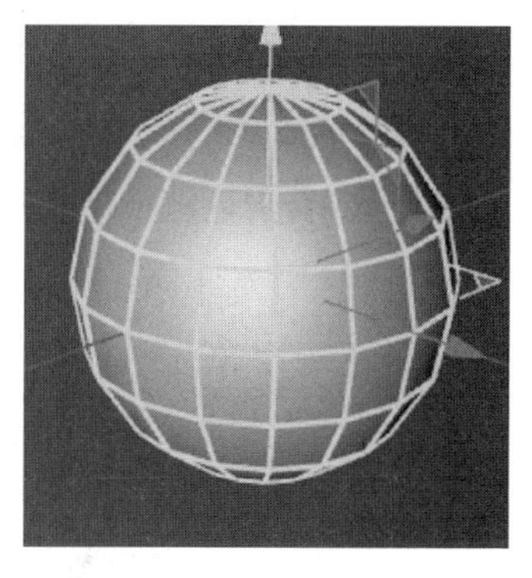

图　4-33

连接点 / 边：选择同一个多边形内的两条边，执行该命令，如图 4-34 所示，可在两条边的中心连接出现一条新的边，如图 4-35 所示。选择不同多边形中的两条边，执行该命令，如图 4-36 所示，所选边在中心位置细分一次，如图 4-37 所示。

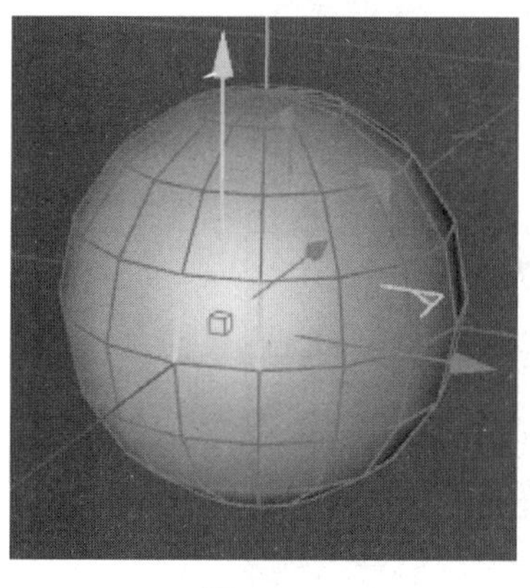

图　4-34

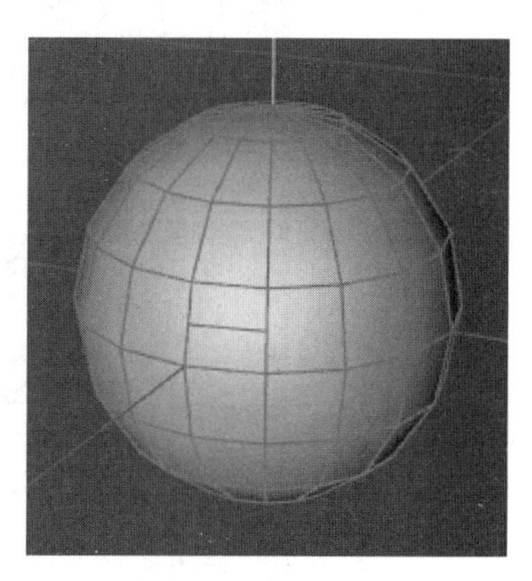

图　4-35

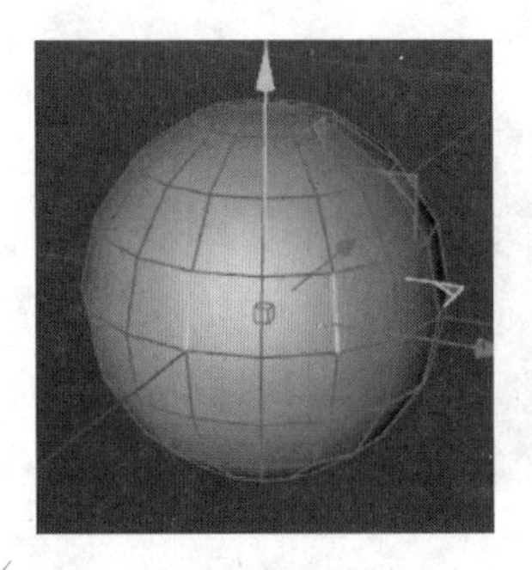

图 4-36

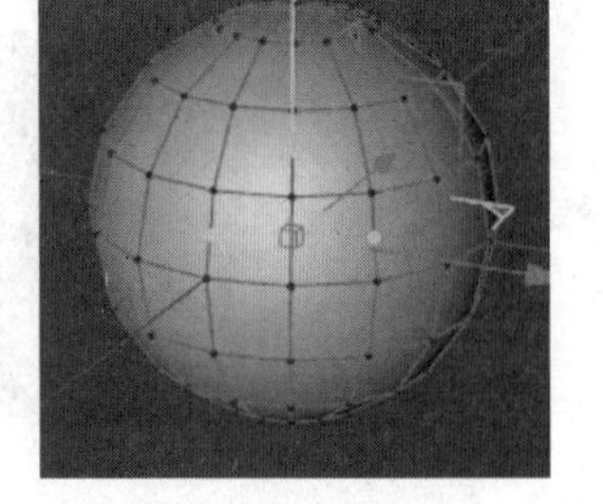

图 4-37

旋转边：选择一条边，执行该命令，如图 4-38 所示，选择的边会以顺时针方向旋转连接至下一点上，如图 4-39 所示。

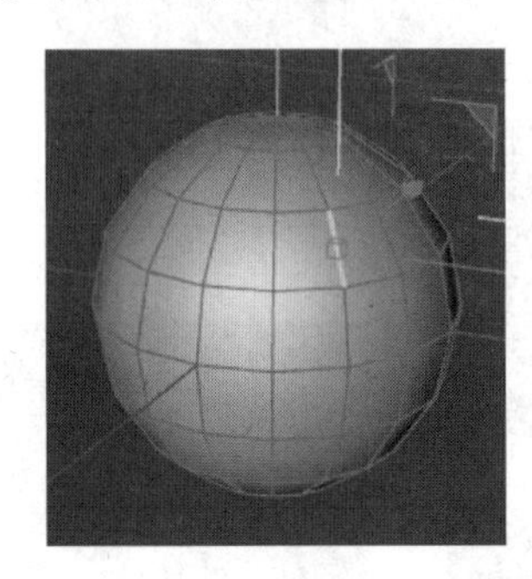

图 4-38

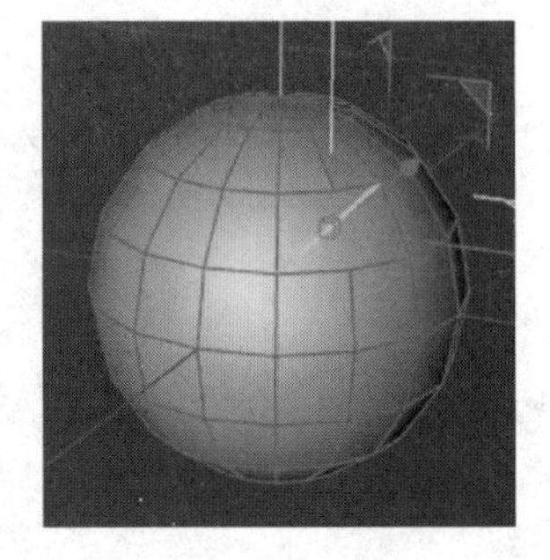

图 4-39

提取样条：选中对象的一条边，执行该命令，可以看到在球体对象下方，出现球体 . 样条对象，如图 4-40 所示。拖动球体 . 样条，此时能看到该边已经被提取出来了，如图 4-41 所示。

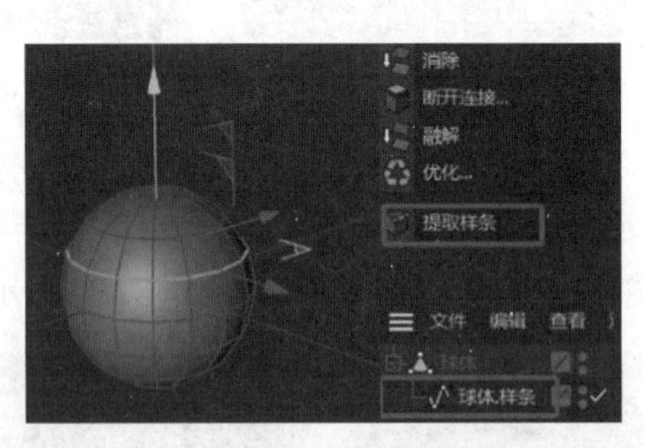

图 4-40

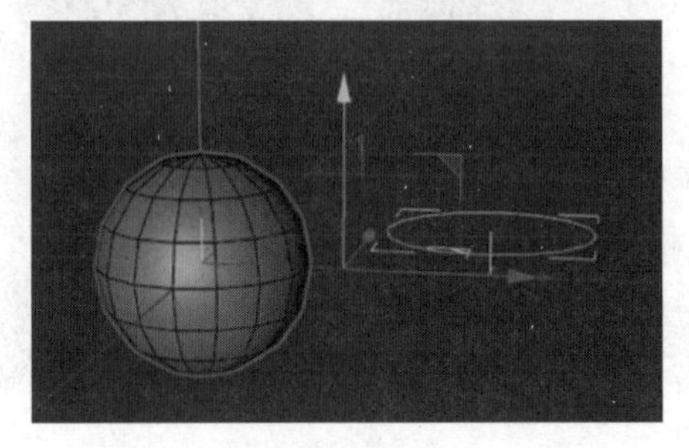

图 4-41

滑动：执行该命令，如图 4-42 所示，可支持多条边同时滑动，滑动时，按住 Ctrl 键不放，可将滑动的边进行复制，如图 4-43 所示。

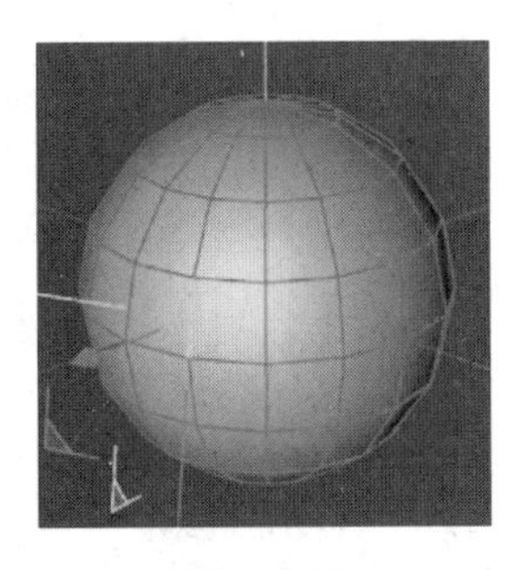

图 4-42

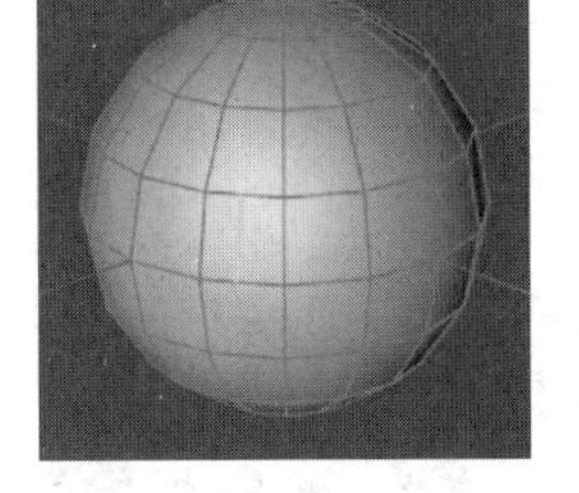

图 4-43

倒角：分为倒棱和实体。设为倒棱模式，模型的边会形成斜面，如图 4-44 所示，当增加细分值时，斜面会增加细分数量，如图 4-45 所示。

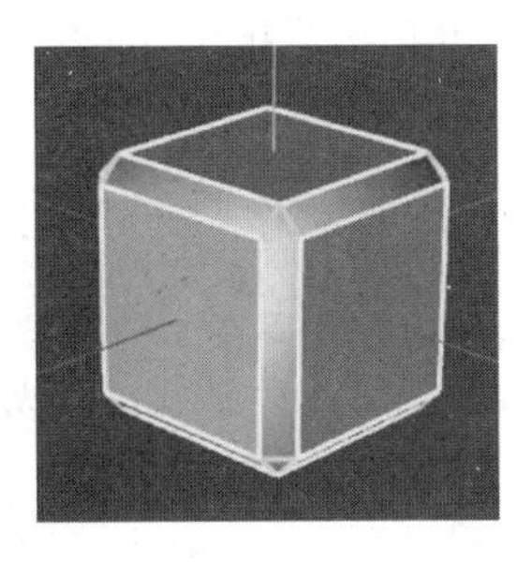

图 4-44

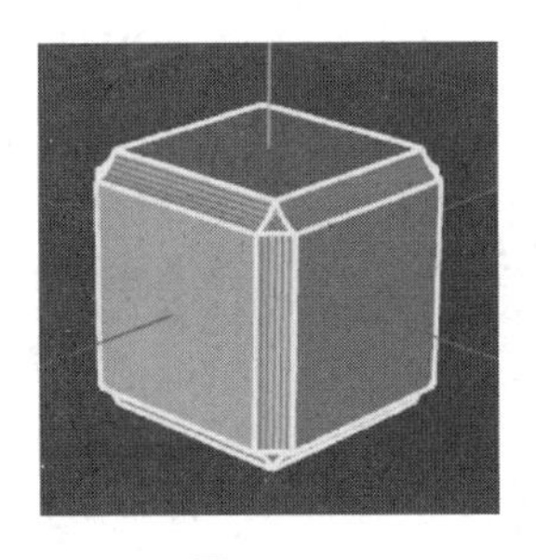

图 4-45

4.3.3 “多边形”模式

进入“多边形”模式，右击，弹出多边形编辑命令，其中很多命令与点模式和边模式是重复的，如图 4-46 所示，效果如图 4-47 所示。

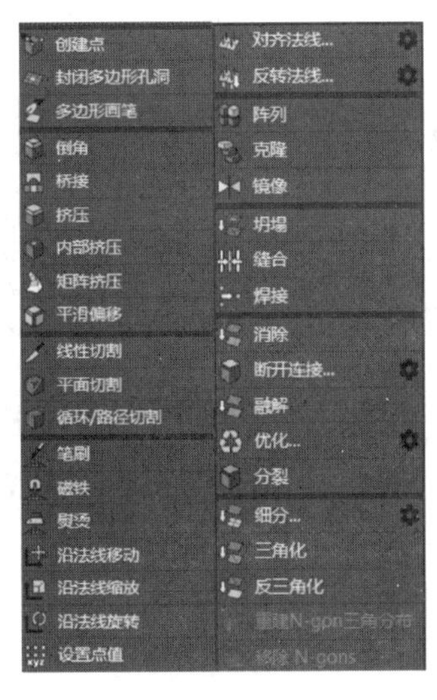

图 4-46

图 4-47

挤压：选中模型的一个面或多个面，如图 4-48 所示，单击该命令，可对面进行向外或向内的抗压，如图 4-49 所示。

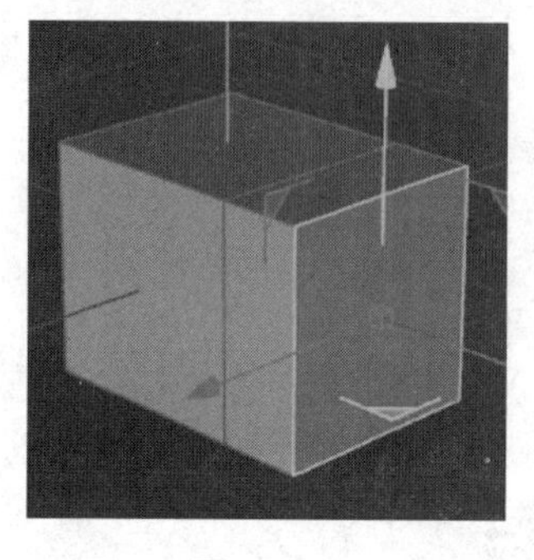
图 4-48

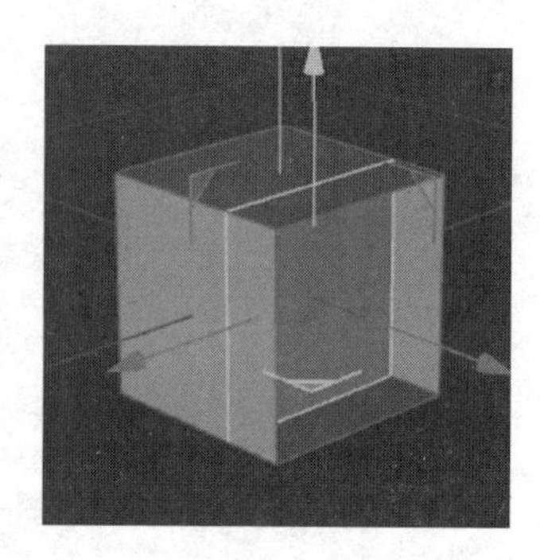
图 4-49

注：按住 Ctrl 键，沿着坐标轴拖曳面，也能快速挤出面。

内部挤压：执行该命令，如图 4-50 所示，可在选择的面上向内或向外插入一个新的面，如图 4-51 所示。

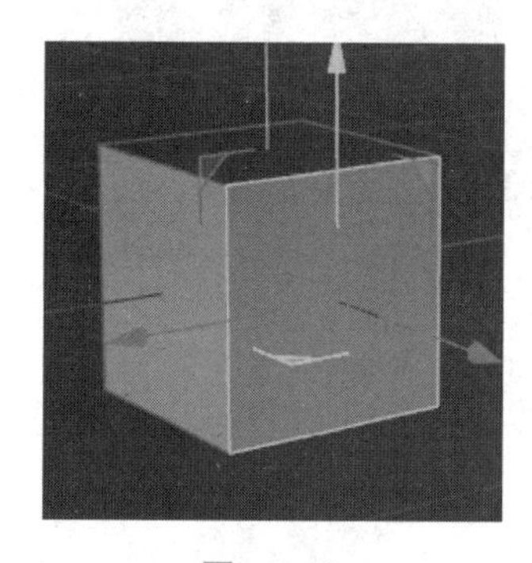
图 4-50

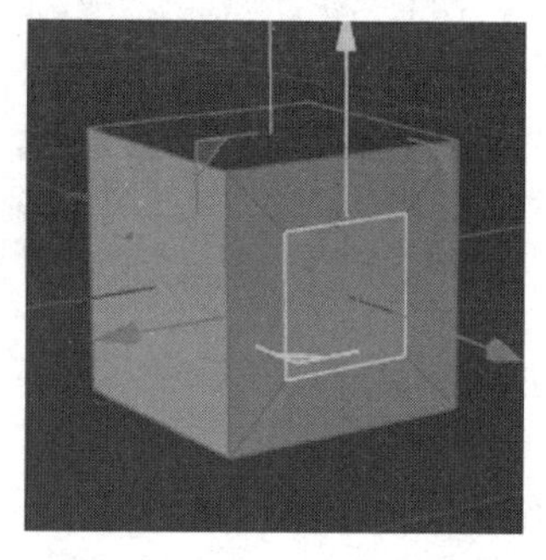
图 4-51

矩阵挤压：选择一个面，执行该命令，如图 4-52 所示，可以重复出现挤压的效果，如图 4-53 所示。

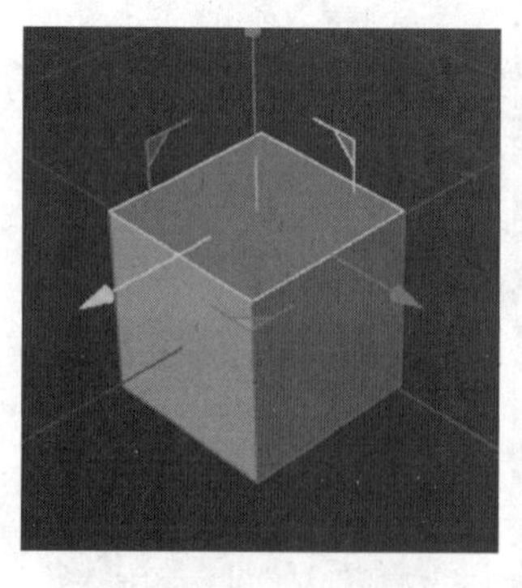
图 4-52

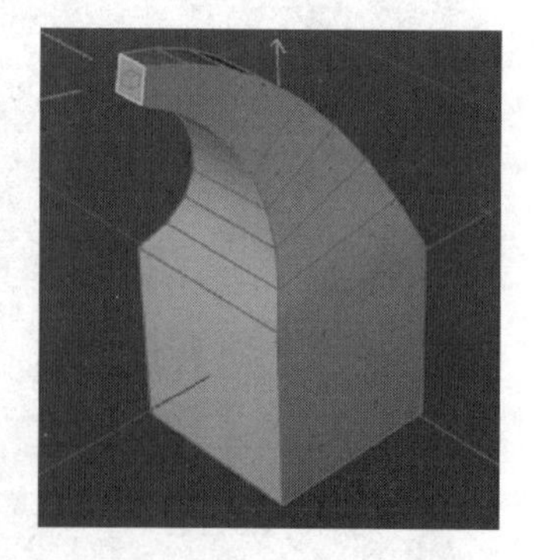
图 4-53

分裂：选择一个面，执行该命令，如图 4-54 所示，选择的面将被复制出来并成为一个独立的多边形，如图 4-55 所示。

图 4-54

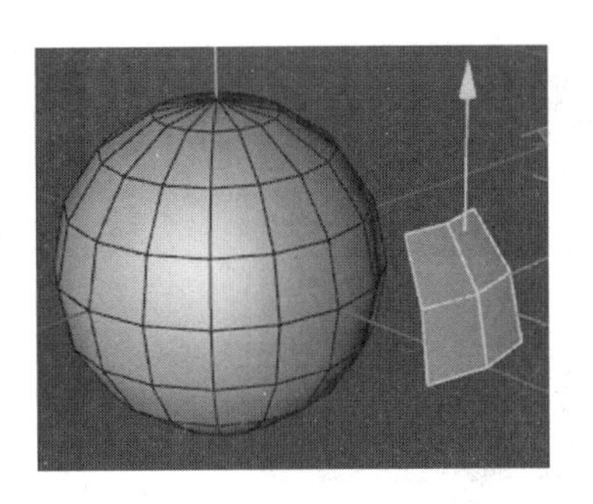

图 4-55

细分：执行该命令，被选择的面被细分成多个面，前后效果如图4-56（a）和（b）所示。

（a）

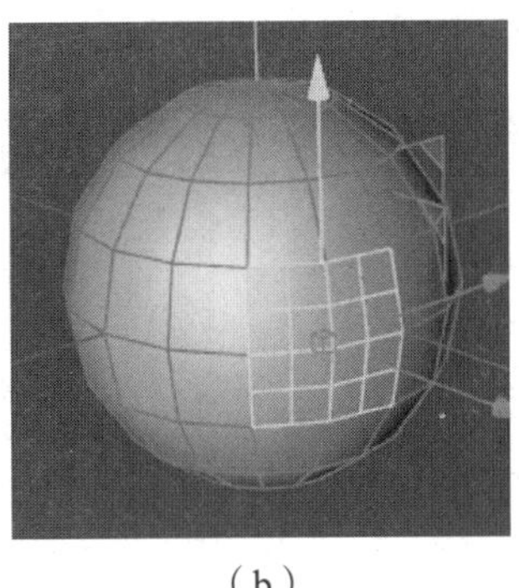

（b）

图 4-56

实战案例：使用多边形建模制作苹果

案例路径：CH04 → 工程文件 → 苹果建模 .c4d。

本案例主要用球体、圆锥和平面制作苹果模型，效果如图 4-57 所示。

苹果建模

图 4-57

【步骤 1】单击“球体”工具，创建一个球体，设置“半径”为 100，“分段”为 8，使用快捷键 N~B，显示“光影着色（线条）”，如图 4-58 所示。

【步骤 2】按快捷键 C，把球体转为可编辑对象，单击“点”工具，进入“点”模式，右击，选择“循环路径切割”命令，给对象的上、下各增加一条边，如图 4-59（a）和（b）所示。

【步骤 3】选择对象最上面的点，向下拖曳，最下面的点向上拖曳，制作苹果果蒂和果脐，如图 4-60 所示。

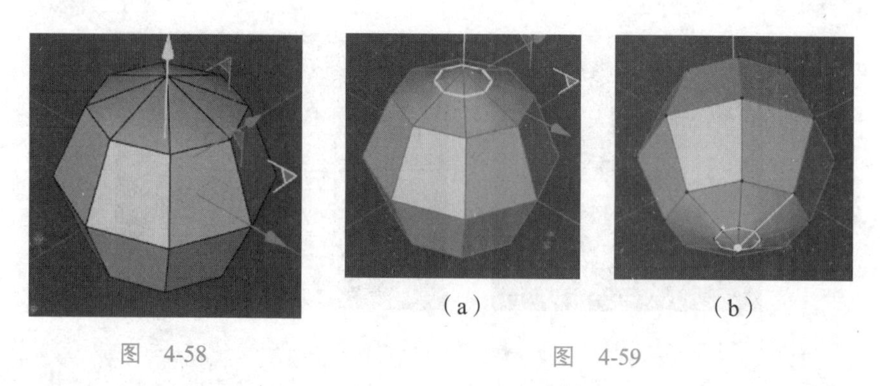

（a）　　（b）

图　4-58　　图　4-59

【步骤 4】给对象添加“细分曲面”，效果如图 4-61 所示。如果果蒂和果脐的大小不合适，可选择对象的边和点进行调整。

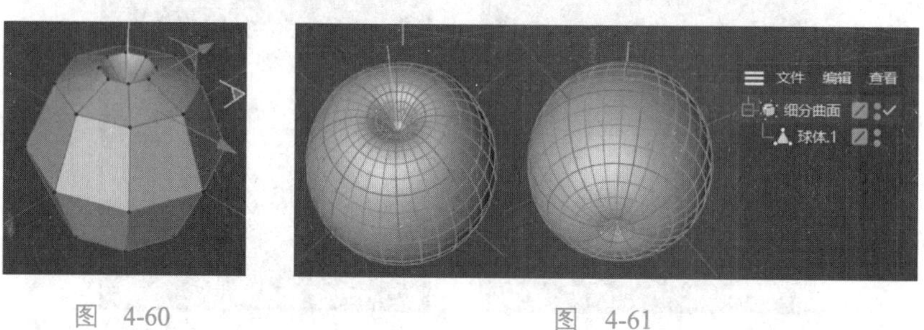

图　4-60　　图　4-61

【步骤 5】对模型继续造型，进入“边”模式，选择模型中间多边形对象的一条边，双击选中一圈边，向上拖曳，如图 4-62 所示。选择对象的点，进行拖曳后，形成苹果主体最终效果，如图 4-63 所示。

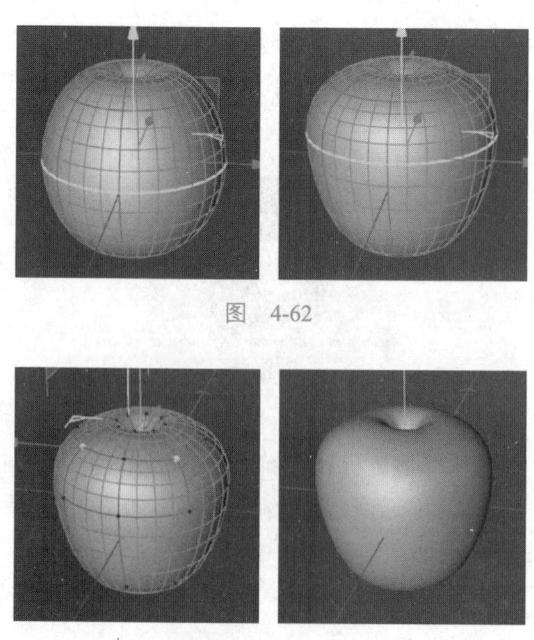

图　4-62

图　4-63

【步骤 6】单击“圆锥体”工具 圆锥体，创建一个圆锥体，按图 4-64 所示设置圆锥体的“方向”为 −Y，“底部半径”为 10cm，“高度”为 100cm，“高度分段”为 16，“旋转分段”为 16，单击“变形器”工具，使圆锥弯曲，如图 4-65 所示。

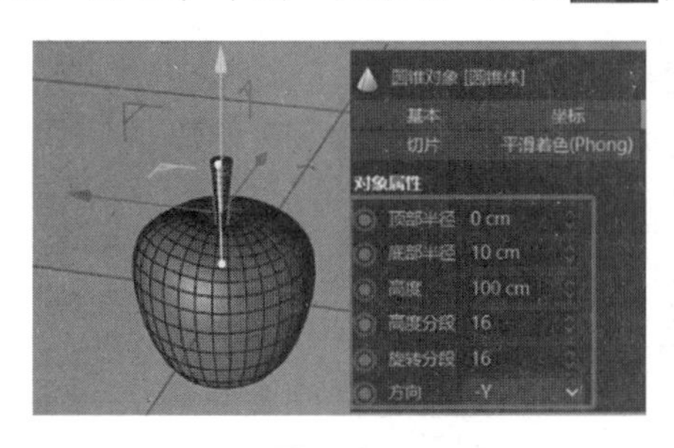

图　4-64

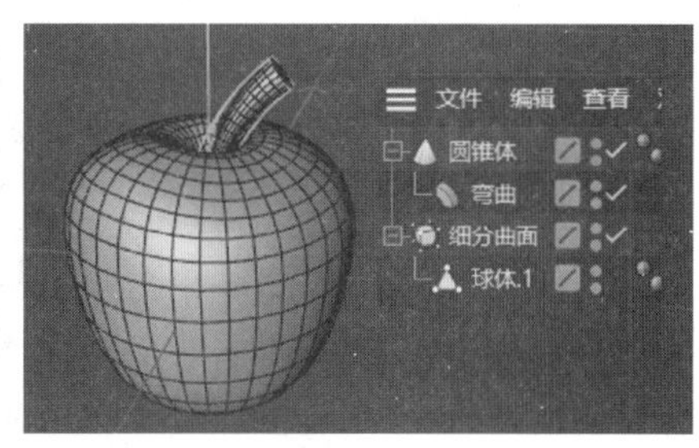

图　4-65

实战案例：吹风机建模

案例路径：CH04 → 工程文件 → 吹风机建模 .c4d。

吹风机主体 1

本案例主要用圆柱体、圆盘和多边形制作吹风机模型，效果如图 4-66 所示。

1. 创建吹风机主体部分模型

【步骤 1】单击“圆柱体”工具，创建一个圆柱体，设置“方向”为 +X，“半径”为 128cm，“高度”为 225cm，“高度分段”为 1，“旋转分段”为 8，单击“封顶”选项卡，取消封顶勾选，如图 4-67 所示。

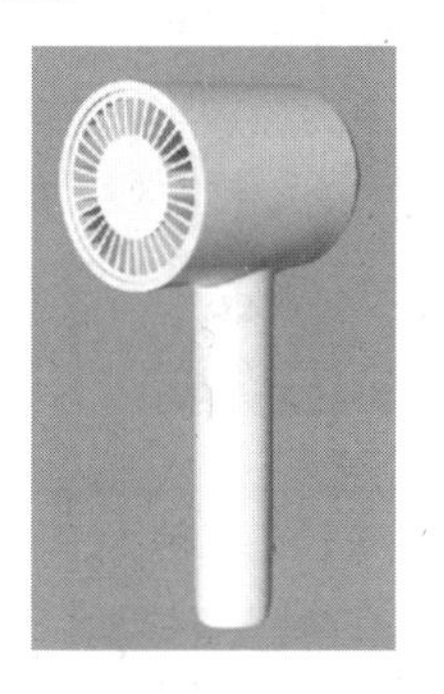

图　4-66

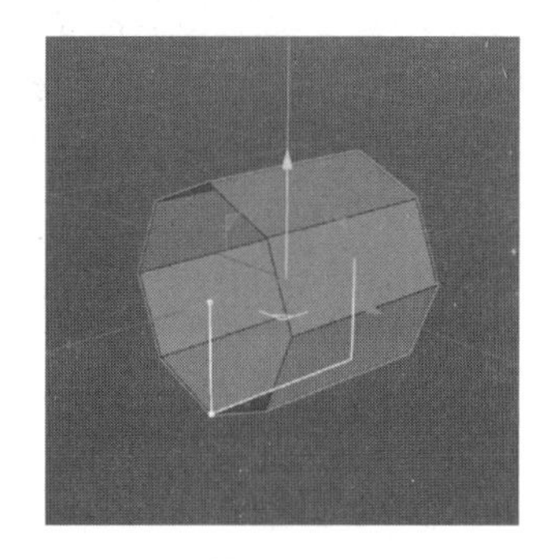

图　4-67

【步骤 2】按快捷键 C，把圆柱体转为可编辑对象，单击“边”工具，进入边模式，切换为正视图，如图 4-68 所示。

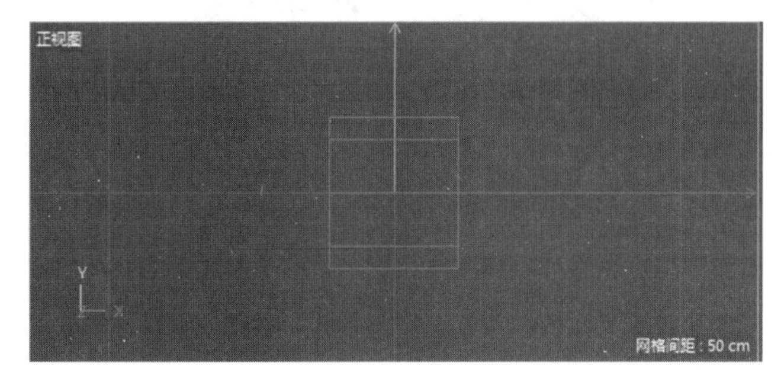

图　4-68

【步骤 3】双击最右边的边，按住 Ctrl 键向右挤压两段，按快捷键 T 缩放右边，如图 4-69 所示。

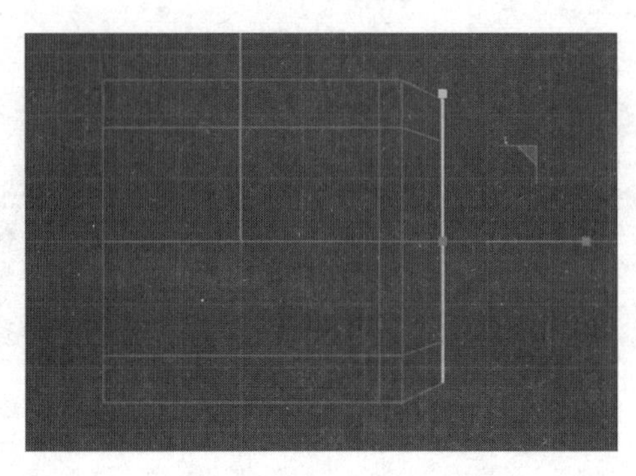

图 4-69

【步骤 4】单击“细分曲面”工具，将圆柱体拖至细分曲面的子集，选择关闭细分曲面，选中圆柱体，双击选中圆柱体最左边，按快捷键 E，向左拖动 45cm，如图 4-70 所示。

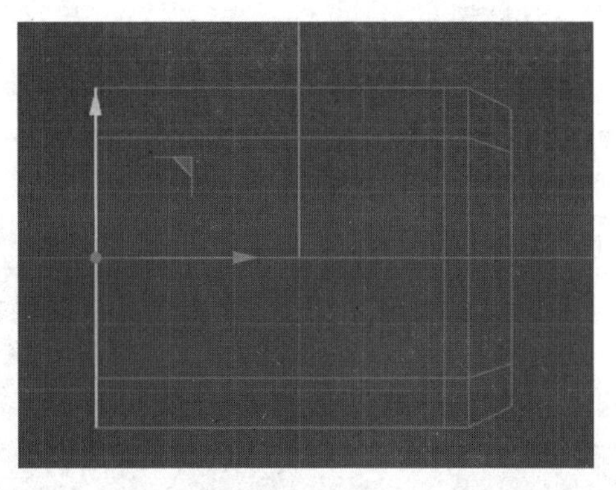

图 4-70

【步骤 5】右击，单击“循环 / 路径切割”工具 循环/路径切割，在如图 4-71 所示位置进行切割。

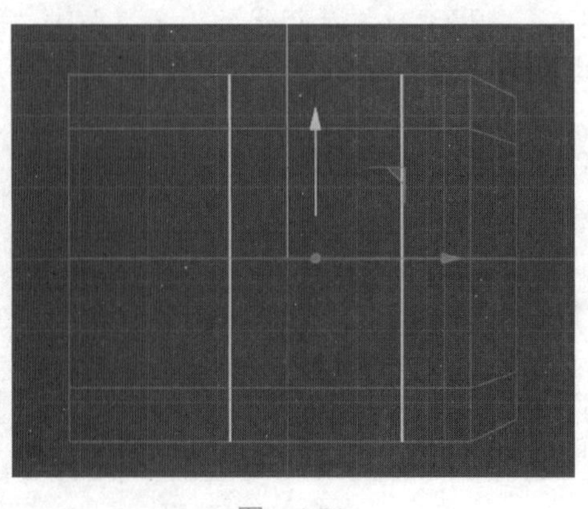

图 4-71

【步骤 6】单击“立方体”工具，更改“X”尺寸为 124cm，“分段”为 2，更改坐标 X 为 20cm，Y 为 −184cm，确定立方体位置，如图 4-72 所示，在立方体中心位置所对应的圆柱体位置上，使用循环 / 路径切割工具，在如图 4-73 所示位置进行切割，切割完成后删掉立方体。

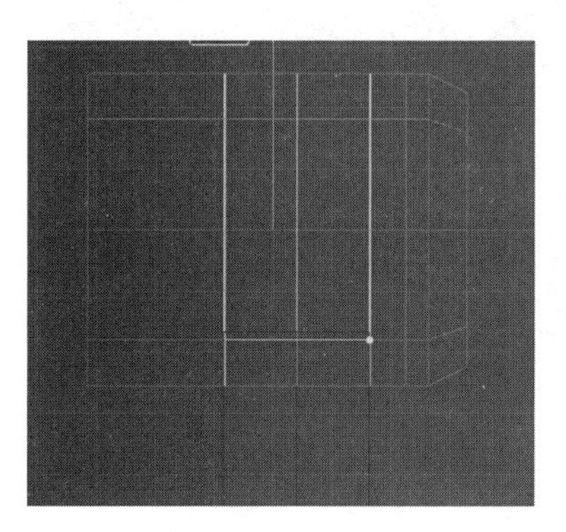

图　4-72

→

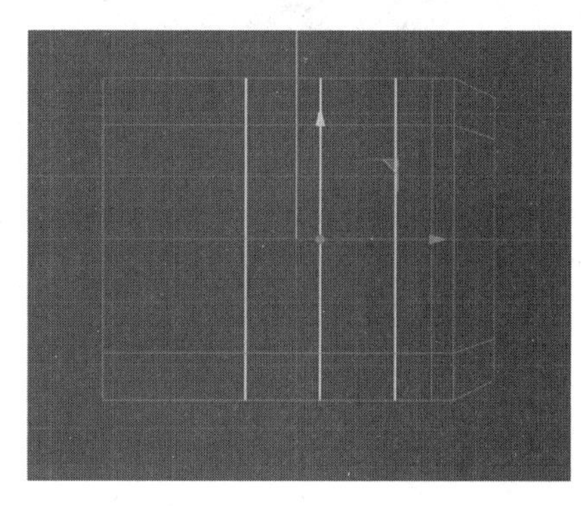

图　4-73

【步骤 7】单击选中圆柱体，单击“点”工具，进入“点”模式，选择“实时选择”工具，选择如图 4-74 所示的点。

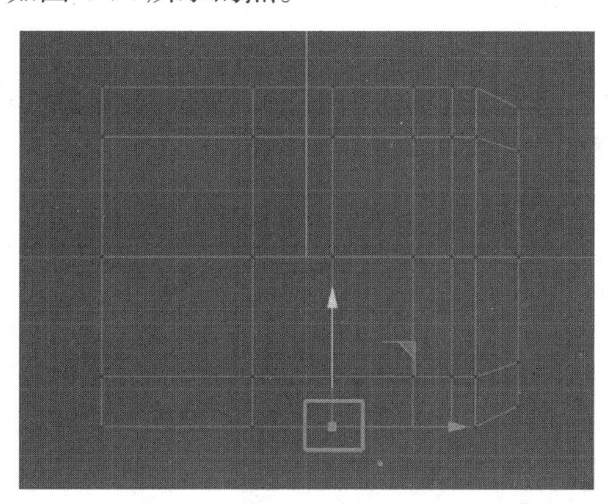

图　4-74

【步骤 8】右击选择“倒角”工具，设置倒角属性，“细分”为 1，“深度”为 −100%，“偏移”为 60。选择“实时选择”工具，取消勾选“仅选择可见元素”，选中如图 4-75 所示的点。

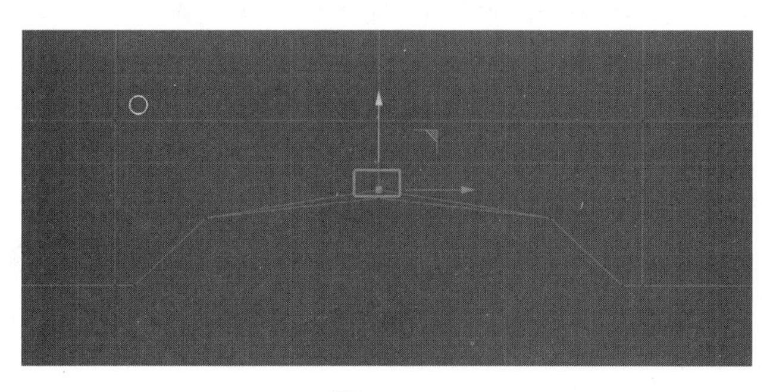

图　4-75

【步骤 9】按快捷键 E，使用“移动”工具，将点向上移动 9cm，切换至“透视图”，效果如图 4-76 所示。

【步骤 10】右击选择“线性切割”工具，将点位按如图 4-77 所示进行切割。

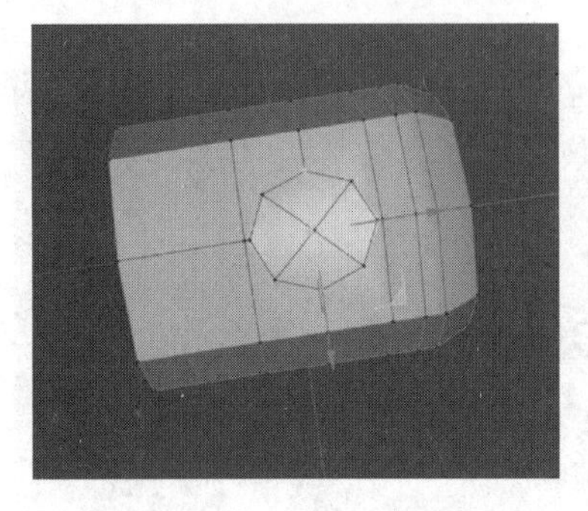

图 4-76

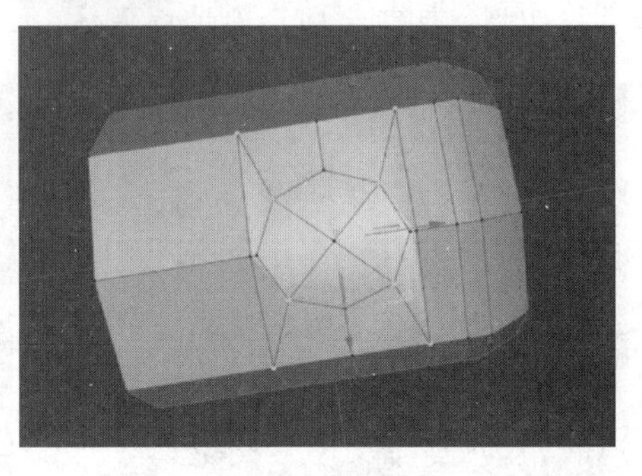

图 4-77

【步骤 11】单击“面”工具，进入“面”模式，使用“实时选择”工具，勾选“仅选择可见元素”，选择如图 4-78 所示的面。

【步骤 12】切换视图为“正视图”，按快捷键 E，使用“移动”工具，按住 Ctrl 键向下挤压 3cm，再向下挤压 400cm，修改下方尺寸 Y 为 0cm，效果如图 4-79 所示。

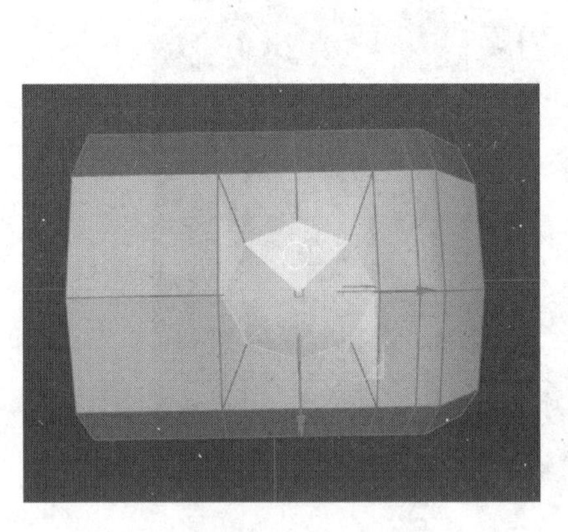

图 4-78

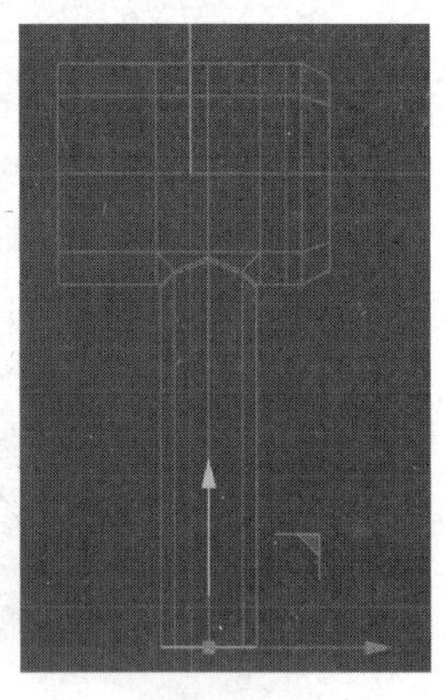

图 4-79

【步骤 13】右击，选择“循环 / 路径切割”工具，在如图 4-80 所示位置切割一条线，并打开“细分曲面”工具。

【步骤 14】修改“细分曲面”属性，编辑器细分为 3，渲染器细分为 3，效果如图 4-81 所示。

【步骤 15】关闭“细分曲面”工具，选中圆柱体，单击“边”工具，进入“边”模式，双击选中吹风机出风口的边，如图 4-82 所示。

【步骤 16】右击“选择挤压”工具，向内挤压 12cm，按住 Ctrl 键向 X 轴方向挤压“30cm”。右击，选择“循环 / 路径切割”工具，给吹风机吹风口处的里、外各切割两条边，效果如图 4-83 所示。打开“细分曲面”工具，效果如图 4-84 所示。

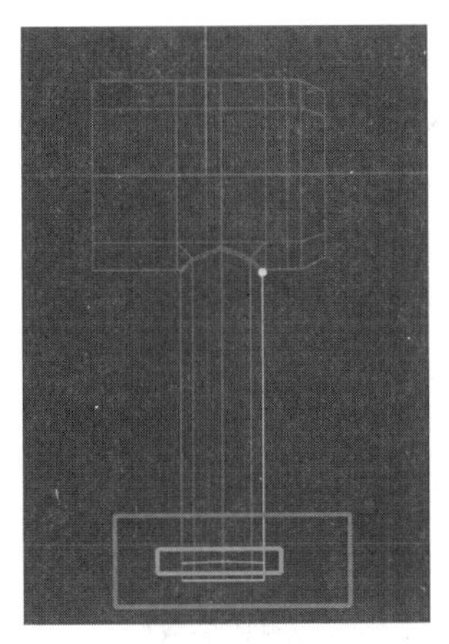

图 4-80

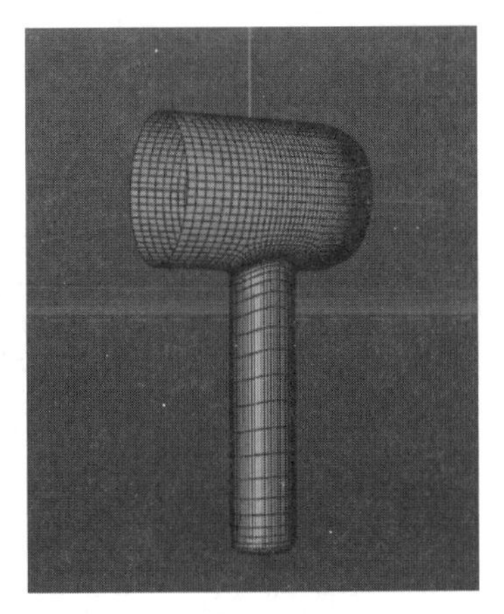

图 4-81

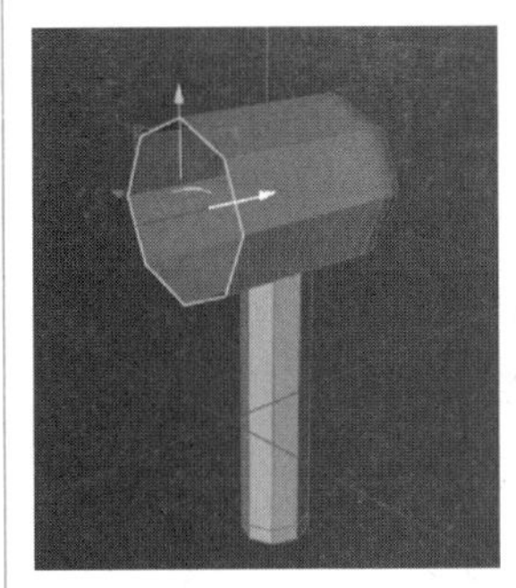

图 4-82

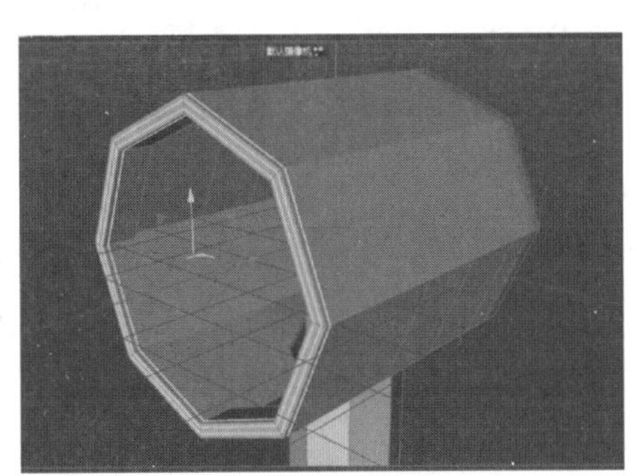

图 4-83

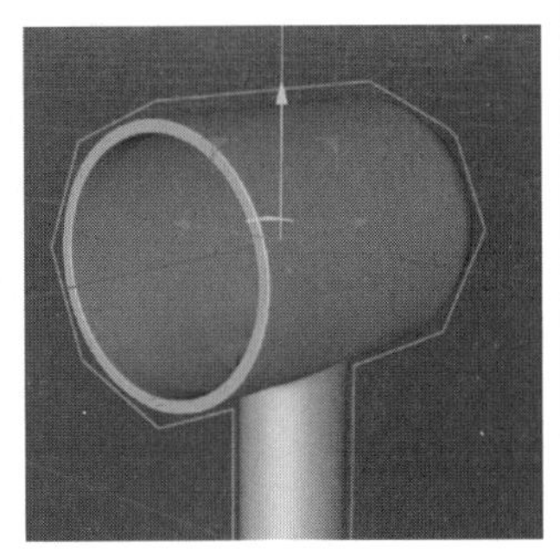

图 4-84

2. 创建出风口部分模型

吹风机出风口 2

【步骤 1】单击“圆盘”工具，新建一个圆盘，修改“方向”为 +X，“旋转分段”为 68，“半径”为 102，切换视图为“右视图”，效果如图 4-85 所示。

【步骤 2】单击“转换为可编辑对象”工具，将圆盘转换为可编辑对象，单击“视窗单体独显”工具，单独显示圆盘，单击“面”工具，进入“面”模式，使用“实时选择”工具，选择全部面，如图 4-86 所示。

【步骤 3】右击，选择“内部挤压”工具，向内挤压 10cm，再次向内挤压 45cm，使用实时选择工具，选择中间两个面，如图 4-87 所示。

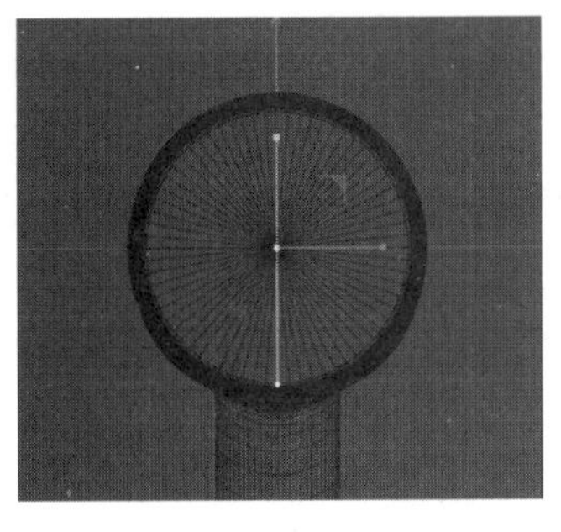

图 4-85

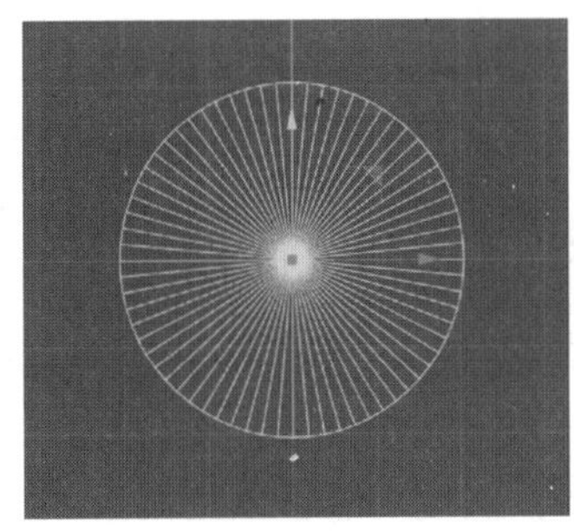

图 4-86

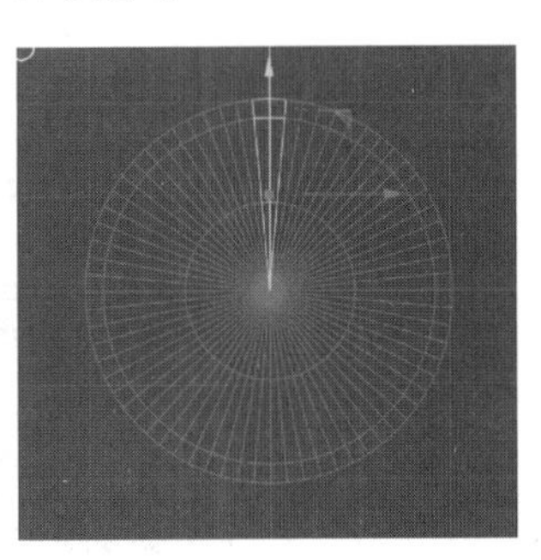

图 4-87

【步骤 4】使用快捷键 U~I 进行反选，按 Backspace 删除，并选择中间两个面，如图 4-88 所示，右击选择“内部挤压”工具，向内挤压 2cm，效果如图 4-89 所示。

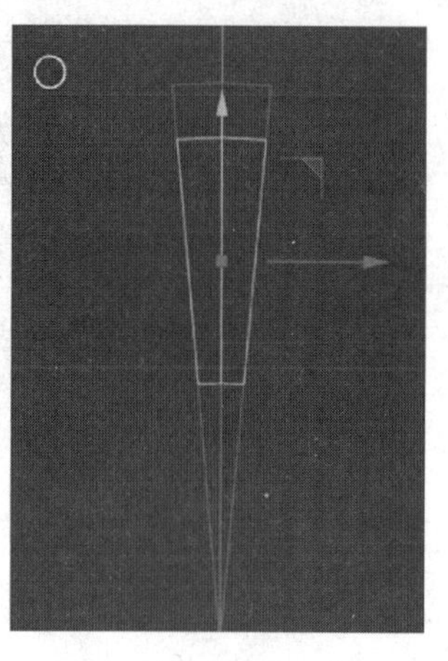

图 4-88

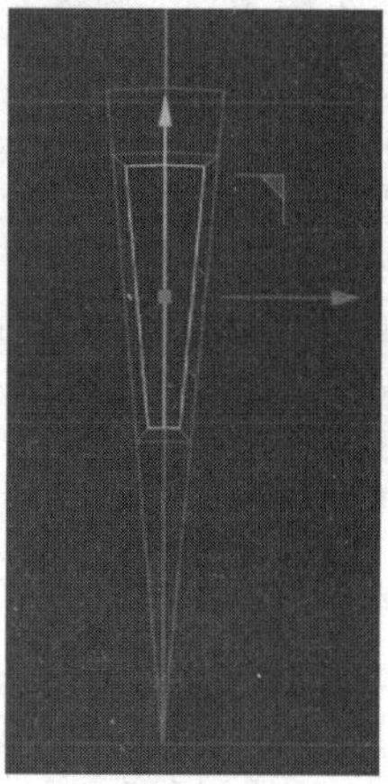

图 4-89

【步骤 5】单击“点”工具，进入“点”模式，使用“实时选择”工具，选择如图 4-90 所示的两个点，使用快捷键 T 切换缩放工具，向外缩放 120%，单击“面”工具，进入“面”模式，将如图 4-91 所示两个面删除。

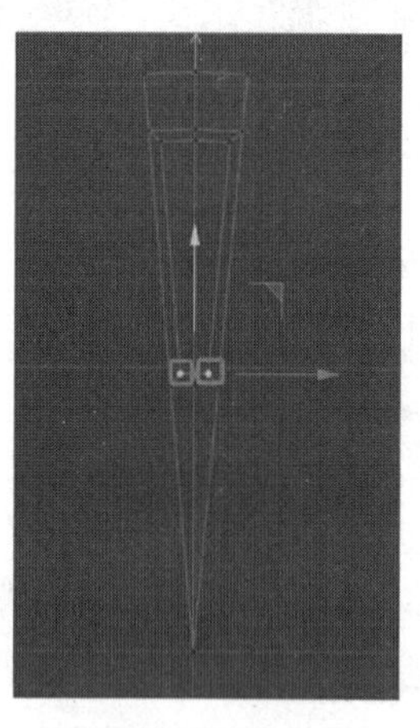

图 4-90

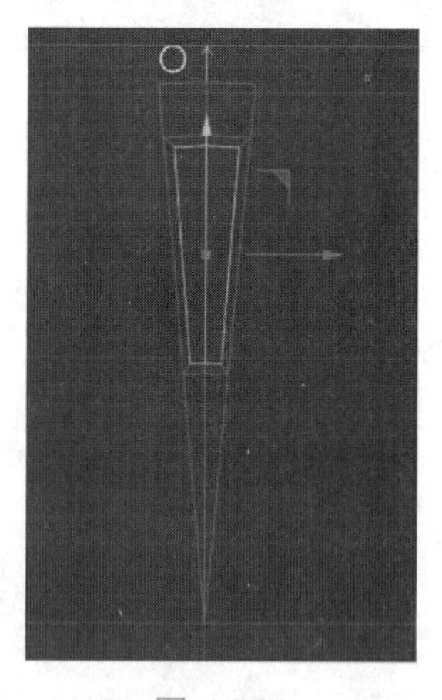

图 4-91

【步骤 6】选中“圆盘”，按住 Alt 键，单击“克隆”工具，修改克隆工具属性，“模式”修改为放射，“半径”为 0，“数量”为 34，“平面”为 ZY。选中“克隆工具”，按住 Alt 键，单击“连接”工具，依次选择连接、克隆、圆盘，右击，选择“连接对象 + 删除”，效果如图 4-92 所示。

【步骤 7】单击工具，进入“面”模式，使用快捷键 Alt+A 全选所有面，按快捷键 E，使用“移动”工具，按住 Ctrl 键向 X 轴方向挤压 7cm，单击选择“连接”的“平滑着色标签”，修改平滑着色角度为 40°。效果如图 4-93 所示。

【步骤 8】单击“关闭视窗独显”工具，关闭视窗独显，调整圆盘 X 轴至如

图 4-94 所示位置。

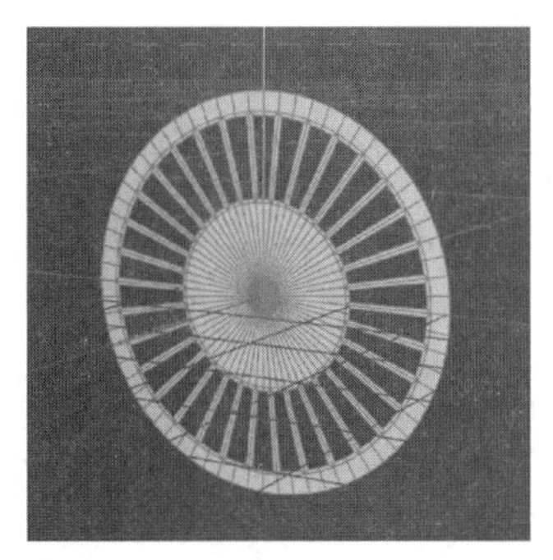

图　4-92

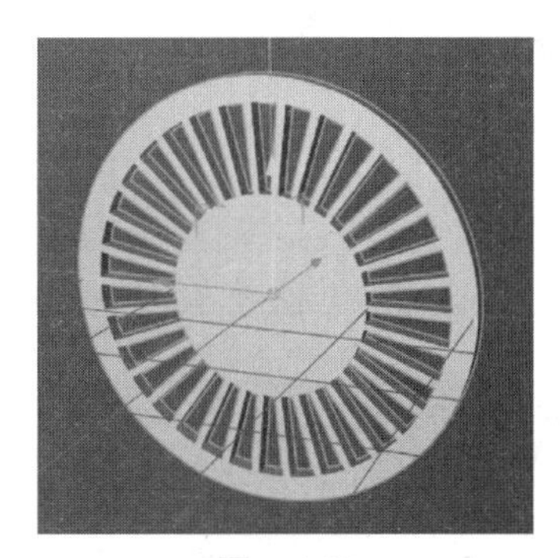

图　4-93

【步骤 9】选中圆盘，单击“面”工具，进入“面”模式，使用“实时选择”工具，选择内部一圈圆环，如图 4-95 所示。

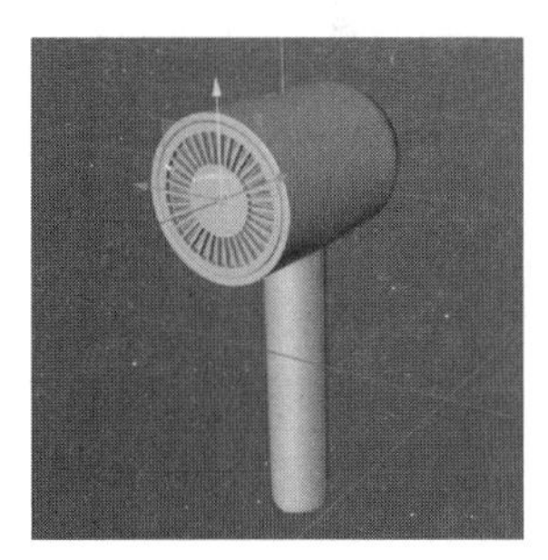

图　4-94

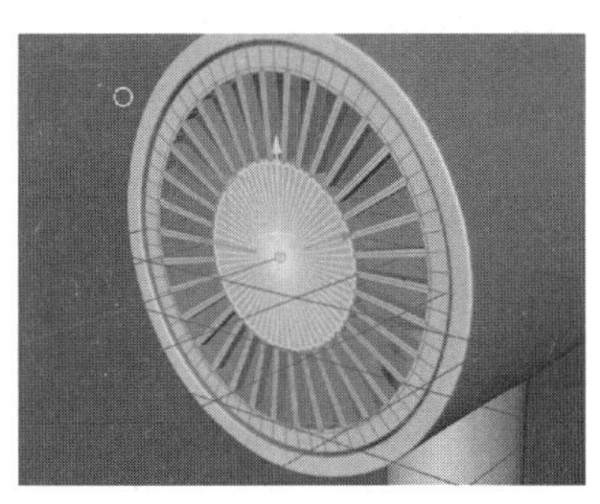

图　4-95

【步骤 10】右击，选择“内部挤压”工具，向内挤压 30cm，按住 Ctrl 键，以 *X* 轴方向向外挤压 1.2cm。再次右击选择“内部挤压”工具，向内挤压 13cm，再次按住 Ctrl 键，以 *X* 轴方向向外挤压 0.7cm，效果如图 4-96 所示。

3. 创建进风口部分模型

【步骤 1】切换视图为“右视图”，单击“多边形”工具，创建多边形，旋转多边形，将 P 改为 30°，单击“转换为可编辑对象”工具，将多边形转换为可编辑对象，单击“启用轴心”工具，将 P 改为 0°，单击“启用捕捉”工具，将轴心调整至如图 4-97 所示的点位（并关闭“启用轴心”工具）。

图　4-96

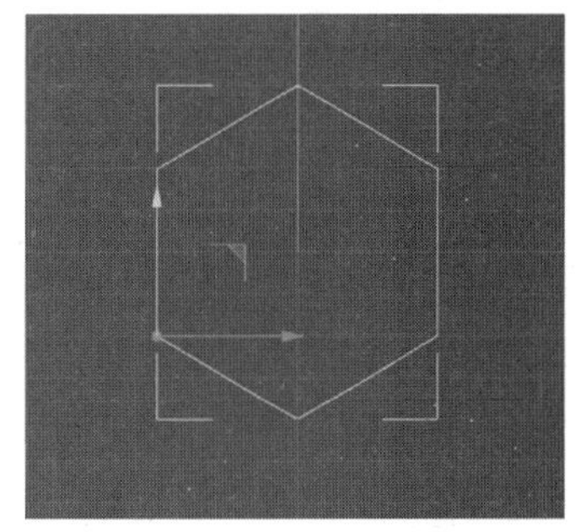

图　4-97

吹风机进风口 3

【步骤 2】按住 Ctrl 键复制一个多边形，调整复制多边形位置至如图 4-98 所示位置（并关闭“启用捕捉”工具）。

【步骤 3】将两个多边形同时选中，使用快捷键 Alt+G 将两个多边形打组，空白，选中组，按住 Alt 键，单击“克隆”工具，修改克隆属性，X 轴克隆数量为 1，Y 轴克隆数量为 2，Z 轴克隆数量为 2，调整尺寸 Y 为 600，Z 为 346。

再次调整克隆数量，Y 轴为 8，Z 轴为 15，效果如图 4-99 所示。

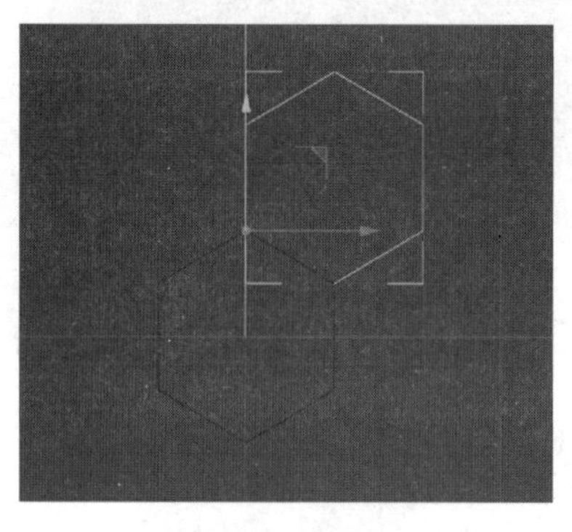

图 4-98

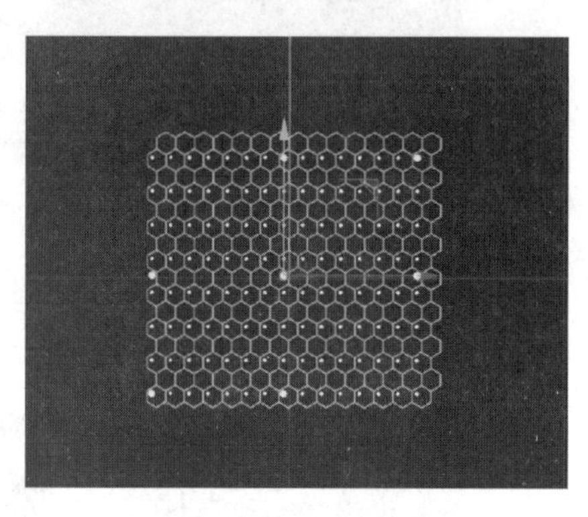

图 4-99

【步骤 4】选中多边形，单击“点”工具，进入点模式，右击，选择“创建轮廓”工具 创建轮廓，向内滑动鼠标创建轮廓。单击多边形（复制的多边形），右击，选择“创建轮廓”工具 创建轮廓，向内滑动鼠标创建轮廓，效果如图 4-100 所示。

【步骤 5】单击选中“克隆”工具，单击鼠标中键，再右击，选择“连接对象 + 删除” 连接对象+删除，效果如图 4-101 所示。

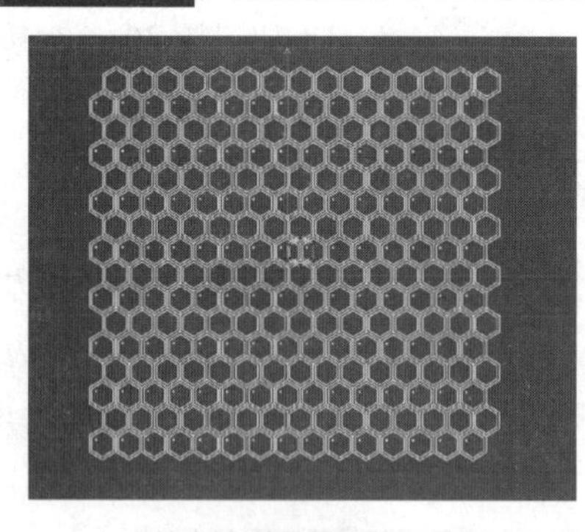

图 4-100

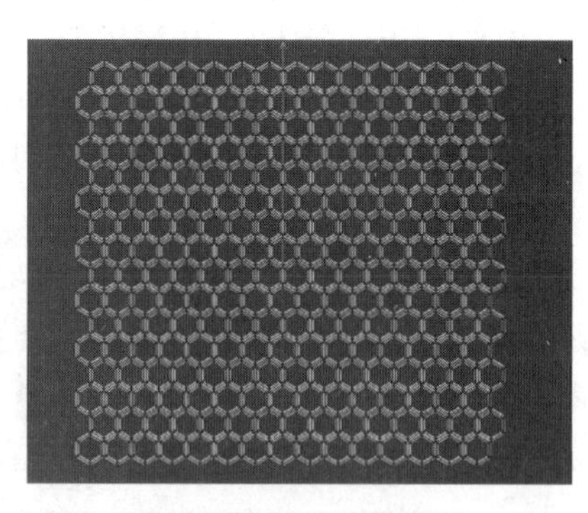

图 4-101

【步骤 6】选择克隆，按住 Alt 键，选择“挤压”工具，修改挤压的“偏移”为 30cm，选择“模型”工具，切换为“模型”模式。按快捷键 T，切换为“缩放”工具，缩放至如图 4-102 所示位置。

【步骤 7】单击“圆柱体”工具 圆柱体，创建一个圆柱体，设置“方向”为 +X，“半径”为 109cm，“旋转分段”为 38，如图 4-103 所示。

【步骤 8】单击“挤压”，右击，选择“连接对象 + 删除” 连接对象+删除，将挤压与圆柱体作布尔的子集，调整“布尔”工具，将布尔类型修改为 A B 交集，效果如图 4-104 所示。

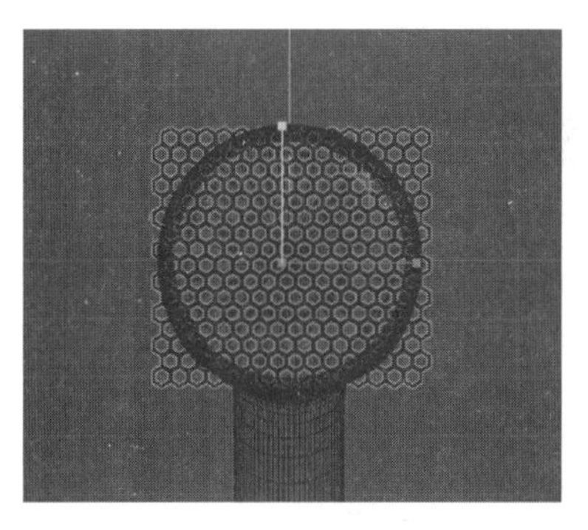

图　4-102

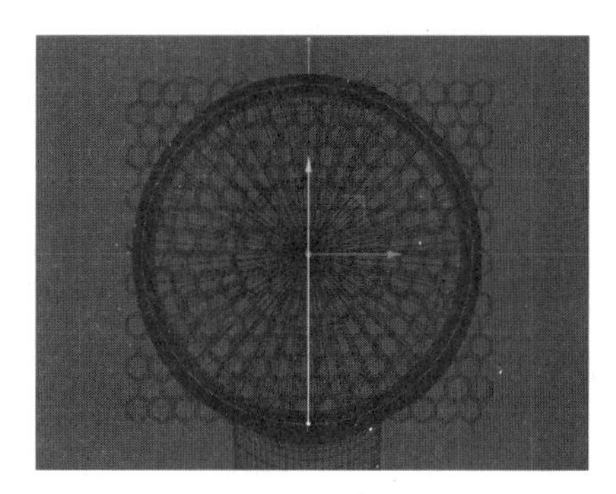

图　4-103

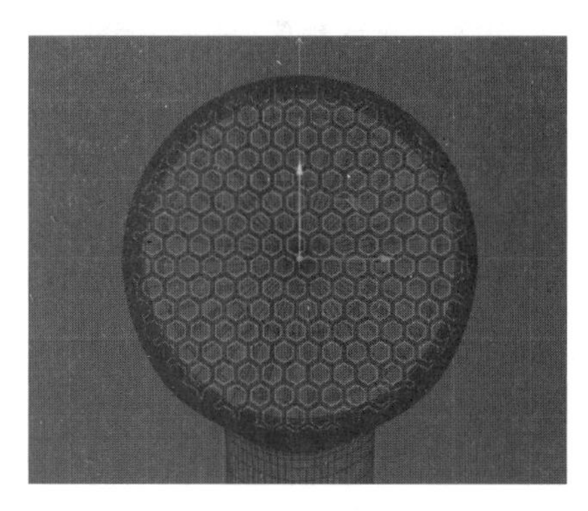

图 4-104

【步骤 9】切换视图为“透视图”，单击圆柱体，关闭“细分曲面”，单击“边”工具，进入“边”模式，双击选择如图 4-105 所示边，右击选择“倒角”工具，倒角 1.5cm，效果如图 4-106 所示。

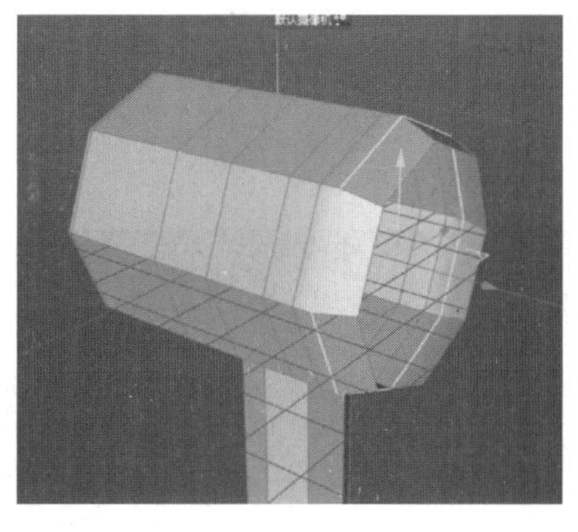

图　4-105

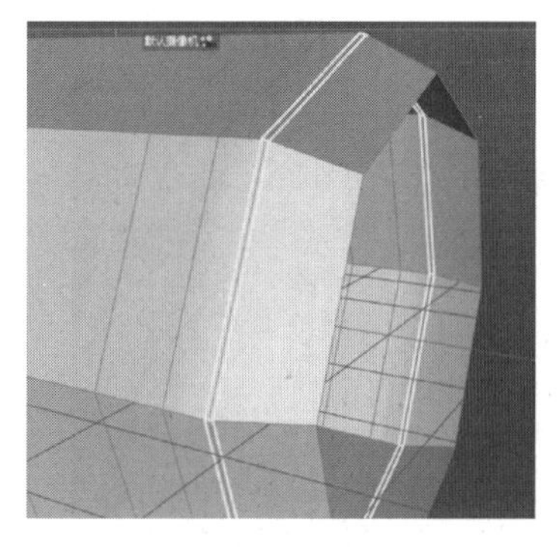

图　4-106

【步骤 10】双击倒角边中间的边，如图 4-106 所示，右击选择“消除”工具，单击“面”工具，进入“面”模式，使用快捷键 U～L 选择如图 4-107 所示面。

【步骤 11】右击，选择“内部挤压”工具，向内挤压 0.6cm，右击选择“挤压”工具，向内挤压 −0.8cm，打开“细分曲面”工具，效果如图 4-108 所示。

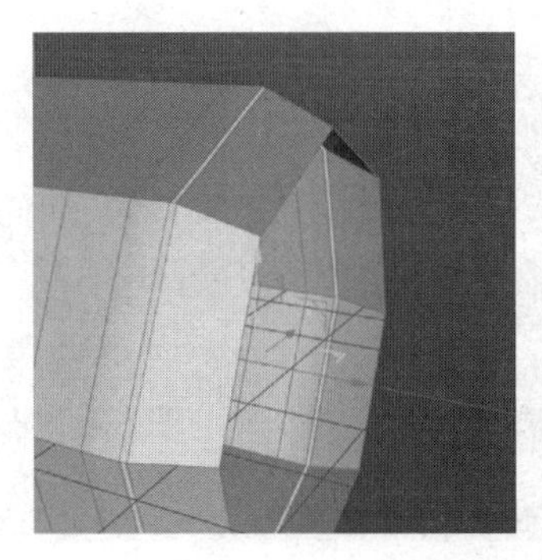 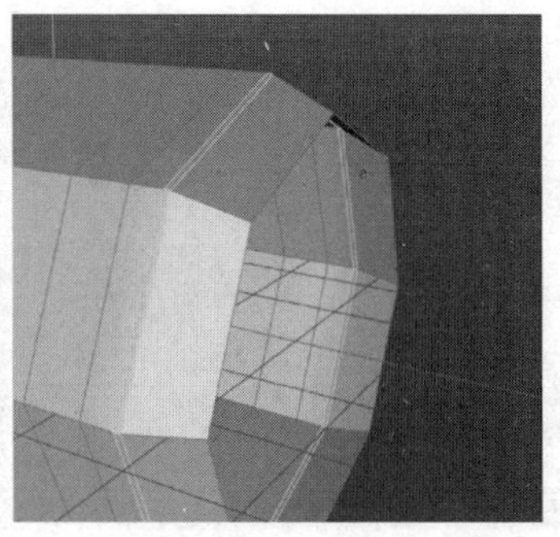

图 4-107

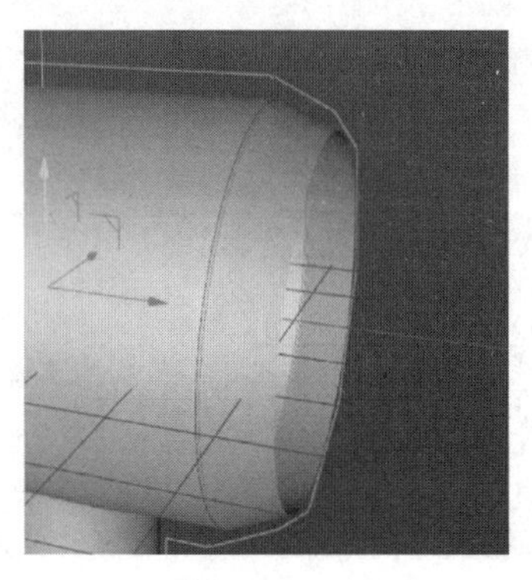

图 4-108

【步骤 12】关闭“细分曲面”工具，切换视图为“正视图”，单击工具，进入“边”模式，双击最右边一条边，按住 Ctrl 键分别向内挤压 1.7cm、6cm、9cm，效果如图 4-109 所示。

【步骤 13】切换视图为“透视图”，调整布尔位置如图 4-110 所示。

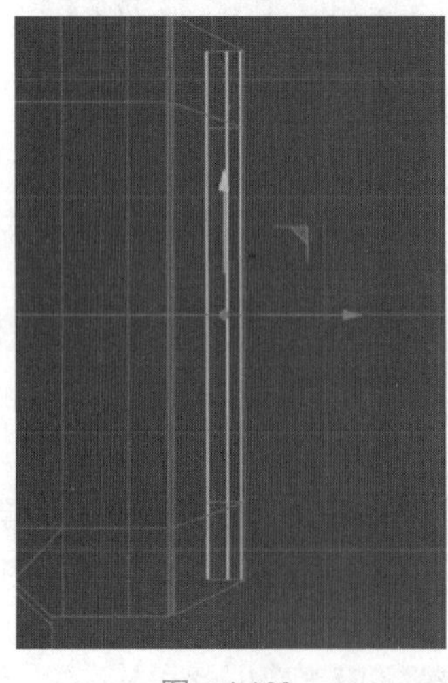

图 4-109

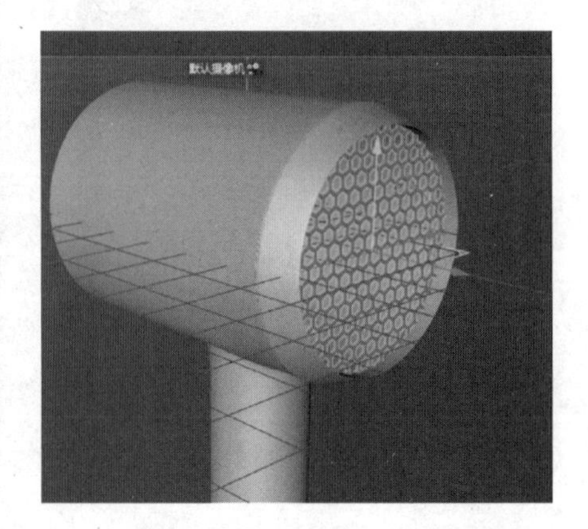

图 4-110

4. 创建吹风机按键部分模型

【步骤 1】选择“细分曲面”，将编辑器细分与渲染器细分改为 1，用鼠标中键单击细分曲面，右击选择“连接对象 + 删除”工具，切换视图为正视图，单击“边”工具，进入“边”模式，右击“循环 / 路径切割”工具，在如图 4-111（a）所示位置切割一条线，双击这条线，修改尺寸 Y 为 0，效果如图 4-111（b）所示。

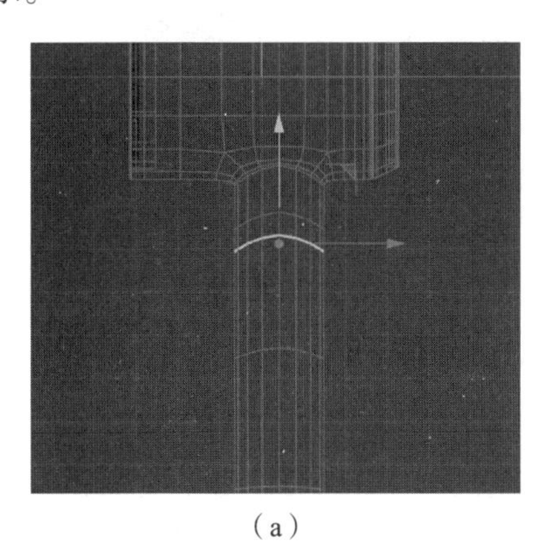

（a）

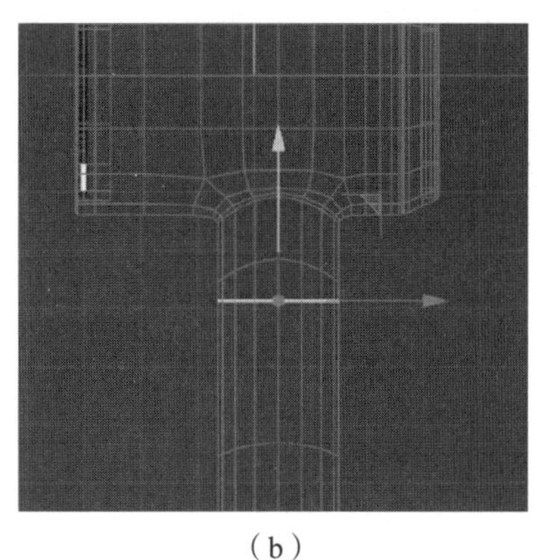

（b）

吹风机按键 4

图 4-111

【步骤 2】双击如图 4-112 所示这条线，向上移动 25cm。

【步骤 3】双击选中下面的线，右击选择“倒角”工具，“倒角偏移”为 20cm，效果如图 4-113 所示。

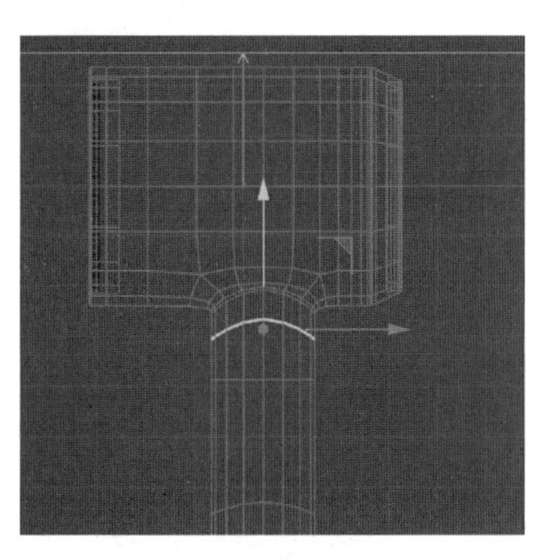

图 4-112

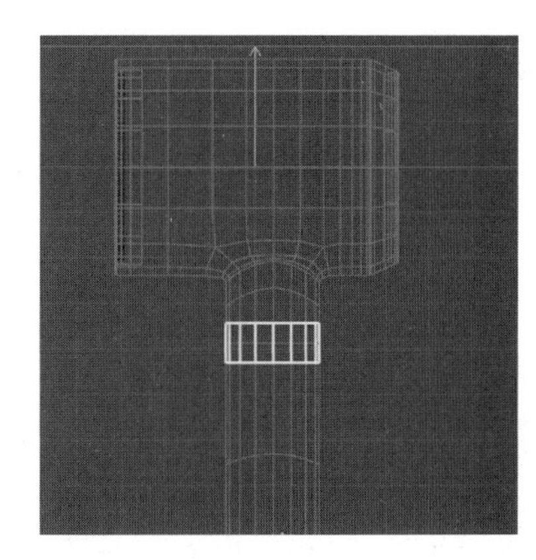

图 4-113

【步骤 4】切换视图为“透视图”，单击“点”工具，进入“点”模式，使用“实时选择”工具，选择如图 4-114（a）所示点，右击选择“倒角”工具，“倒角偏移”为 16cm，效果如图 4-114（b）所示。

【步骤 5】单击工具，进入“面”模式，使用“实时选择”工具，选择如图 4-115（a）所示面，右击，选择“移除 N-gons”工具，效果如图 4-115（b）所示。

【步骤 6】选择中间的面，如图 4-116（a）所示，右击，选择“内部挤压”工具，向内挤压 2cm，按住 Ctrl 键，以 *X* 轴方向向里挤压 10cm，右击选择“分裂”工具，将分裂出的圆盘移动出来，效果如图 4-116（b）所示。

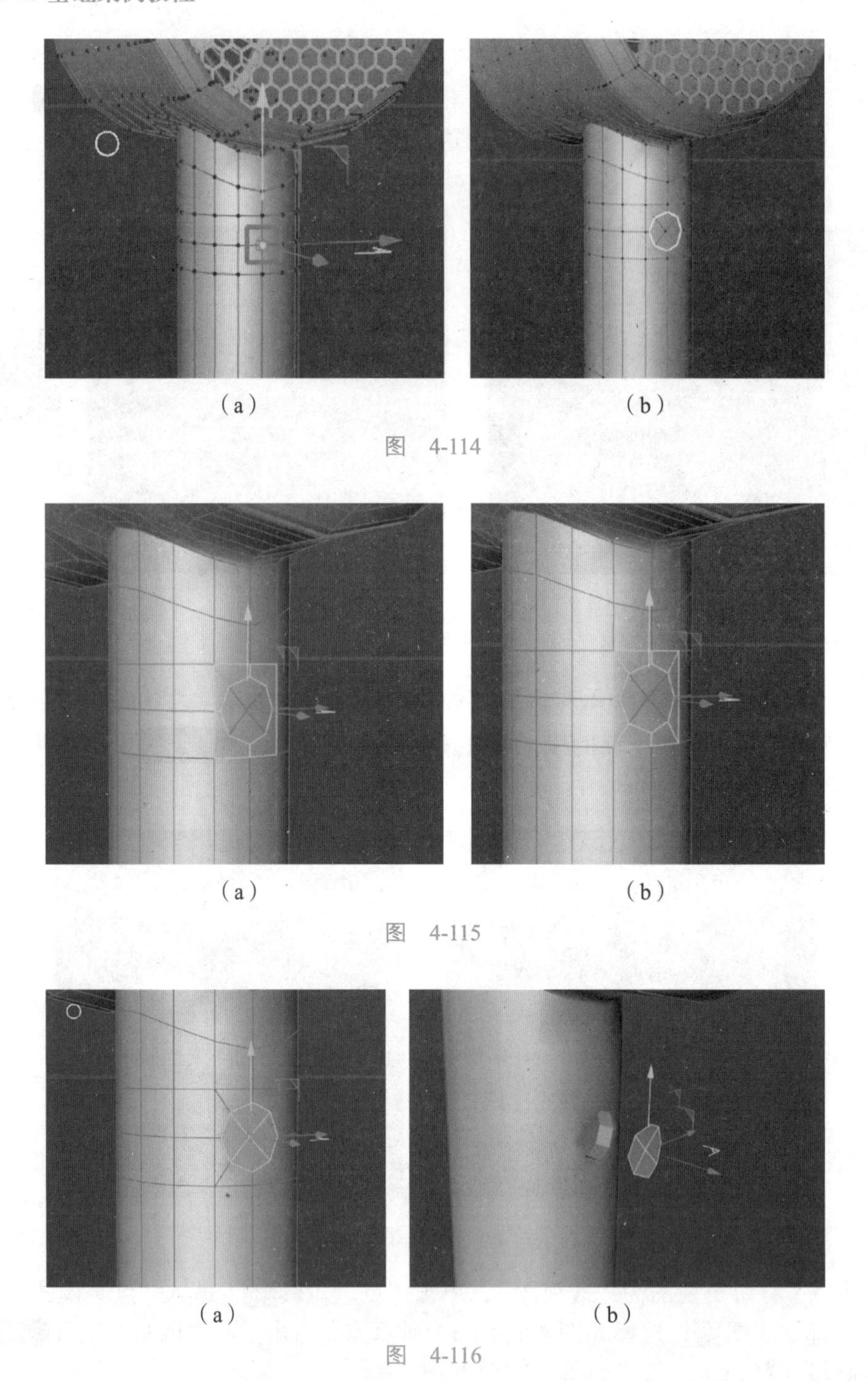

（a）（b）

图 4-114

（a）（b）

图 4-115

（a）（b）

图 4-116

【步骤 7】按住 Ctrl 键将分类出的圆盘挤压 12cm，右击，选择“内部挤压”工具，向内挤压 1.5cm。选中圆盘，按住 Alt 键单击“细分曲面”工具，选中吹风机，按住 Alt 键单击“细分曲面”工具，将圆盘移动至合适位置，效果如图 4-117 所示。

【步骤 8】关闭吹风机的“细分曲面”，切换视图至正视图，右击，选择“循环 / 路径切割”工具，在如图 4-118（a）所示位置进行切割，按快捷键 E

切换至“移动”工具，双击选择此边，修改尺寸 Y 为 0cm，效果如图 4-118 所示。

图　4-117

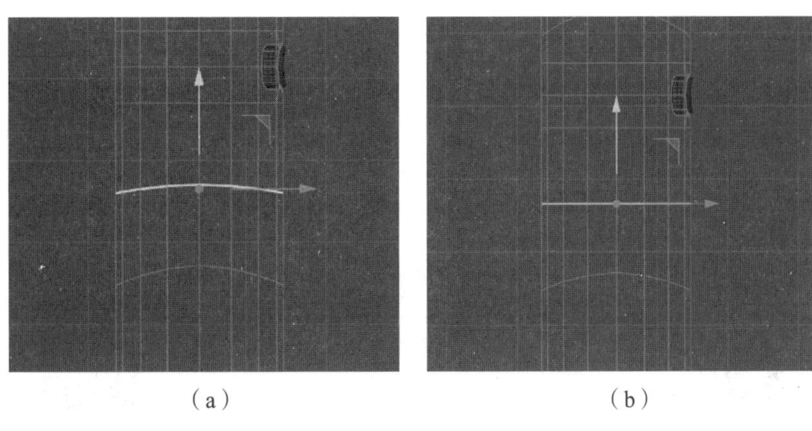

（a）　　（b）

图　4-118

【步骤 9】右击，选择“倒角”工具，调整偏移为 13cm，右击，选择“循环 / 路径切割”工具，在如图 4-119（a）所示位置切割两条线，并修改下面那条线的尺寸 Y 值为 0cm，调整五条线的位置如图 4-119（b）所示。

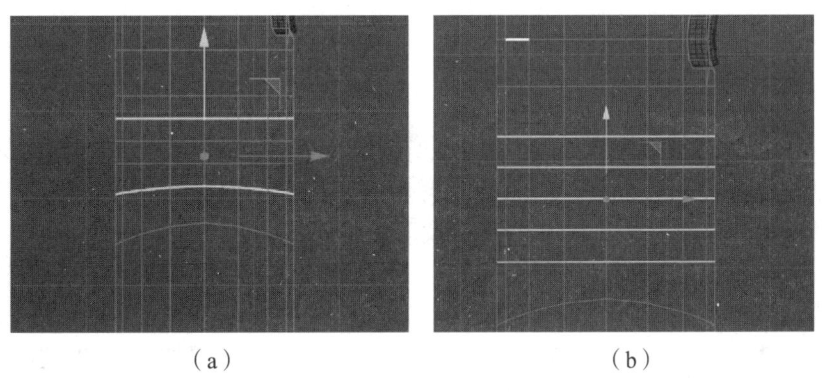

（a）　　（b）

图　4-119

【步骤 10】切换视图为“透视图”，单击“点”工具，进入“点”模式，使用“实时选择”工具，选择如图 4-120（a）所示点，右击选择“倒角”工具，

“倒角偏移”为12cm，右击，选择“线性切割”工具，连接两点进行线性切割，效果如图4-120（b）所示。

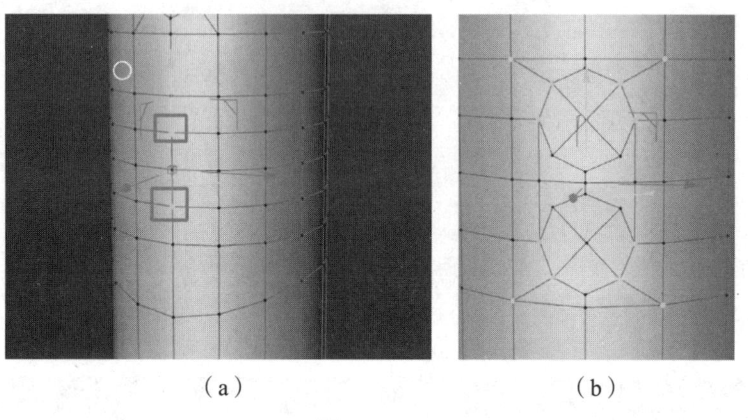

（a）　　（b）

图 4-120

【步骤11】单击“面”工具，进入“面”模式，使用“实时选择”工具，选择如图4-121（a）所示面。右击，选择“内部挤压”工具，向内挤压2cm，按住Ctrl键，以X轴方向向里挤压15cm，并删除这个面，效果如图4-121（b）所示。

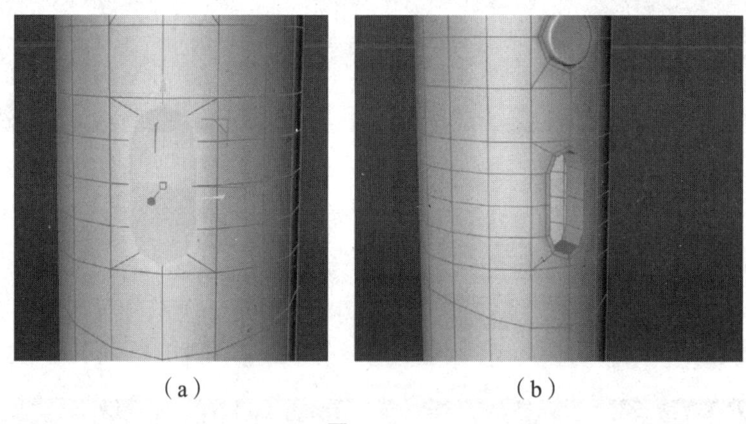

（a）　　（b）

图 4-121

【步骤12】单击“边”工具，进入“边”模式，双击选择如图4-122（a）所示这条边，右击，选择“提取样条”工具。单击“挤压”工具，将提取出的样条移动至“挤压”工具的子集，调整挤压的偏移为10cm，单击“挤压”，再右击，选择“连接对象＋删除”，效果如图4-122（b）所示。

【步骤13】单击“面”工具，进入“面”模式，使用“实时选择”工具，选择如图4-123（a）所示面。调整尺寸X的数值为0cm，单击“视窗单体独显”工具，单独显示，选择另外一个面，调整尺寸X的数值为0cm。效果如图4-123（b）所示。

【步骤14】单击“点”工具，进入“点”模式，右击选择“线性切割”工具，切割点为线至如图4-124所示效果（正反面相同）。

【步骤15】单击“边”工具，进入“边”模式，双击选择如图4-125（a）所示这两条边，右击，选择“倒角”工具，将倒角的深度改为100%，偏移为1cm。

按住 Alt 键，单击“细分曲面”工具，效果如图 4-125（b）所示。

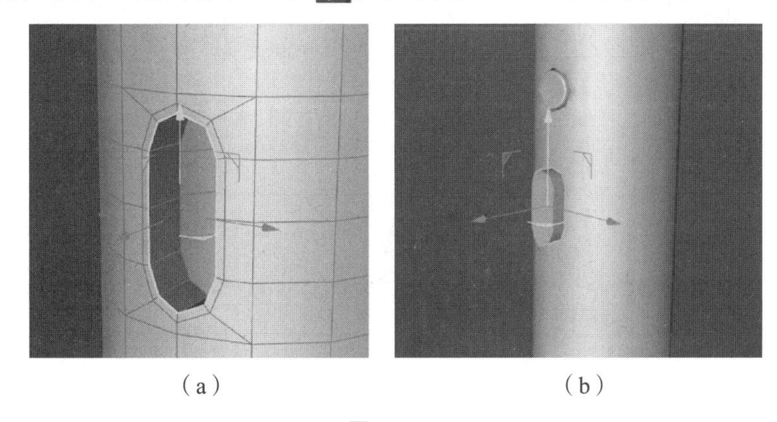

（a）　（b）

图　4-122

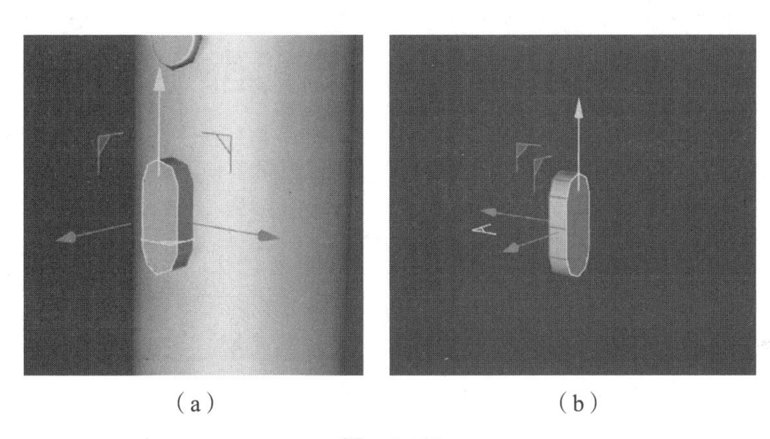

（a）　（b）

图　4-123

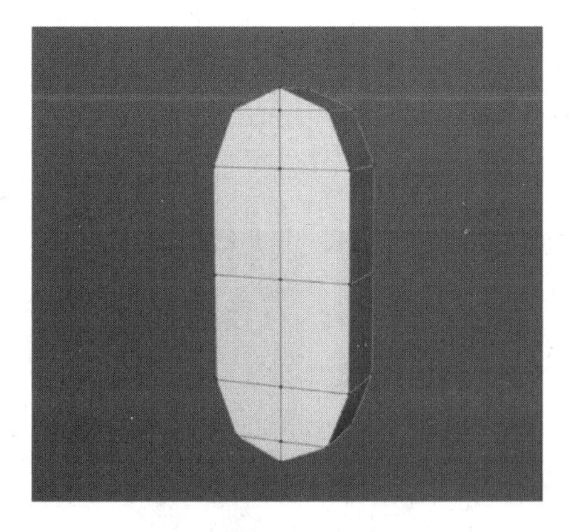

图　4-124

【步骤 16】选择“关闭细分曲面”，选择“挤压”，单击“边”工具，进入“边”模式，右键选择“循环 / 路径切割”工具 循环/路径切割，在切割属性中勾选镜像切割 镜像切割，在如图 4-126（a）所示位置进行切割，选择这两条线，使用快捷键 E 选择移动工具，向下移动位置至如图 4-126（b）所示位置。

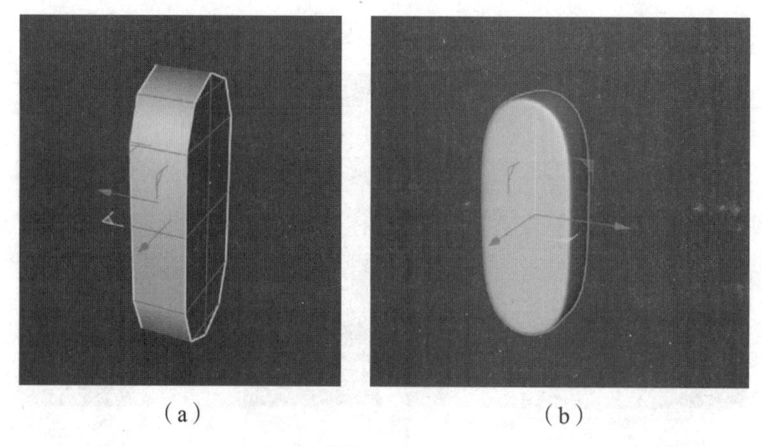

（a）　　（b）

图　4-125

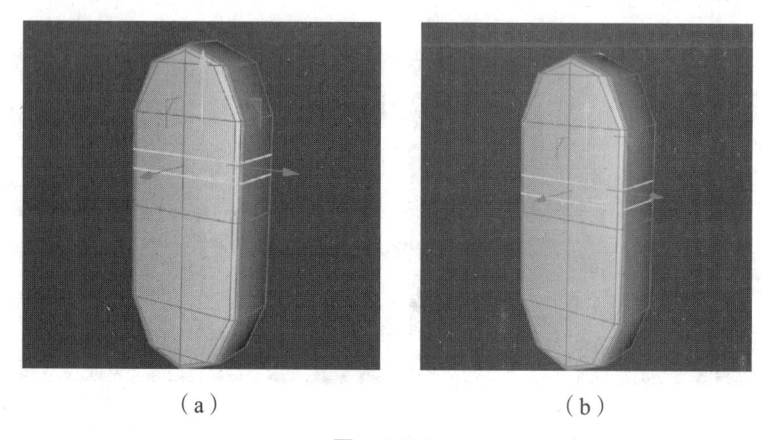

（a）　　（b）

图　4-126

【步骤 17】单击“面”工具，进入“面”模式，使用“实时选择”工具，选择如图 4-127（a）所示面，右击，选择“内部挤压”工具，向内挤压 0.5cm，按住 Ctrl 键以 *X* 轴向外挤压 1.2cm。再次右击，选择“内部挤压”工具，向内挤压 0.2cm，效果如图 4-127（b）所示。

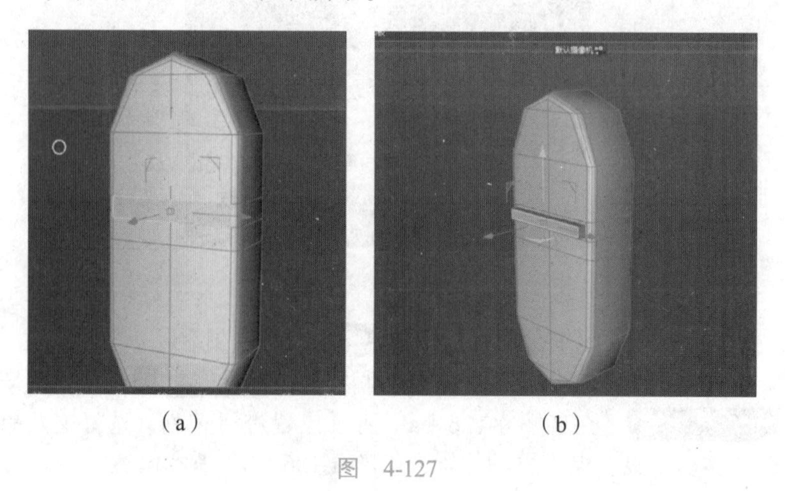

（a）　　（b）

图　4-127

【步骤 18】选择打开“细分曲面”工具，选择“关闭视窗独显”工具，调整按键到合适的位置，如图 4-128 所示。吹风机的最终效果如图 4-129（a）和（b）所示。

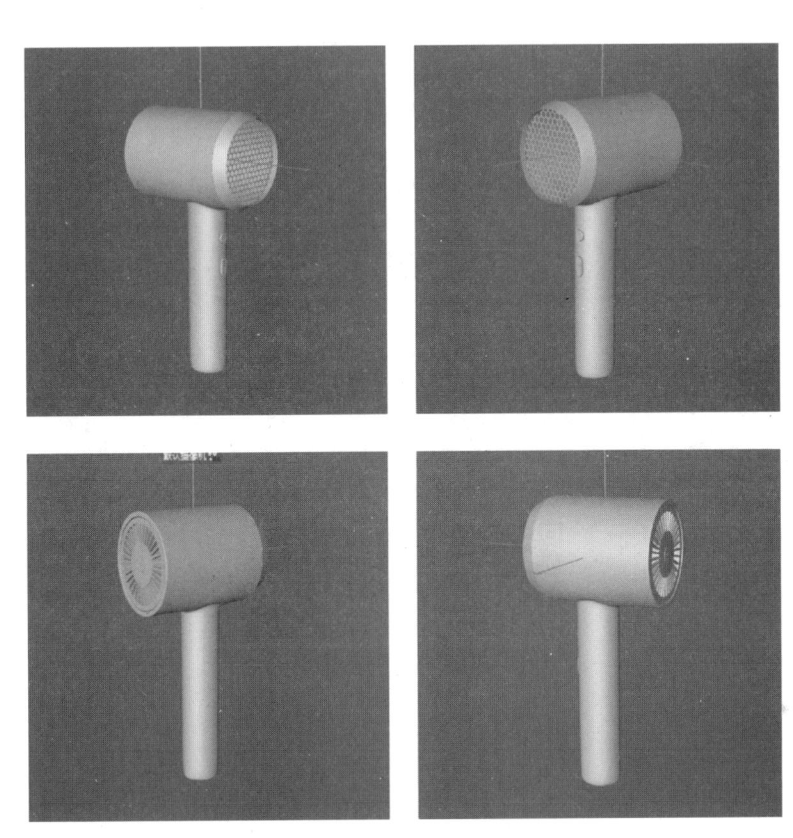

图　4-128

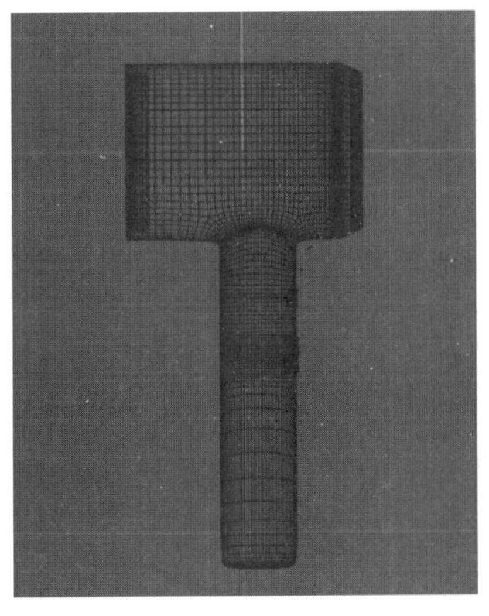

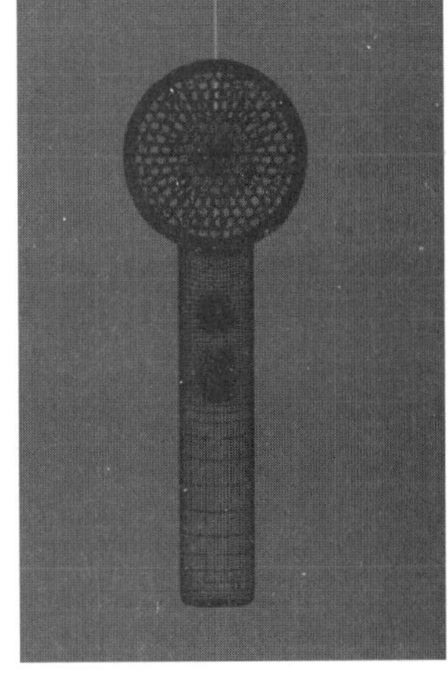

（a）　　（b）

图　4-129

拓展案例：水杯的制作

案例路径：CH04 → 工程文件 → 水杯 .c4d。

制作水杯模型，效果如图 4-130 所示。

图 4-130

水杯制作 1

水杯制作 2

第 5 章　灯光

三维场景中的灯光可以照亮场景，让物体显示出各种反射效果、投影和特效，使三维作品模的显示效果更加真实、生动。本章将对 Cinema 4D 的灯光类型、灯光参数及灯光的使用方法进行介绍。

重点知识

- 熟悉常用灯光的类型。
- 掌握常用灯光参数的设置方法。
- 掌握三点布光的方法。

5.1　灯光类型

Cinema 4D 中预置了多种类型的灯光，长按工具栏中的“灯光”按钮，弹出灯光工具组，如图 5-1 所示。在灯光工具组中单击需要创建的灯光的图标，即可在视图窗口创建对应的灯光对象。

5.1.1　灯光的含义及特点

“灯光”也称“点光”或“泛光灯”，是一种点光源，用于模拟灯泡，特点就是它的亮度是一个从中间向四周衰减的光源。

5.1.2　聚光灯

“聚光灯”是光线向一个方向呈锥形传播，照射区域外的对象不受灯光的影响，类似于日常用的手电筒，创建灯光后，可以看到灯光对象呈圆锥形显示，如图 5-2 所示。

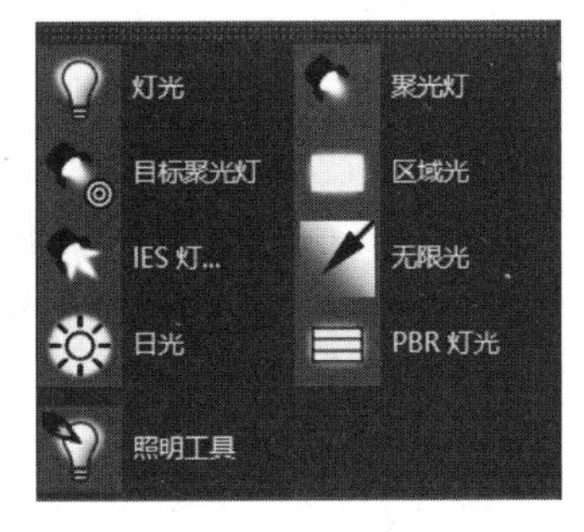

图　5-1

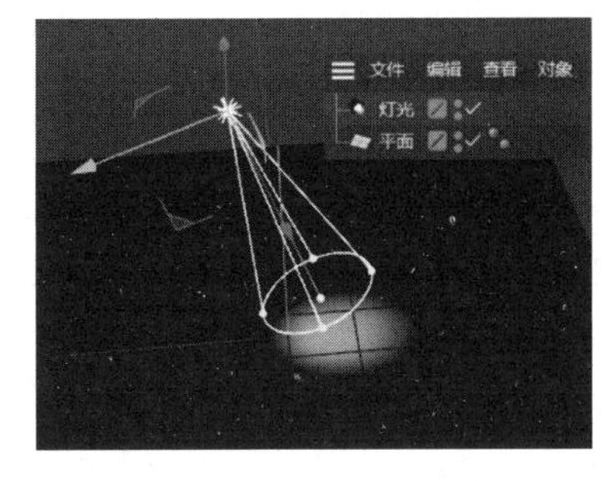

图　5-2

选择“聚光灯”，可以看到聚光灯底面上有 5 个黄点，通过聚光灯圆环上的 4 个黄点可以调节聚光灯光照范围，位于中心的黄点可以调节聚光灯光束长度。

5.1.3 目标聚光灯

“目标聚光灯”与聚光灯相似，区别在于创建目标聚光灯后，在聚光灯对象的基础上多了一个“目标标签”和“灯光 . 目标 .1”对象，通过“灯光 . 目标 .1”对象可以随意更改目标聚光灯所照射的目标对象，调节起来更加方便快捷，如图 5-3 所示。

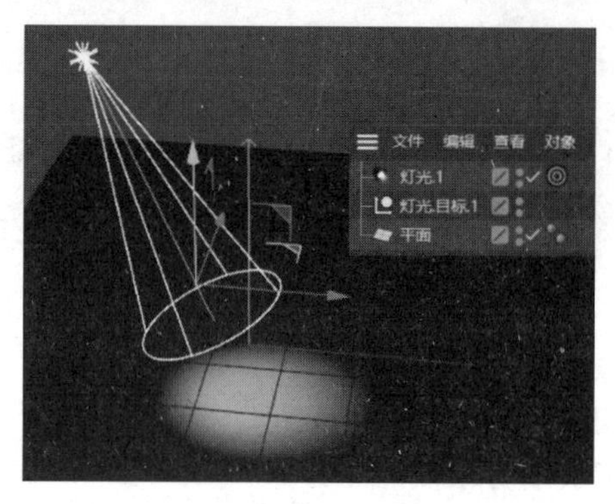

图 5-3

5.1.4 区域光

“区域光”是一种矩形形态的面光源，是光线沿着一个区域向周围发射的灯光，光的分布相对比较柔和，用于对人物和产品的补光，是 Cinema 4D 中比较常用的一种灯光。默认创建的区域光是一个矩形区域，如图 5-4 所示。

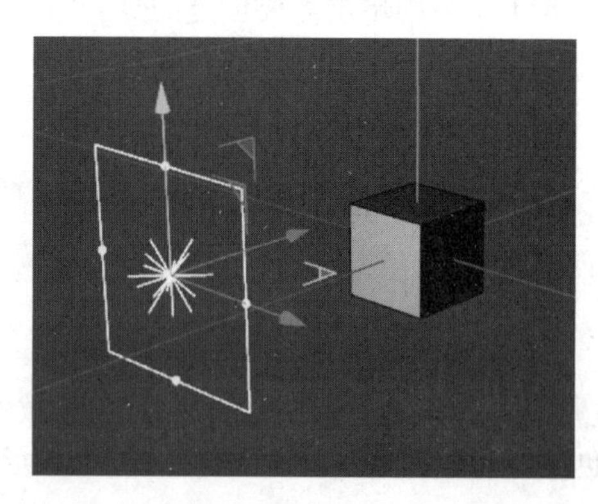

图 5-4

5.1.5 IES 灯光

“IES 灯光”是一种预设灯，需要载入 IES 预设才能使用，类似展馆的射灯和路灯，需要通过加载 IES 文件来产生不同灯光效果。在 Cinema 4D 中创建 IES 灯光时，会弹出一个窗口，提示加载一个 IES 文件，可以直接选择网上下载的 IES 文件，如图 5-5 所示，效果如图 5-6 所示。

也可以使用 Cinema 4D 软件预置的 IES 文件，这些文件可以在“窗口”→“内容浏览器”中找到，如图 5-7 所示。

图　5-5

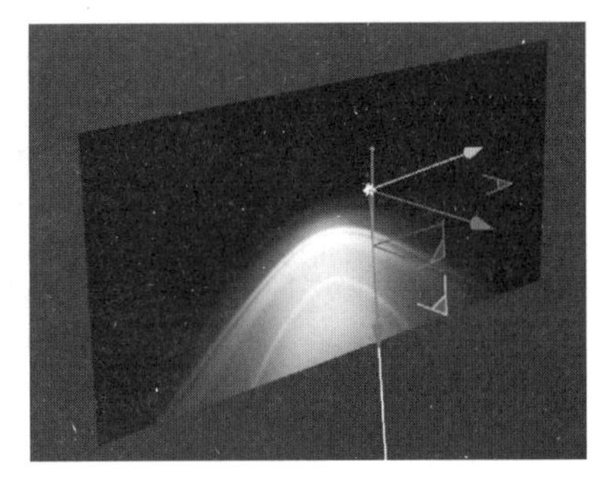

图　5-6

实战案例：预置 IES 灯光的使用

【步骤 1】创建一个灯光，在灯光的“常规”属性的“类型”选项里选择 IES，如图 5-8 所示。

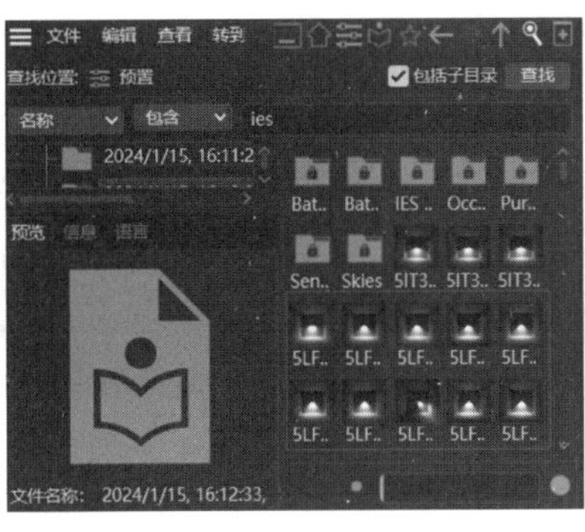

图　5-7

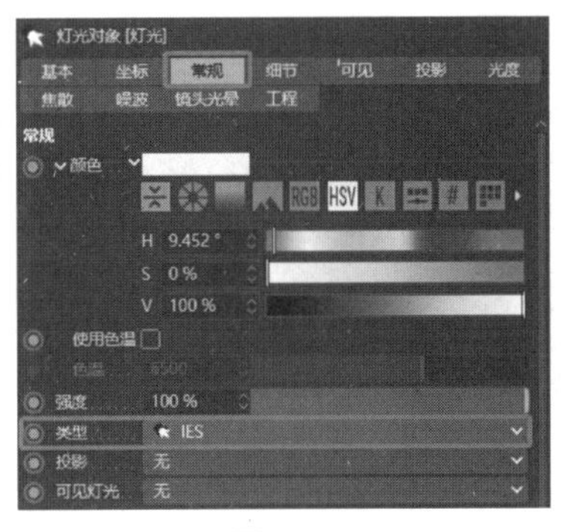

图　5-8

IES 灯光

【步骤 2】在“光度”属性中勾选“光度数据”选项，把“内容浏览器”的 IES 文件拖入“文件名”选项中，或单击“文件名”选项的浏览按钮，导入 IES 文件，如图 5-9 所示，不同的 IES 灯光文件产生的灯光效果也不一样。

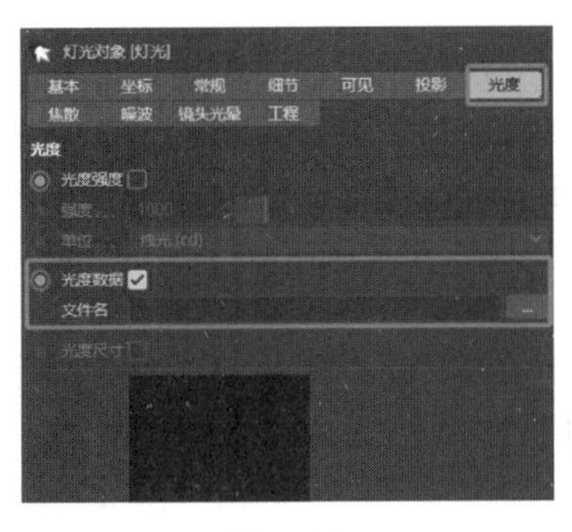

图　5-9

5.1.6　无限光

“无限光” 无限光 也叫远光灯，用于模拟太阳光、环境光，是一种沿着某个方向平行传播的光，只跟方向有光，且没有距离限制，如图 5-10 所示。

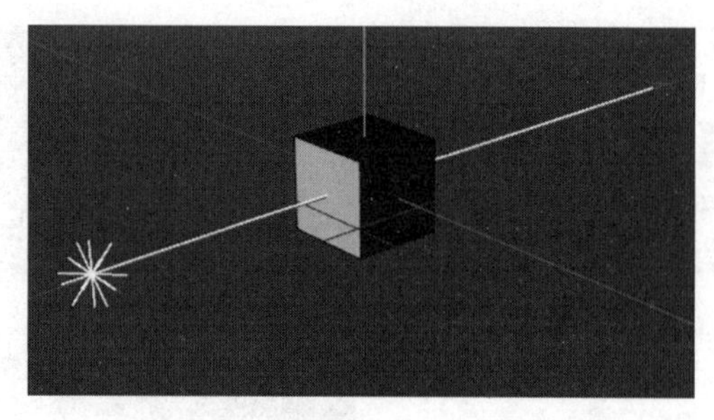

图 5-10

5.1.7 日光

“日光” 日光 的特点是模拟真实的天空光照。创建“日光”后，对象会有一个“太阳标签”，如图 5-11 所示。“太阳标签”的“时间”“纬度”“经度”“距离”等选项参数，能够精确地控制当前灯光的时间信息和地理信息，如图 5-12 所示。

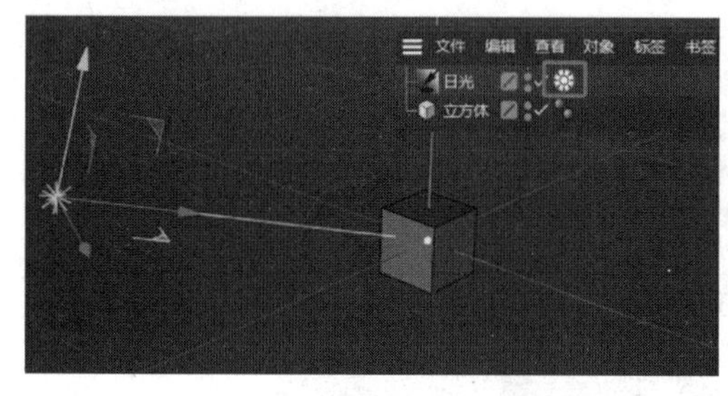

图 5-11

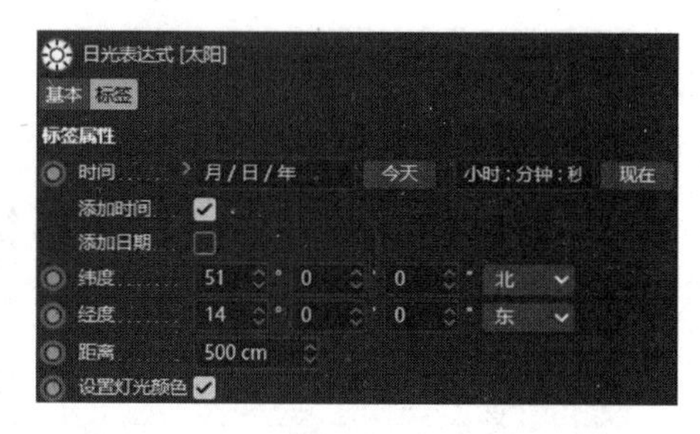

图 5-12

5.1.8 PBR 灯光

PBR 是 physically based rendering 的缩写，即基于物理的渲染，使用户在写实渲染方面可以获得更佳的效果。PBR 灯光 PBR 灯光 与 PBR 材质相结合，能为用户更好、更快地实现逼真的效果，但渲染所需时间较长。

5.2 灯光的常用参数

创建一个灯光对象后，“属性窗口”会显示该灯光的参数，不同灯光的参数大部分都相同，其中“细节”选项卡里的参数会因为灯光对象的不同而改变。

5.2.1 常规

“常规”选项卡主要设置灯光的基本属性，包括颜色、强度等，其中最重要的属性就是灯光类型和投影类型，如图 5-13 所示。

颜色：用于设置灯光的照明颜色，灯光的颜色能影响整个画面的氛围。

使用色温：启用后，可以通过色温来调整场景中的冷暖色调。

强度：用于设置灯光的强度，即灯光的亮度。数值的范围可以超过 100%。

类型：设置灯光的类型，如图 5-14 所示。

四方聚光灯 / 圆形平行聚光灯 / 四方平行聚光灯：也是聚光灯，区别在于灯光的传播形状，如图 5-15 所示。

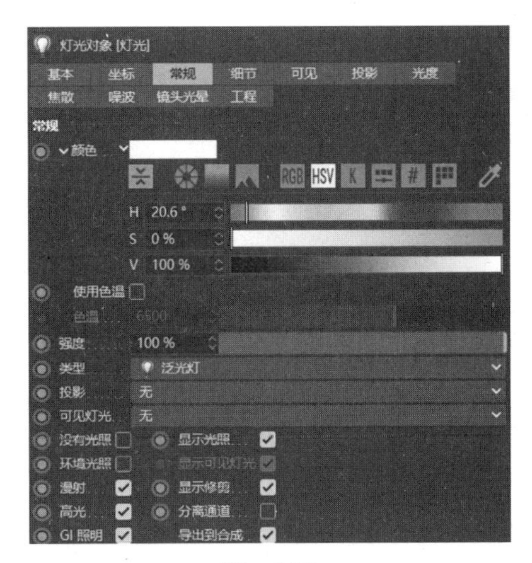

图　5-13

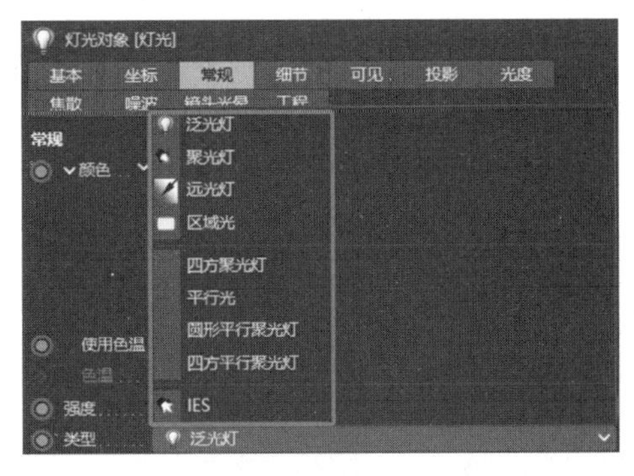

图　5-14

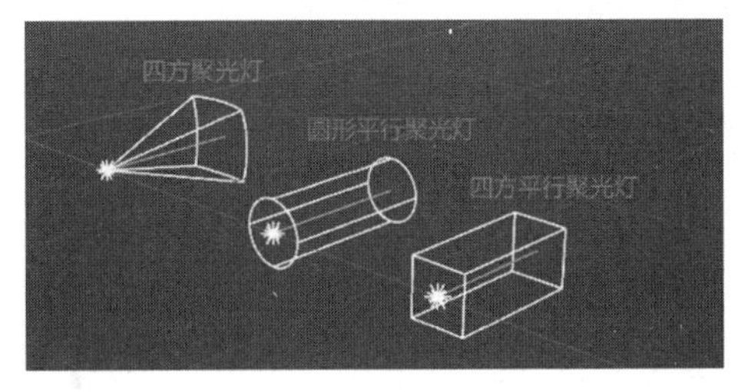

图　5-15

投影：该参数包含 4 个选项，分别为无、阴影贴图（软阴影）、光线跟踪（强烈）、区域，如图 5-16 所示。

图　5-16

- 无：灯光照射在物体上不会产生阴影。
- 阴影贴图（软阴影）：阴影边缘会出现模糊，特点是渲染速度快，渲染效果中等，一般用于制作动画。
- 光线跟踪（强烈）：阴影的边缘很硬，特点是渲染速度快，一般用于观察渲染效果。
- 区域：最真实的一个阴影效果，灯光离对象越近，阴影越清晰；灯光离对象越远，阴影越模糊。

可见灯光：当灯光类型为泛光灯或聚光灯时，该选项被激活。用于设置场景中的灯光是否可见，如图 5-17 所示。

图 5-17

无：灯光本身不可见，但有照明功能。

可见：渲染时，灯光自身的形状及亮度会被渲染出来，以泛光灯为例，如图5-18所示。

正向测定体积：选择该项后，灯光照在物体上会产生体积光，灯光会被不透光的物体遮挡，如图 5-19 所示。

图 5-18

图 5-19

反向测定体积：与正向测定体积相反，有遮挡的地方产生体积光，如图 5-20 所示。

图 5-20

没有光照：启用后，只会有灯光自身渲染，没有灯光的光照效果。

显示光照：启用后，显示可见灯的线框，可以调整线框来调整灯光范围，启用前后的效果分别如图 5-21（a）和图 5-21（b）所示。

环境光照：一般默认禁用，启用此选项后，对象的所有表面都具有相同亮度，启用前后的效果分别如图 5-22（a）和图 5-22（b）所示。

显示可见灯光：启用“可见灯光”的“可见”“正向测定体积”“反向测定体积”选项后，该项才被激活，用于显示灯光本身的可见范围，如

图 5-23 所示。

（a）未启用显示光照

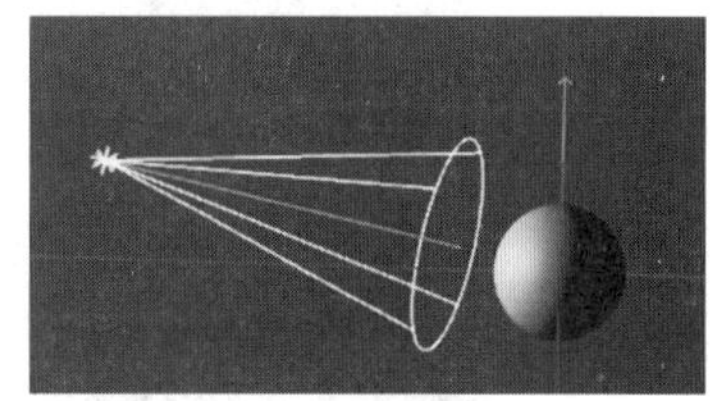

（b）启用显示光照

图　5-21

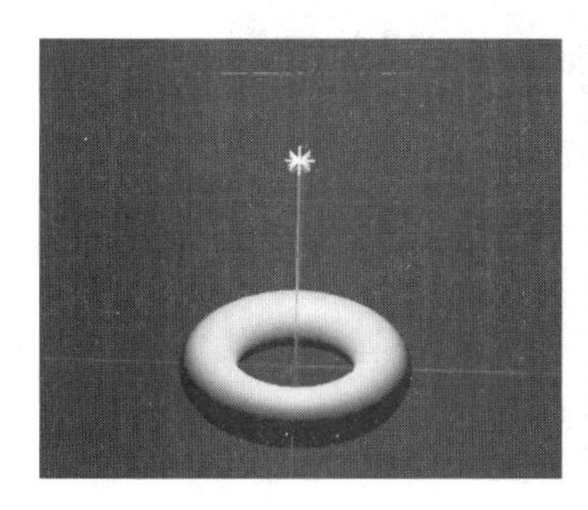

（a）未启用环境光照

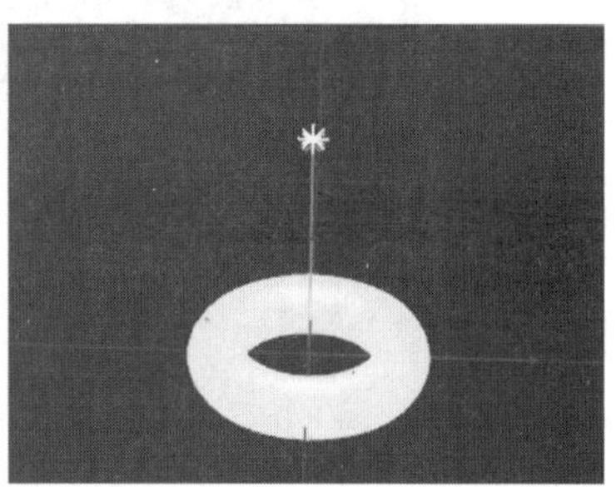

（b）启用环境光照

图　5-22

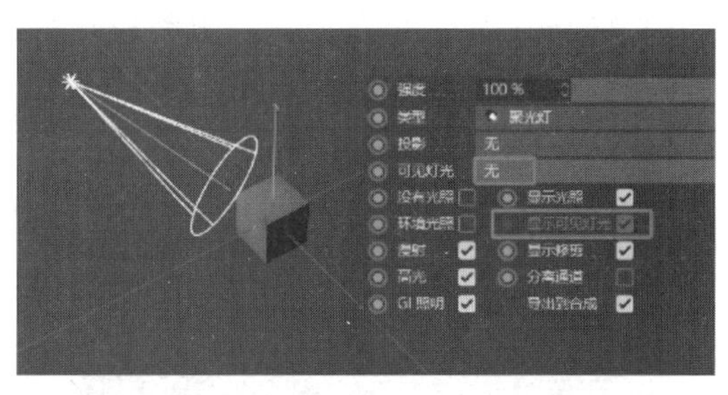

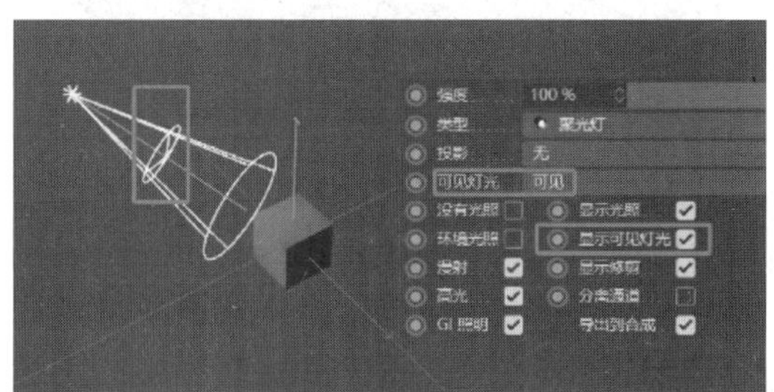

图　5-23

漫射：禁用后，对象的漫射颜色被忽略，只有调光部分被渲染，如图 5-24 所示。

高光：禁用后，灯光不会对场景上的对象产生高光。

分离通道：启用后，在渲染场景时，漫射、高光和阴影 3 个通道将被分层渲染（前提需要在渲染设置中设置了相应的多通道参数）。

GI 照明：即全局光照，一般默认启用；如果被禁用，对象将不会对光线有任何反射效果。

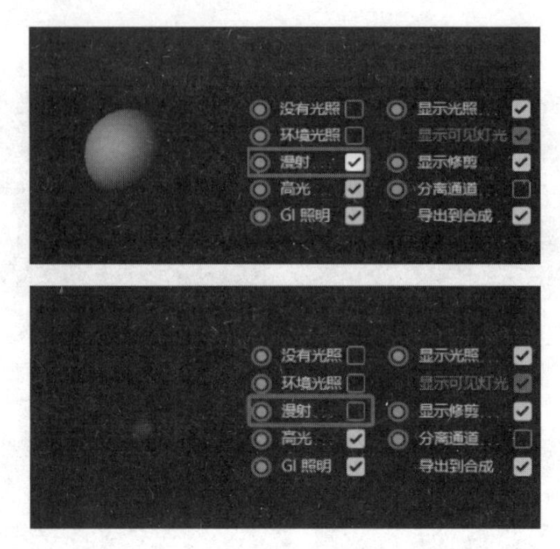

图 5-24

5.2.2 细节

“细节”选项卡中的参数会因为灯光类型的不同而有所改变，除了区域光之外，其他类型灯光的“细节”选项卡中包含的参数大致都相同，只是被激活的参数有些区别。

形状：设置灯光的形状，不同形状的灯光照明效果也不同。

使用内部 / 内部角度 / 外部角度：“使用内部”选项只用于聚光灯，勾选后开启内部角度参数。“内部角度”可以调节聚光灯的边缘的衰减，也就是柔和度。“外部角度”调节光照范围，也可以通过灯光对象线框上的黄点调整，如图 5-25 所示。

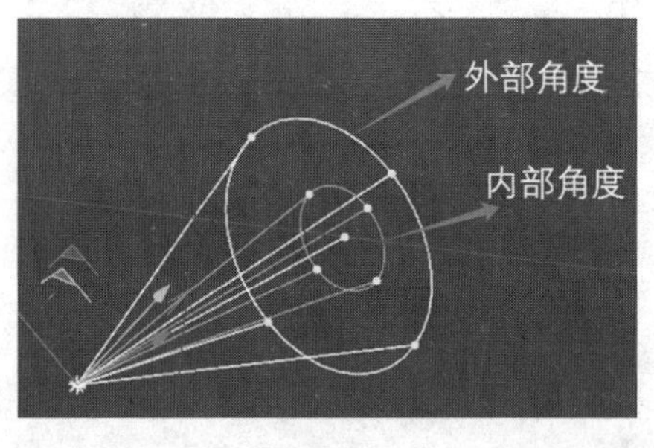

图 5-25

对比：调节光照的明暗过渡及范围，操作示意如图 5-25（a）所示，对比值 0 和对比值 100% 的效果分别如图 5-26（b）和图 5-26（c）所示。

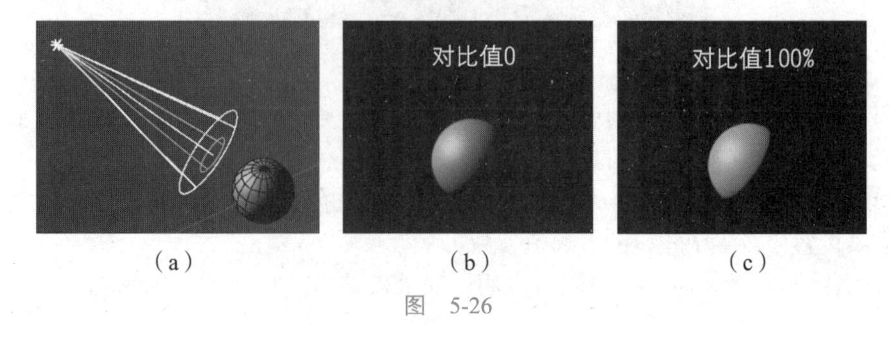

（a）　　（b）　　（c）

图 5-26

衰减：光线会随着传播的距离产生明暗的过渡，这就是灯光的衰减。灯光距离对象越近越亮，越远越暗。Cinema 4D 中设置了 4 种衰减模式，如图 5-27 所示。其中平方倒数（物理精度）是比较常用的一种衰减方式，灯光过渡柔和，比较真实。光明暗之间的过渡最为柔和，比较真实。

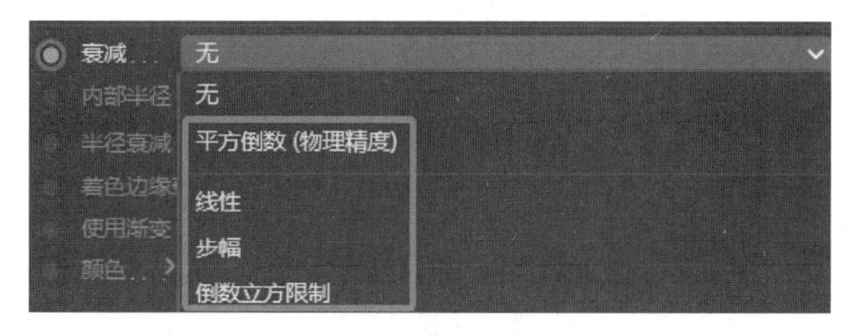

图　5-27

内部半径 / 半径衰减："半径衰减" 在 "线性" 衰减模式下方可使用，用于定义衰减半径的大小。"内部半径" 用于定义一个不衰减的区域，衰减将从 "内部半径" 的边缘开始。

5.2.3　可见

"可见" 选项卡参数是在 "常规" 选项卡中的 "可见灯光" 被激活时使用。

使用衰减：勾选 "使用衰减" 选项后，灯光才会有衰减，否则没有衰减，使用前后的效果分别如图 5-28（a）和图 5-28（b）所示。

（a）

（b）

图　5-28

内部距离 / 外部距离：用于设置内部颜色的距离范围 / 整体灯光的可见范围。需要看清内部、外部距离的变化，须先开启 "使用渐变" 选项，并且修改渐变颜色，如图 5-29 所示。

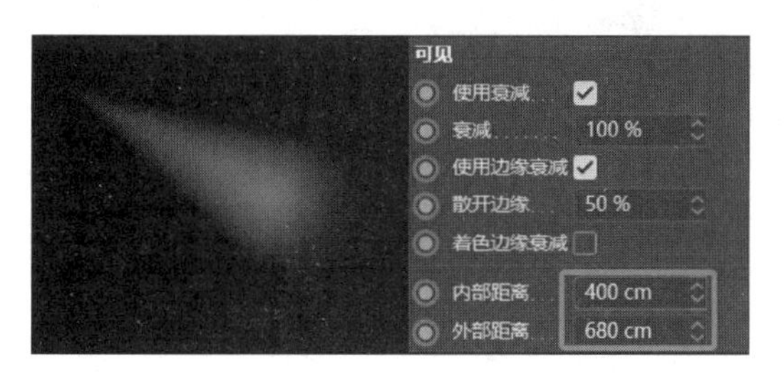

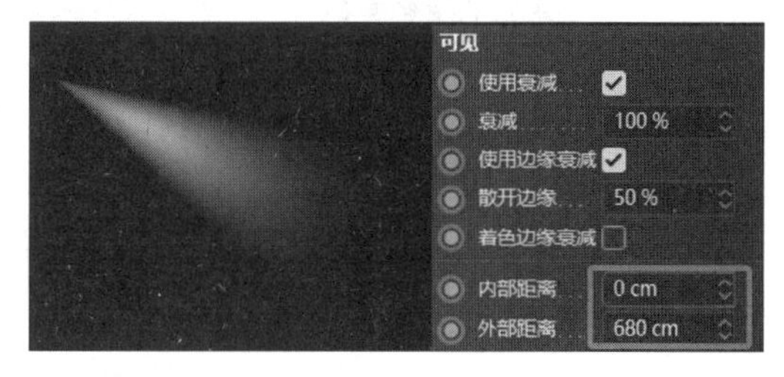

图　5-29

5.2.4 投影

“投影”选项卡用于设置投影的方式，与“常规”选项卡设置一致。不同投影方式，投影选项卡的参数也不同。

（1）阴影贴图（软阴影）：选项卡参数如图 5-30 所示。

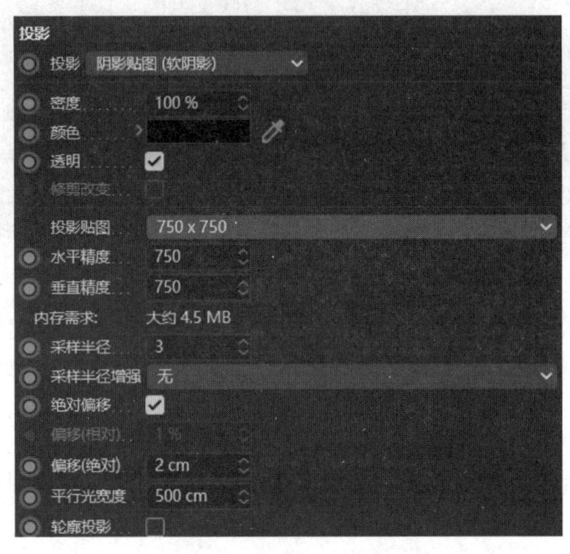

图 5-30

（2）密度：用于改变阴影的强度，值越小，投影越淡。

（3）颜色：用于设置投影的颜色。

（4）透明：如果对象的材质设置了“透明”或 Alpha 通道，则开启该选项，透明材质是什么颜色，投影就是什么颜色，如图 5-31（a）所示。

（5）投影贴图：用于设置投影的分辨率，分辨率越高，投影越清晰。

（6）轮廓投影：启用后，渲染后只会显示投影边缘轮廓，如图 5-31（b）所示。

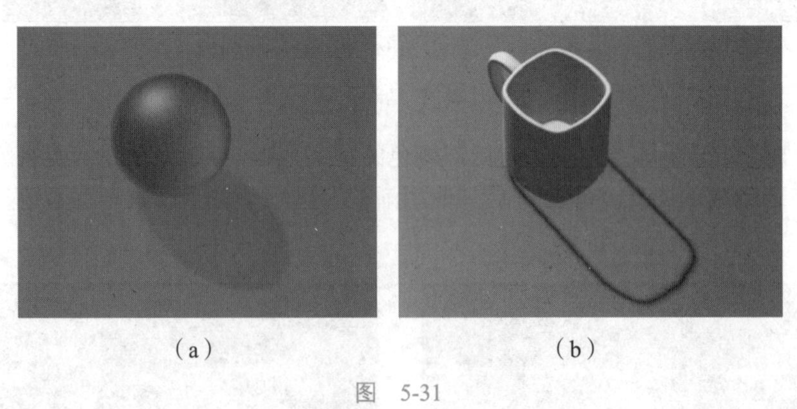

（a）　　（b）

图 5-31

（7）光线跟踪（强烈）：选项卡参数如图 5-32 所示，其参数已在前面讲过，这里不再赘述。

（8）区域：选项卡参数如图 5-33 所示。

（9）采样精度 / 最小取样值 / 最大取样值：用于控制投影的精度，数值高投影质量高，渲染速度慢，数值低投影会出现杂点，渲染速度快。

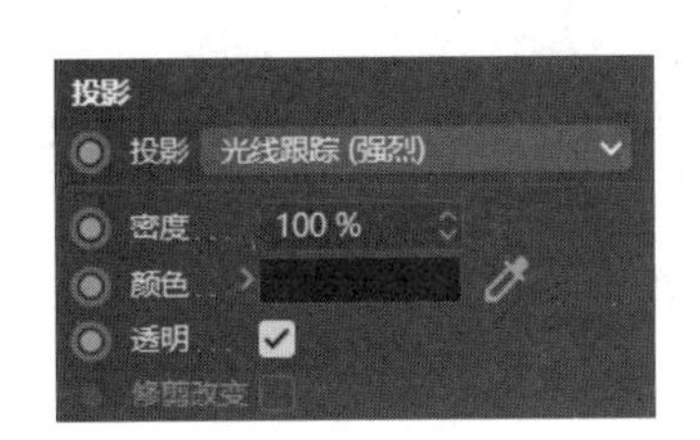

图　5-32

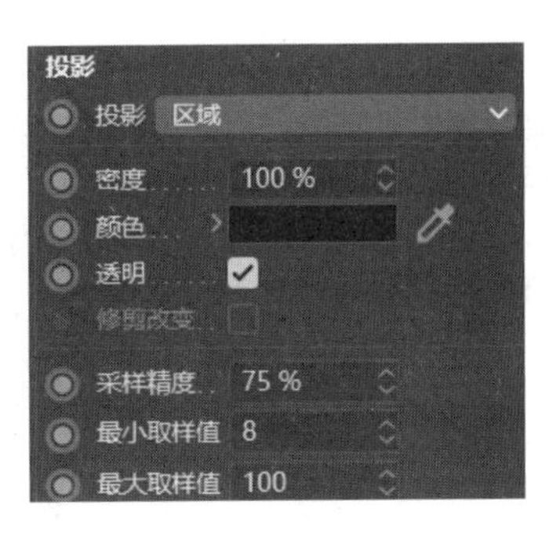

图　5-33

5.2.5　光度

“光度”选项卡主要调节 IES 灯光，如图 5-34 所示。

图　5-34

光度强度 / 强度：创建 IES 灯光后，“光度强度”选项会自动激活，并通过调整“强度”数值可以设置 IES 灯光的光强度。

单位：有两个选项如下。

- 烛光（cd）：通过强度参数控制亮度。
- 流明（lm）：通过灯光照射范围调节亮度。

5.2.6　焦散

焦散是指当光线穿过一个透明物体时，由于物体表面的不平整，使光线折射没有平行发生，从而出现了漫折射，投影表面出现光子分散，在 Cinema 4D 中，如果想要渲染灯光的焦散效果，需要在“渲染设置”中设置添加效果 → 焦散，焦散选项卡参数如图 5-35 所示。

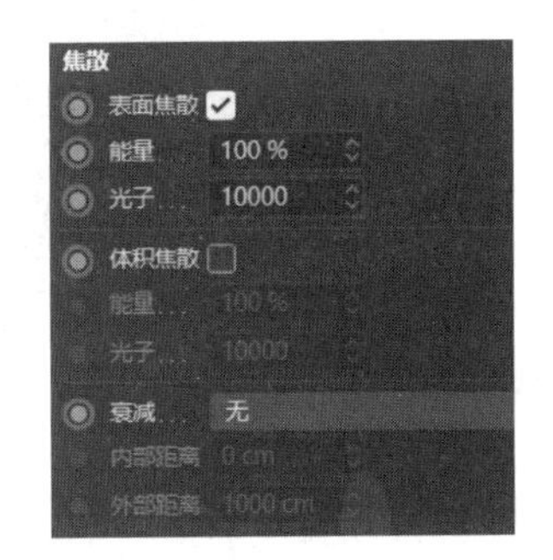

图　5-35

表面焦散：用于激活光源的表面焦散效果。

能量：用于控制焦散的亮度。

光子：影响焦散效果的精确度，数值越高越精确，数值过低光子像一个个白点，如图 5-36 所示。

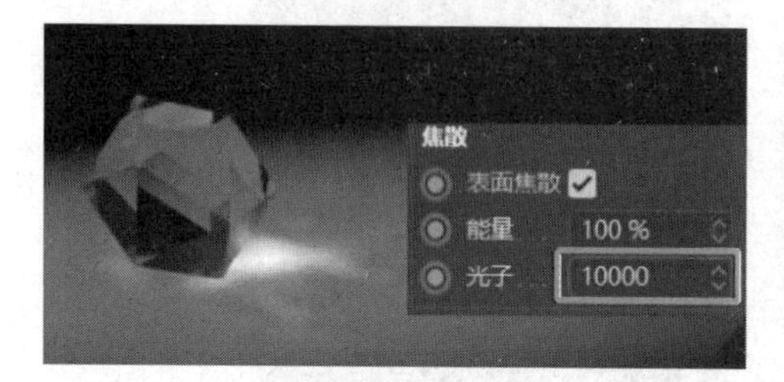

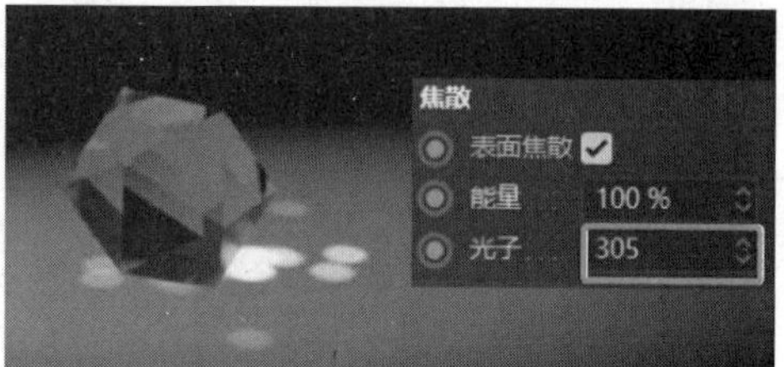

图 5-36

体积焦散 / 能量 / 光子：这 3 个参数用于设置体积光的焦散效果。

实战案例：制作焦散效果

【步骤 1】打开 CH5 → 场景文件 → JS.c4d 文件，如图 5-37 所示。

焦散效果

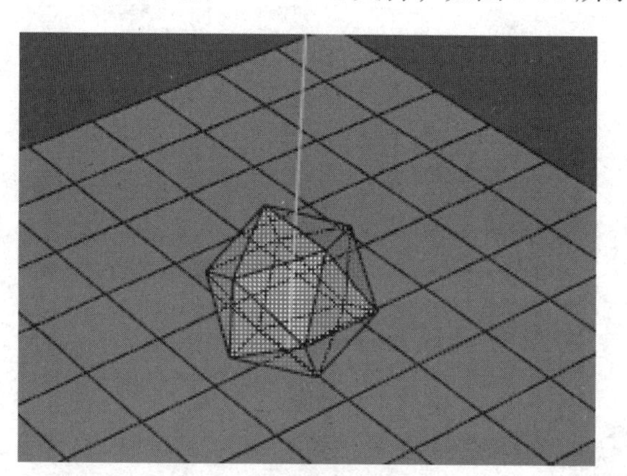

图 5-37

【步骤 2】使用灯光工具组，创建一盏“目标聚光灯”，修改“目标聚光灯”的焦散属性为“表面焦散”，如图 5-38 所示。

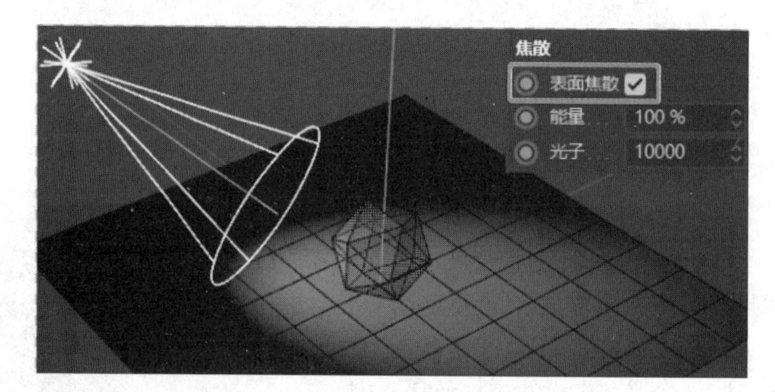

图 5-38

【步骤 3】单击“渲染设置”工具，添加“焦散”效果，如图 5-39 所示。单击“渲染到图片查看器”工具，最终效果如图 5-40 所示。

图 5-39

图 5-40

5.2.7 噪波

“噪波”选项卡可以让光照范围和可见范围产生噪波变化，选项卡参数如图 5-41 所示。

噪波：噪波有 4 个参数选项，如图 5-42 所示。

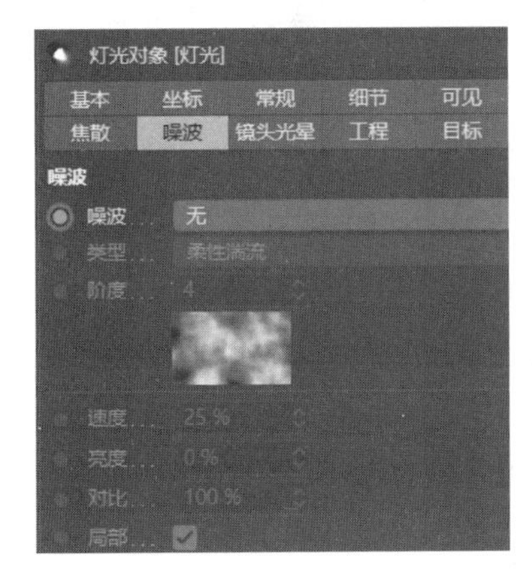

图 5-41

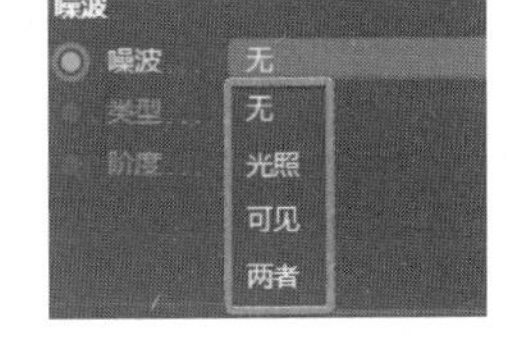

图 5-42

光照：光照的范围有噪波，如图 5-43 所示。

可见：灯光的可见（体积光）有噪波，如图 5-44 所示。

图 5-43

图 5-44

两者：光照范围和可见范围都产生噪波，如图 5-45 所示。

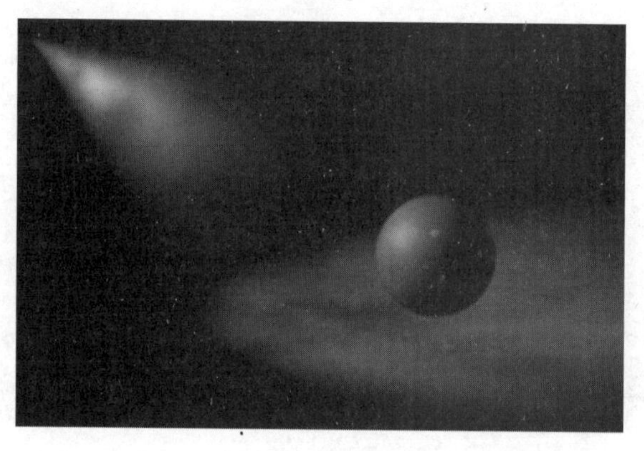

图　5-45

5.2.8　镜头光晕

“镜头光晕”选项卡用于模拟现实世界中摄像机镜头产生的光晕效果，参数如图 5-46 所示。

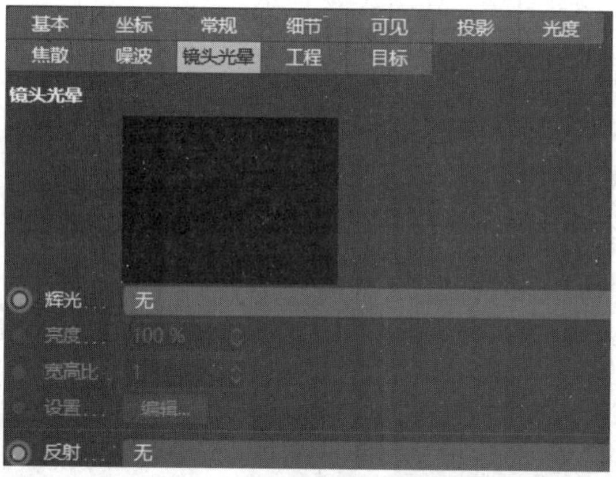

基本
坐标
常规
细节
可见
投影
光度
焦散
噪波
镜头光晕
工程
目标
镜头光晕
辉光...
无
亮度...
100 %
宽高比...
1
设置...
编辑...
反射...
无

图　5-46

辉光：用于设置镜头光晕的类型，如紫色，如图 5-47 所示。

镜头光晕
辉光...
广角

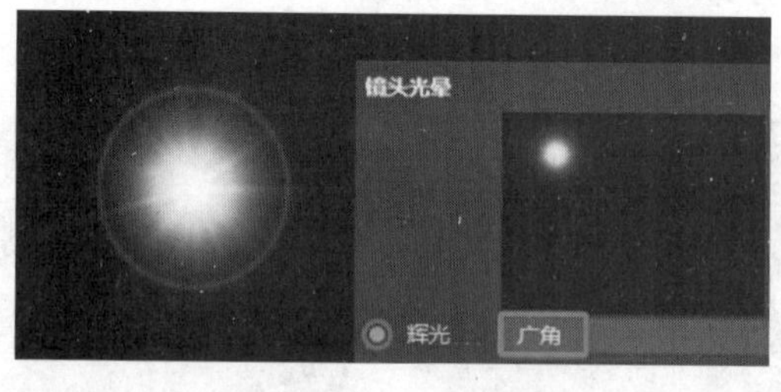

图　5-47

亮度 / 宽高比：设置辉光的亮度 / 设置辉光的宽度和高度的比例。

5.2.9　工程

“工程”选项卡用于设置场景中的对象是否受灯光的影响，选项卡参数如图 5-48 所示。

图 5-48

模式：分为排除和包括两部分，如果想让灯光照亮某个对象，模式设为“包括”；如果想让灯光不照亮某个对象，则模式设为“排除”。

5.3 布光方法

灯光的作用不仅仅是将物体照亮，还可以通过灯光效果向观众传达更多的信息。也就是说，可以通过灯光这一要素来决定场景的基调、感觉或烘托场景气氛。要达到场景最终的真实效果，需要通过布光来实现。

5.3.1 三点布光

三点布光是常见的布光方法，三点布光就是用 3 个光源进行照明。这 3 个光源分别为主光源、辅助光和轮廓光，如图 5-49 所示。这种布光方法适用于范围较小的场景，如果场景较大，则可以把场景拆分成若干个较小区域进行布光。

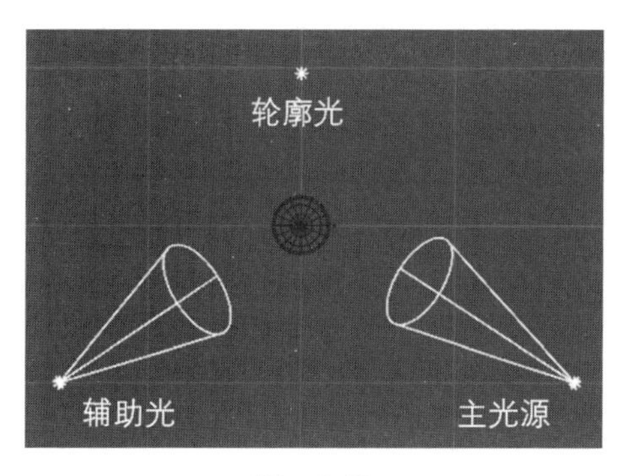

图 5-49

主光源：进行布光前，首先要确定主光源，它的亮度最高，于摄影机一侧，用来增强对象的立体感。

辅助光：位于主体光对面，作用是辅助照明，由于光源照射角度不同，阴影产生的面积也不同，当主光源产生阴影面积过大时，就需要增加辅助光源对暗部进行适当的照明。

轮廓光：轮廓光位于对象的后面，用来照明对象的边缘轮廓，与背景拉开距离突出主体对象。

实战案例：运用三点布光照亮场景

案例路径：CH6 → 工程文件 → 三点布光 .c4d。

【步骤 1】打开 CH6 → 素材文件 → 三点布光 .c4d，如图 5-50 所示。

【步骤 2】创建一个“区域光”，并将其重命名为“主光源”，如图 5-51 所示。

三点布光

图 5-50

图 5-51

【步骤 3】新建一个“空白”对象，位于场景中间，为“主光源”添加“目标标签”，“目标标签”的“目标对象”参数为空白，如图 5-52 所示。

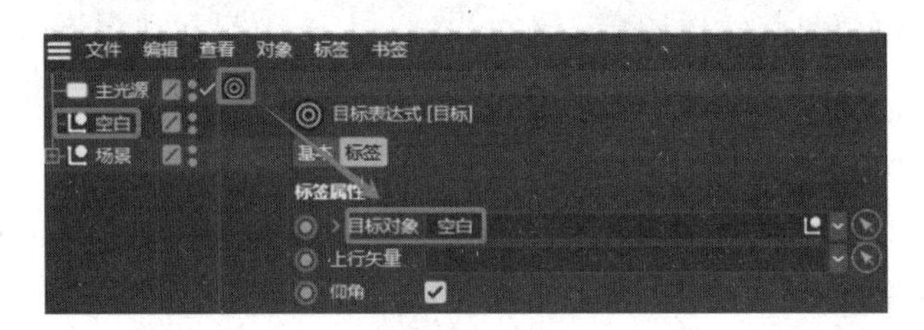

图 5-52

【步骤 4】调整“主光源”的位置，让其位于场景的右上角，“坐标”选项卡的参数如图 5-53 所示，在顶视图的效果如图 5-54 所示。

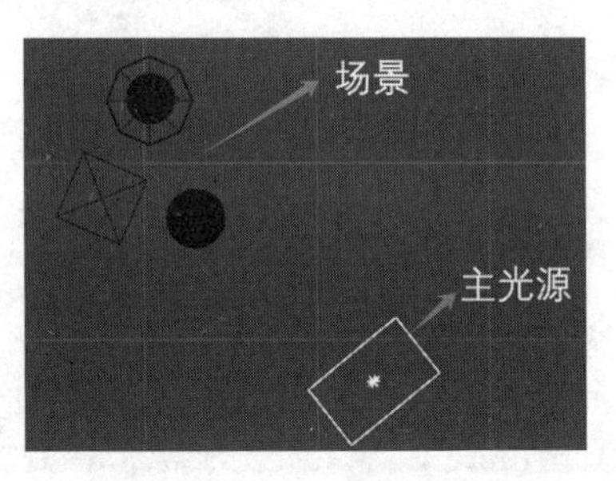

图 5-53

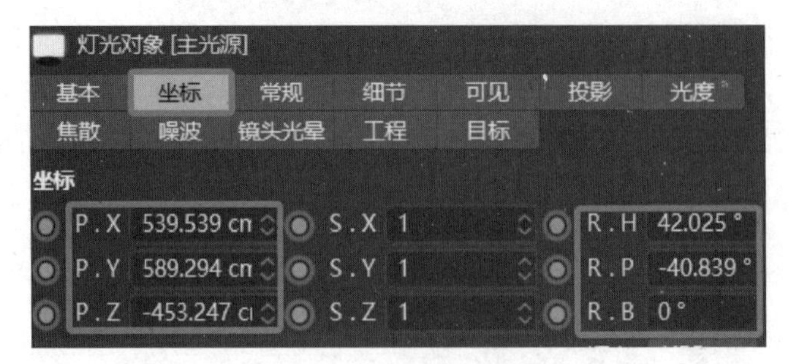

图 5-54

【步骤 5】设置“主光源”的“常规”选项卡参数，“强度”为 110%、“投影”为区域，其他选项的设置如图 5-55 所示，在“细节”选项卡中设置“衰减”为平方倒数 (物理精度)、“半径衰减”为 704cm，其他选项的设置如图 5-56 所示。渲染效果如

图 5-57 所示。

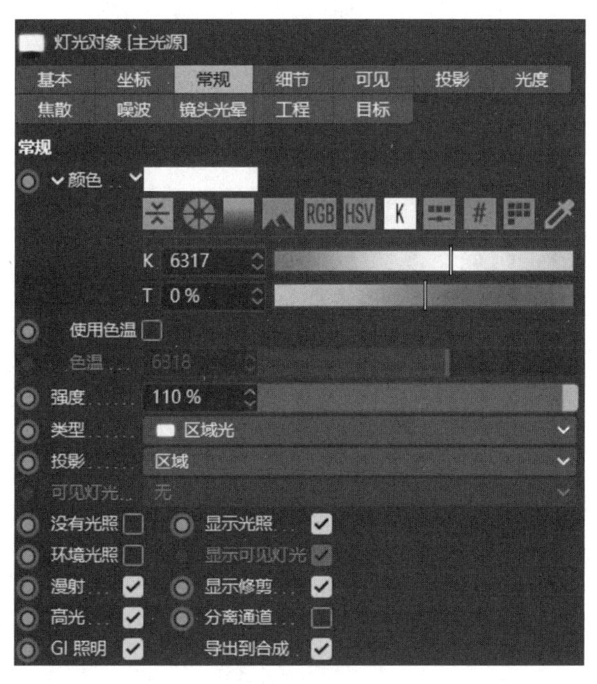

图　5-55

衰减　平方倒数 (物理精度)
内部半径　258 cm
半径衰减　704 cm
着色边缘衰减　仅限纵深方向

图　5-56

如图　5-57

【步骤 6】复制“主光源”，重命名为“辅助光”，如图 5-58 所示。调整“辅助光”的位置，让其位于场景的左上角，如图 5-59 所示。“坐标”选项卡的参数如图 5-60 所示。

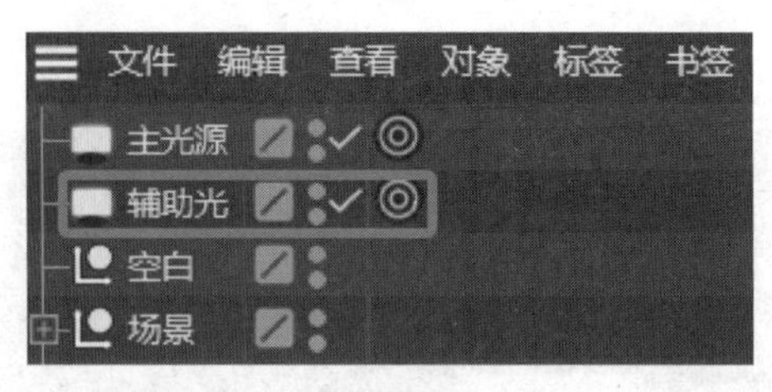

文件
编辑
查看
对象
标签
书签
主光源
辅助光
空白
场景

图 5-58

场景
辅助光
主光源

图 5-59

坐标
P . X -729.256 c
P . Y 505.285 cn
P . Z -585.588 c
S . X 1
S . Y 1
S . Z 1
R . H -56.653 °
R . P -22.365 °
R . B 0 °

图 5-60

【步骤 7】设置“辅助光”的“常规”选项卡参数，“强度”为 61%、“投影”为无，其他选项参数不变，渲染效果如图 5-61 所示。

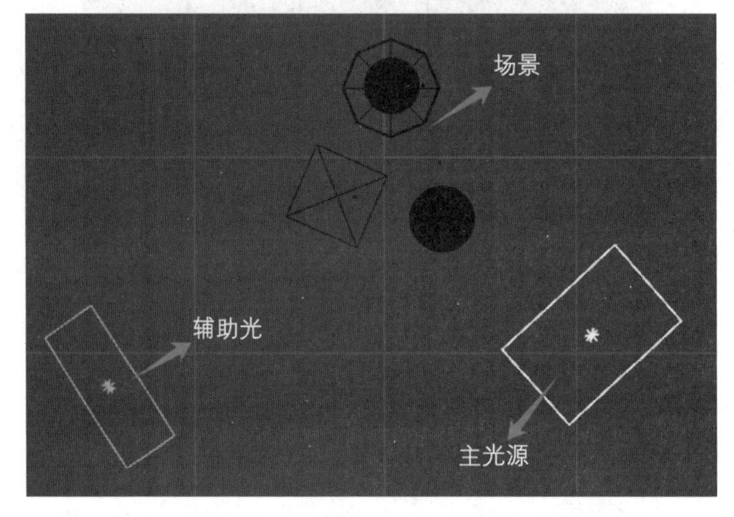

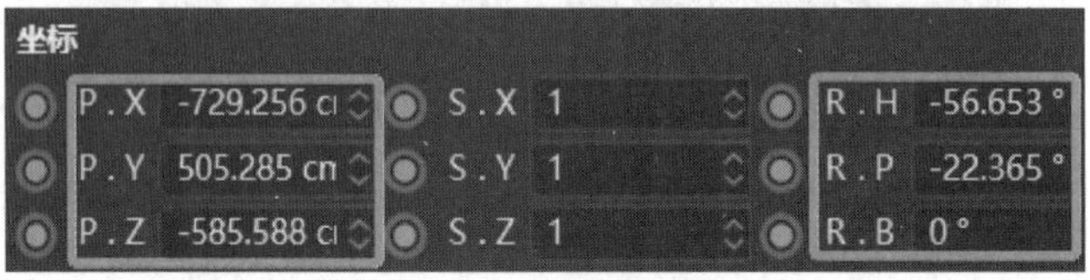

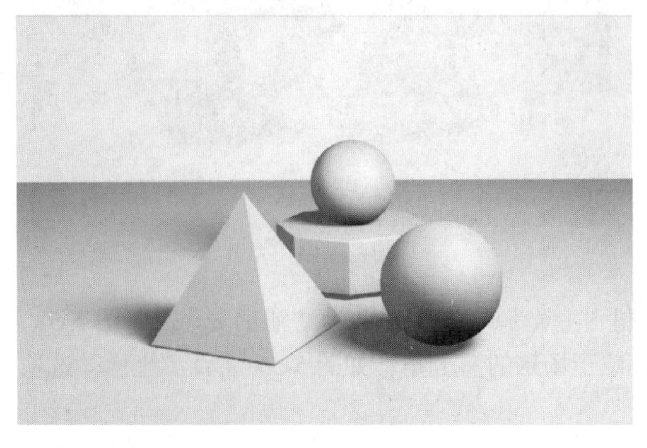

图 5-61

【步骤 8】复制“辅助光”，重命名为“轮廓光”，如图 5-62 所示。调整“轮廓光”的位置为场景的后上方，如图 5-63 所示。设置“轮廓光”的“常规”选项卡参数，“强度”为 25%，其他选项参数不变。

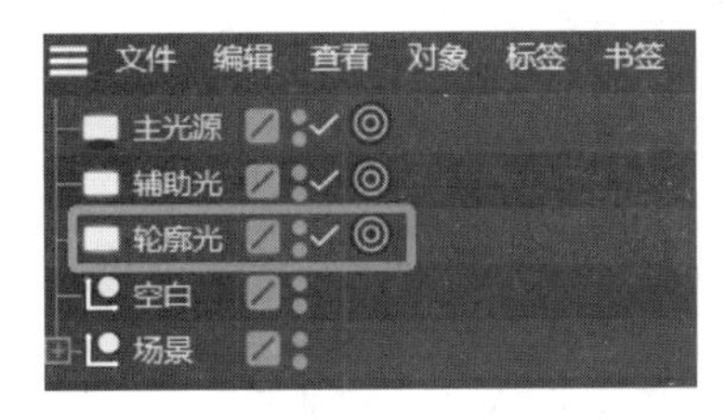

图 5-62

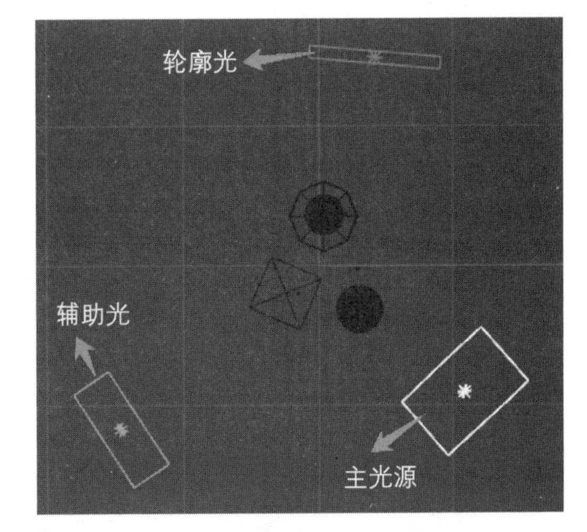

图 5-63

【步骤 9】单击“渲染设置”工具，添加“全局光照”和“环境吸收”，如图 5-64 所示。最终渲染效果如图 5-65 所示。

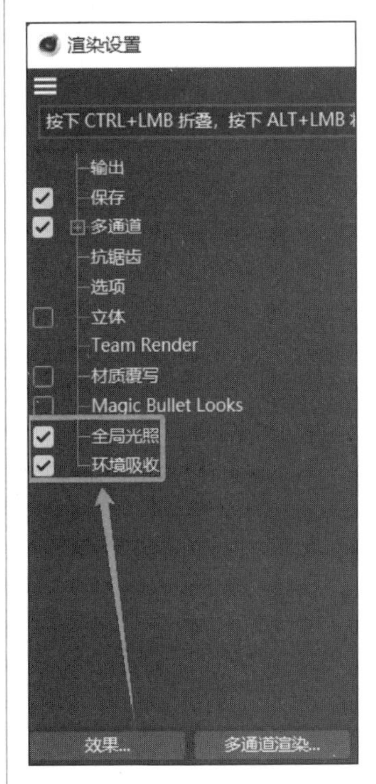

图 5-64

图 5-65

拓展案例：运用三点布光方法照亮化妆品场景

案例路径：CH05 →工程文件→化妆品 .c4d。

照亮效果如图 5-66 所示。

图　5-66

灯光拓展

化妆品场景彩图

第 6 章　材质与贴图

本章将介绍材质的概念、材质的创建和赋予、材质编辑器、材质标签及纹理贴图的应用。通过本章的学习，读者可以对材质技术有全面的认识，可以在材质编辑器中制作各种质感的材质。

重点知识

- 掌握材质创建和赋予方法。
- 掌握材质编辑器的常用属性。
- 掌握常用的纹理贴图。

6.1　了解材质与纹理贴图

材质（Material）是描述物体外观和光学特性的属性集合，包括物体的颜色、光泽、透明度、凹凸、反射等属性。

纹理贴图（Texture Map）是指材质表面的纹理样式，是将纹理应用到 3D 模型表面的过程，用来决定模型表面的颜色、纹理和细节效果。

6.2　材质的创建

创建材质的常用方法有以下 3 种。

（1）在“材质”窗口，双击可以新建一个材质球，如图 6-1 所示。

（2）鼠标定位在“材质”窗口，按快捷键 Ctrl+N，也可以新建一个材质球。

（3）选择“创建 → 材质”命令，可以在弹出的菜单中创建系统预置的其他类型材质，如图 6-2 所示。

图　6-1

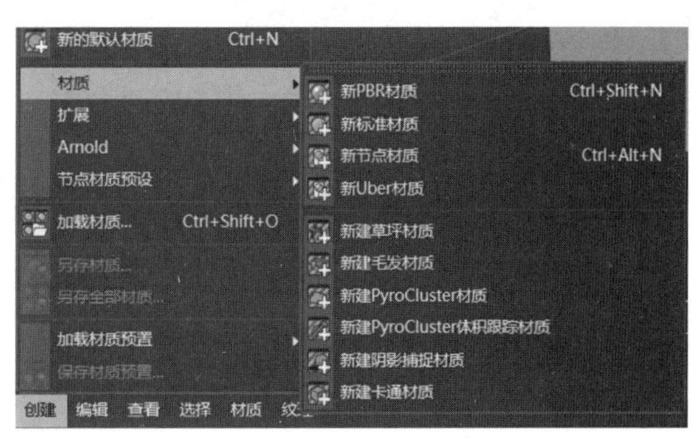

图　6-2

6.3 材质的赋予和删除

1. 材质的赋予

赋予材质通常有以下两种方法。

(1) 选中材质，按住鼠标左键，拖曳材质到视图窗口中的模型上，然后松开鼠标，材质便赋予模型。

(2) 选中材质，按住鼠标左键，拖曳材质到“对象”面板的对象选项上，然后松开鼠标，材质便赋予模型。

2. 材质的删除

(1) 在材质窗口，选中要删除的材质球，然后按 Delete 键删除。

(2) 在对象窗口，单击材质的标签，然后按 Delete 键删除，如图 6-3 所示。

图 6-3

6.4 材质编辑器

在 C4D 中要想设置材质及贴图，需要用到“材质编辑器”。在“材质窗口”双击已建的材质球，会弹出“材质编辑器”面板，“材质编辑器”分为两部分，左边为材质预览区和材质通道，右侧为通道属性，如图 6-4 所示。

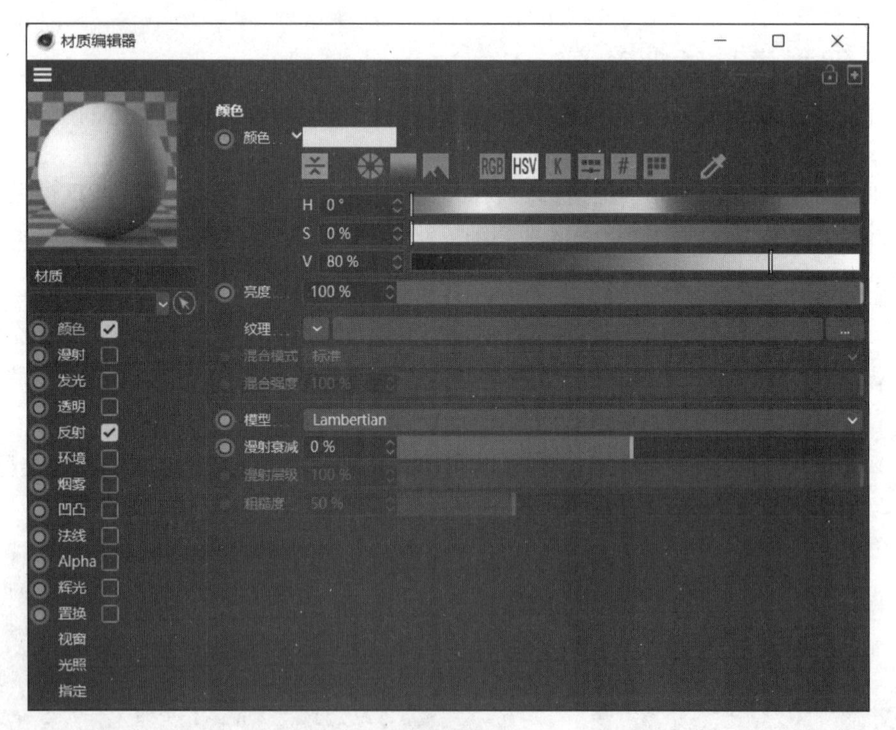

图 6-4

6.4.1 颜色

“颜色通道”用于设置材质的固有色属性，也可以为材质添加纹理贴图，如图 6-5 所示。

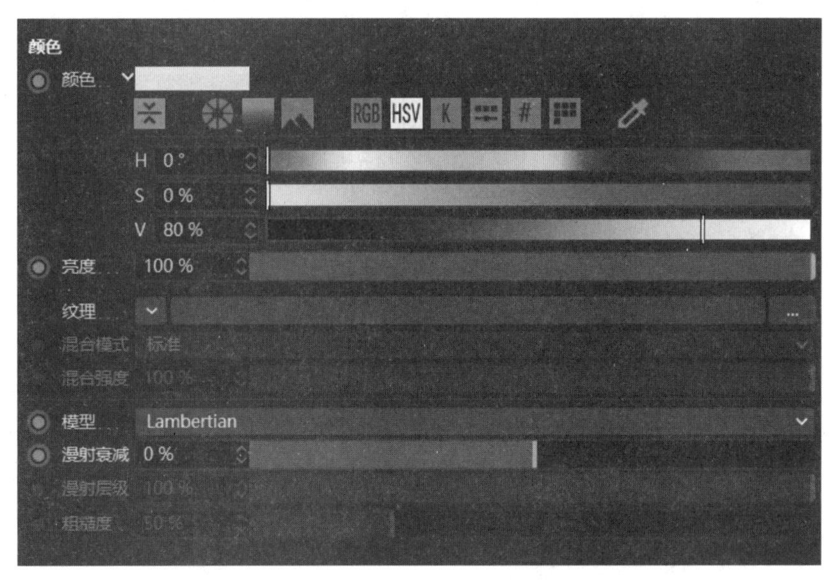

图　6-5

颜色：定义材质的颜色值。

亮度：定义材质颜色的明度值，亮度，默认为 100%，亮度越小，颜色明度越暗。

纹理：纹理有两种，程序自带纹理和外部加载贴图。后面详细介绍纹理的使用方法。

模型：表面着色的模式。

混合模式：添加纹理后，该属性被启用，可用于设置纹理与颜色的混合模式。

混合强度：定义纹理不透明度与颜色明度之间的混合比例。

6.4.2　漫射通道

“漫射通道”需要与其他通道合用才有效果，不影响颜色，影响明暗，如图 6-6 所示。

图　6-6

影响发光：勾选影响发光，漫射的亮度会影响发光的强度；亮度越小，发光强度越弱。

影响高光：勾选影响高光，漫射的亮度会影响高光的强度；亮度越小，高光强度越弱。

影响反射：勾选影响反射，漫射的亮度会影响反射的强度；亮度越小，反射强度越弱。

纹理：纹理贴图只识别黑白信息。

6.4.3　发光通道

“发光通道”主要用于物体的自发光、物体照明和制作天空的照明，如图 6-7 所示。

开启“发光通道”后，在颜色通道里设置的颜色就会失效。

图 6-7

颜色：设置材质的自发光颜色。

亮度：设置材质的自发光亮度。

纹理：用加载的贴图显示自发光效果。

1. 物体自发光

进入“属性”面板，调整“颜色”参数可以改变发光的颜色，如图 6-8 所示。

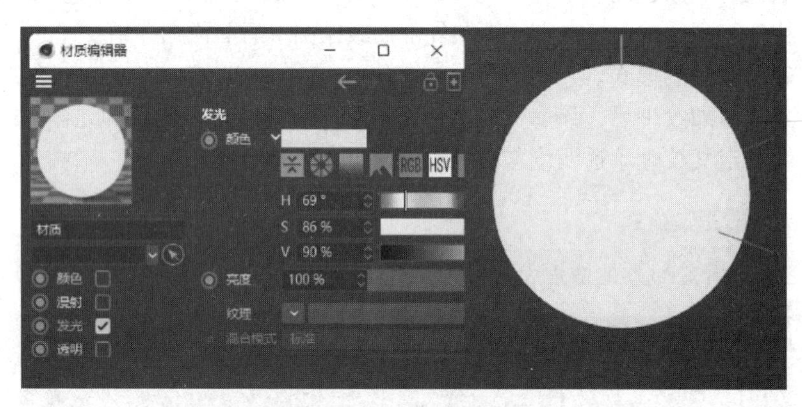

图 6-8

2. 物体照明

进入“属性”面板，调整发光的颜色，在“渲染设置”中添加“全局光照”效果，可以让物体提供照明功能，调整前后的效果分别如图 6-9（a）和（b）所示。

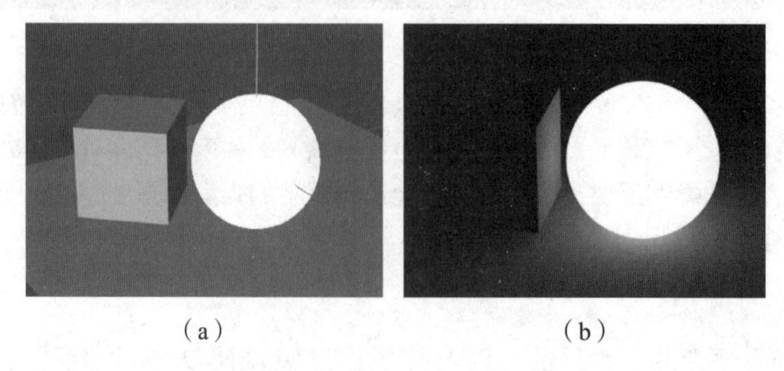

（a）　　（b）

图 6-9

3. 制作天空的照明

进入“属性”面板，给“纹理”加载图像（扩展名为 .hdr），把材质球赋给“天空”，在“渲染设置”中添加“全局光照”效果，模拟光照空间，如图 6-10 所示。

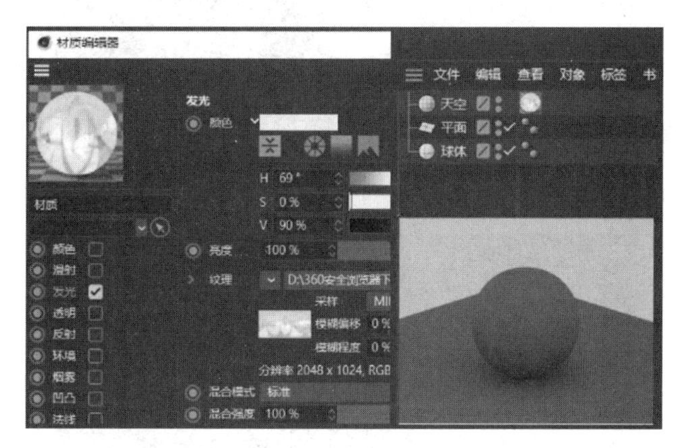

图 6-10

6.4.4 透明通道

“透明通道”用于设置材质的透明和半透明效果，如图 6-11 所示。

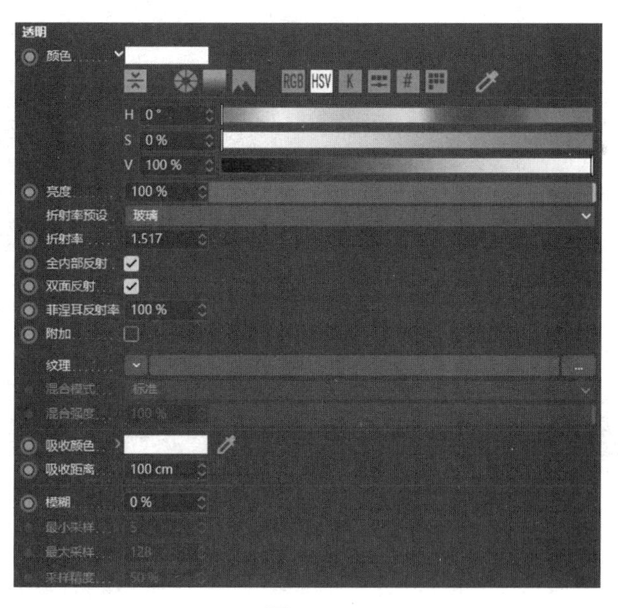

图 6-11

颜色：设置材质的折射颜色。折射的颜色越接近白色，材质越透明，设置前后的效果分别如图 6-12（a）和（b）所示。

亮度：设置材质的透明程度，数值越大越透明，数值越小越不透明。

折射率预设：设置材质的折射率预设，不同透明材质有不同的折射率。

折射率：可以通过输入数值设置材质的折射率。

全内部反射：就是物体内部的反射，如图 6-13 所示。

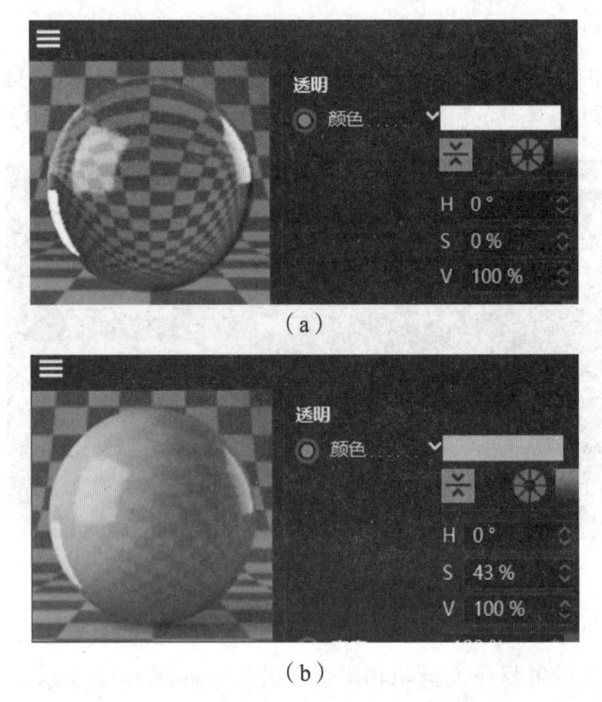

（a）

（b）

图 6-12

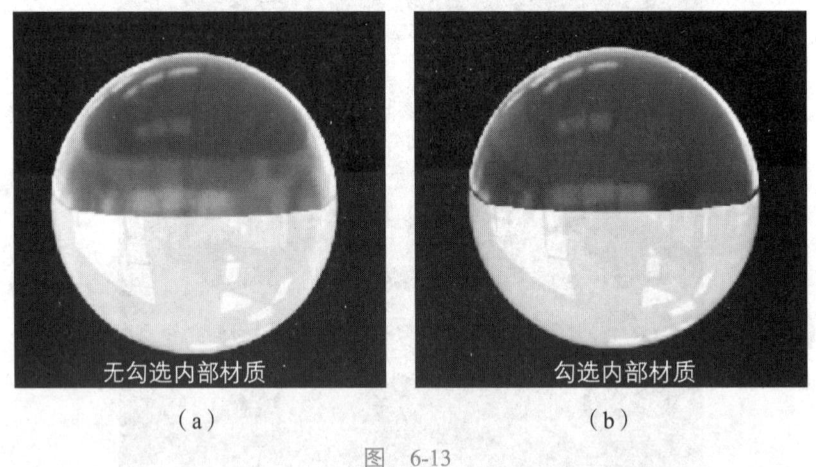

（a）　　（b）

图 6-13

菲涅耳反射率：当勾选“全内部反射”复选框后才可用。该参数用于设置反射程度。

附加：勾选该复选框后，颜色才会对材质有影响。

吸收颜色：当物体距离过远，光线已无法穿透物体，此时物体所显示的颜色。

吸收距离：物体在多少厘米以内，可被光穿透，超过距离即吸收以上设置的颜色。

模糊：设置模糊的程度。默认是0，会让物体看起来比较清透。如果调整的数字比较大，就会让物体有磨砂感。

6.4.5 反射通道

“反射通道”用于设置材质的反射程度和反射效果，反射通道的默认参数有“层”“默认高光”等，如图 6-14 所示。

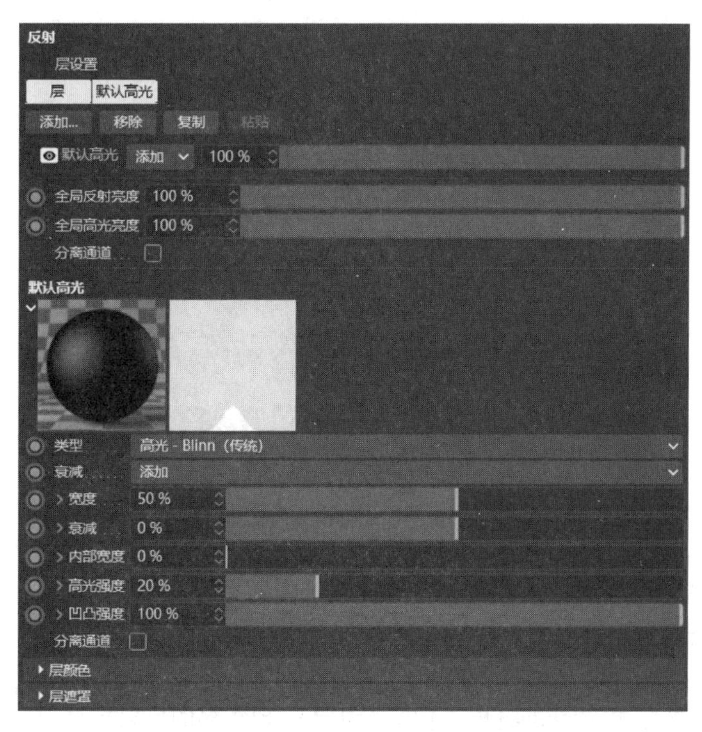

图　6-14

1. 层

表示反射和高光并存的方式，通过上下层的关系来呈现，如图 6-15 所示。

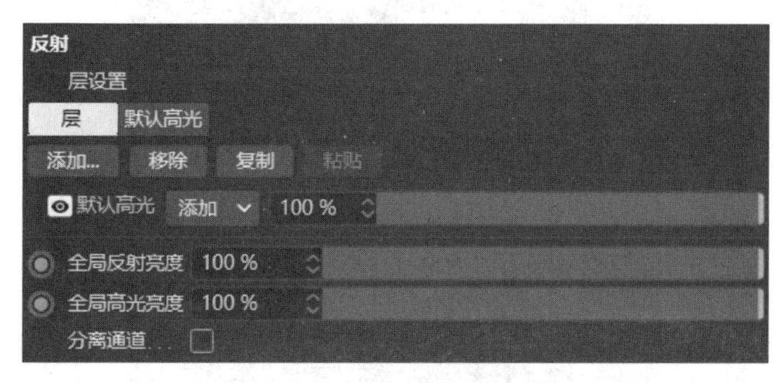

图　6-15

添加：可以选择不同的高光或反射的类型，如图 6-16 所示。软件中预置了 11 种类型，在实际应用中使用率最高的是 GGX 类型。需要注意的是，新添加的类型默认以“层 1”“层 2”的名称命名并依次显示在“层”的右侧，可以自行重命名，可以复制、移除、复制、粘贴层，也可以拖曳改变图层的顺序，如图 6-17 所示。

本小节只介绍在实际应用中使用率最高的 GGX 类型的各选项。

全局反射亮度：用于调整所有反射层的强度。

全局高光亮度：用于所有反射层的总体高光亮度调整。

Beckmann：默认类型，这是 Cinema 4D 用于模拟常规物体表面的反射类型，适用于大部分情况。

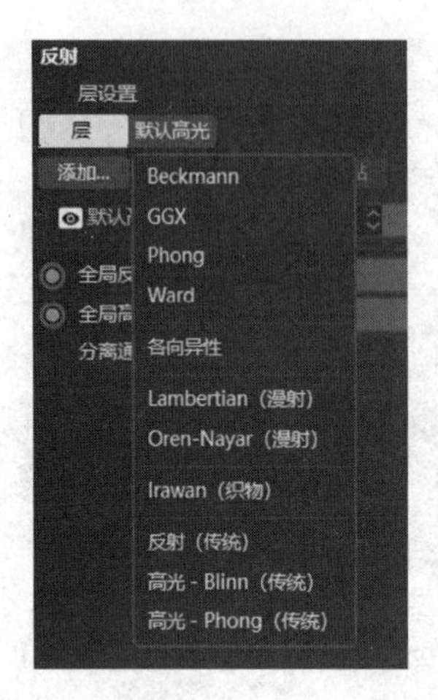

图 6-16

图 6-17

GGX：这是一种适合表现金属质感的反射类型。

Phong：这是一种适合表现表面高光和光线渐变的类型。

Ward：适合表现软表面的反射情况，如橡胶、塑料等。

各向异性：表现特定方向的反射光，如拉丝金属。

Irawan（织物）：更特殊的各向异性，专用于表现布料的反射类型。

2. GGX 类型属性

GGX 类型属性如图 6-18 所示。

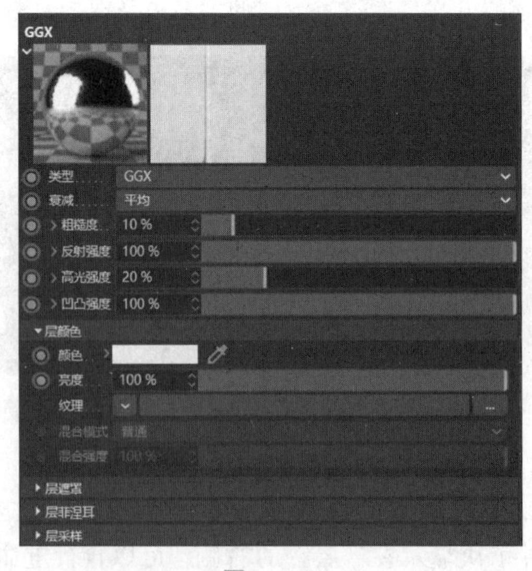

图 6-18

衰减：用来控制“颜色通道”和当前反射层里的“层颜色”混合的变化。

粗糙度：用于控制物体表面粗糙程度。

反射强度：反射强度是反射光线的强度，默认值为 100%，为完全反射，相当于镜子效果。

高光强度：设置材质表面高光部分的强度，数值越大高光越明显。

凹凸强度：用于反射和高光范围内实现凹凸效果。

层颜色：设置材质的反射颜色，通常用来调节有色金属的颜色，默认为白色。

层遮罩：用来为一个反射层创建 Alpha 通道，它决定了该层的可见性。遮罩中白色表示不会遮盖，黑色则表示完全遮盖，灰色则根据其亮度决定层的不透明度。

层菲涅耳：设置材质的菲涅耳属性，有“无”“绝缘体”“导体”3 种类型，如图 6-19 所示。而在实时制作材质时，选择“菲涅耳”的类型都可以起到使材质更加真实的效果。

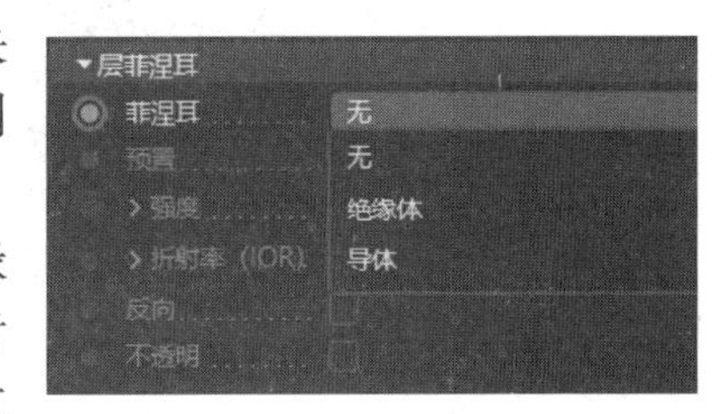

图　6-19

6.4.6　环境通道

环境通道是给材质球赋予虚拟的环境，当作物体的反射来源，如图 6-20 所示。

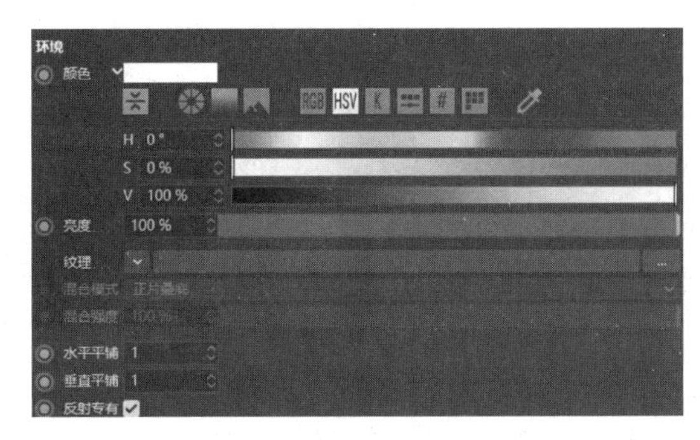

图　6-20

实战案例：环境通道应用

环境通道

【步骤 1】打开 CH5 → 场景文件 → hj.c4d 文件，如图 6-21 所示。

【步骤 2】新建材质，只保留“环境通道”，赋予“球体”对象，渲染后效果如图 6-22 所示。

图　6-21

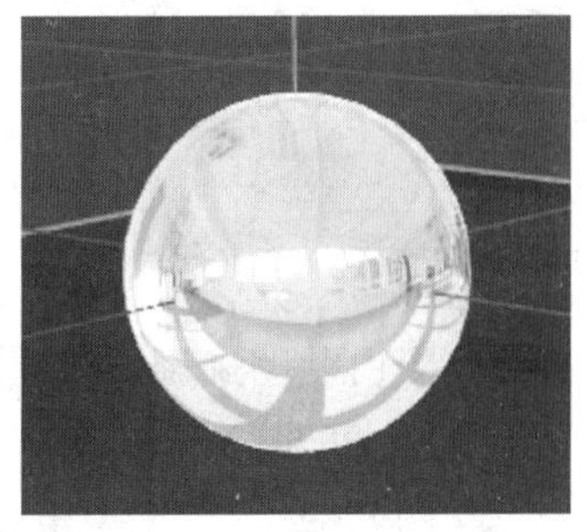

图　6-22

6.4.7　烟雾通道

“烟雾通道”与“环境”对象配合使用，将材质赋予“环境”对象，可使环境产生烟雾效果，如图 6-23 所示。

图 6-23

距离：设置物体在烟雾环境中的可见距离。

实战案例：烟雾通道应用

烟雾通道

【步骤 1】打开 CH5 →场景文件 → yw.c4d 文件，如图 6-24 所示。

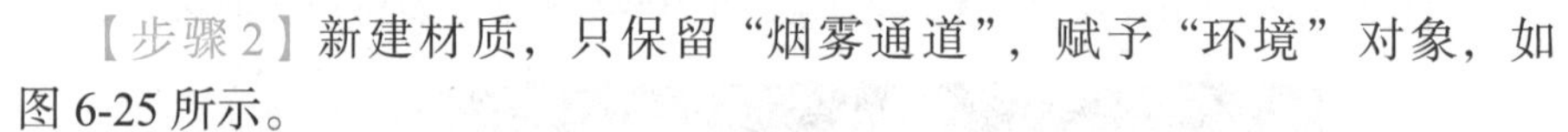

【步骤 2】新建材质，只保留“烟雾通道”，赋予“环境”对象，如图 6-25 所示。

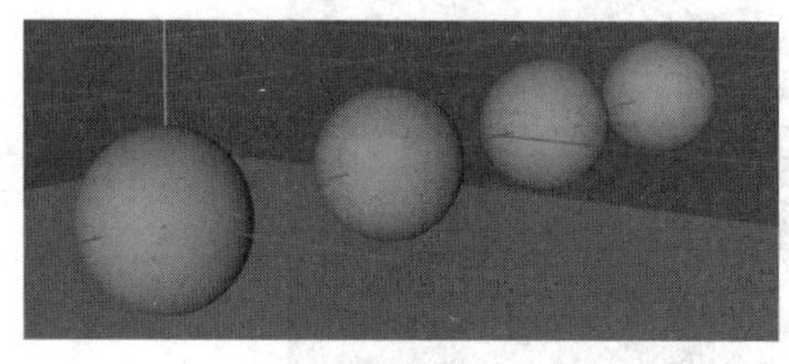

图 6-24

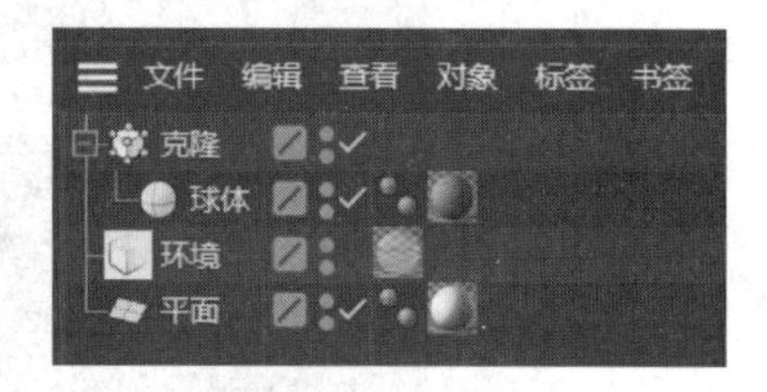

图 6-25

【步骤 3】修改“环境通道”中“距离”参数分别为 1500 和 3000 时的效果如图 6-26 和图 6-27 所示。

图 6-26

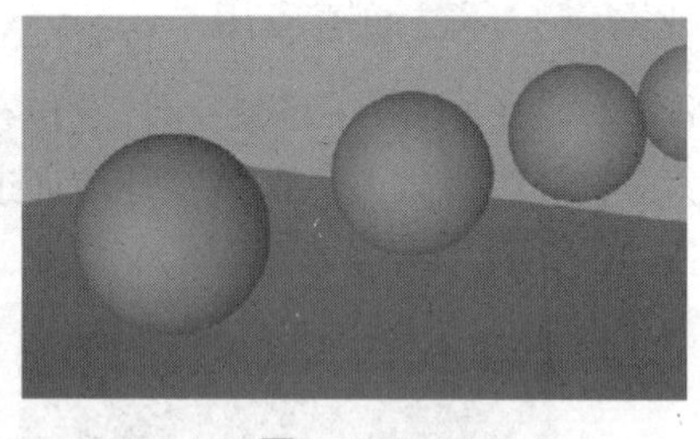

图 6-27

6.4.8 凹凸通道

凹凸通道是指使用黑白贴图来调节材质凹凸的效果，如图 6-28 所示。此凹凸只是视觉上的“凹凸”，是“假”凹凸。

图 6-28

强度：控制凹凸的程度，该参数分正、负，正值是凸出效果，负值是凹陷效果。

实战案例：凹凸通道的应用

新建一个砖红色的材质球，勾选“凹凸通道”，在“纹理”属性中选择“表面”→ 棋盘，当强度值为 100% 时，效果如图 6-29 所示，当强度为 −100% 时，效果如图 6-30 所示。

图　6-29

图　6-30

凹凸通道

6.4.9　法线通道

法线通道是指通过特定的法线贴图实现低面数模型改变为高面数模型和精模的结果，如图 6-31 所示。

图　6-31

实战案例：法线通道的应用

新建材质球赋予平面，勾选“法线通道”，在“纹理”属性中选择“加载图像”，选择法线贴图素材，渲染后效果如图 6-32 所示。

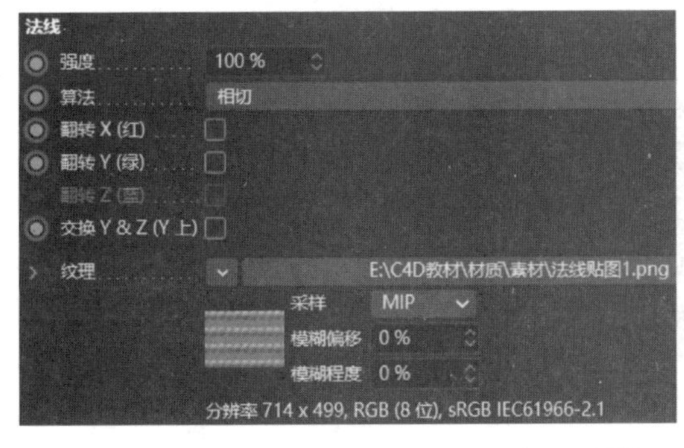

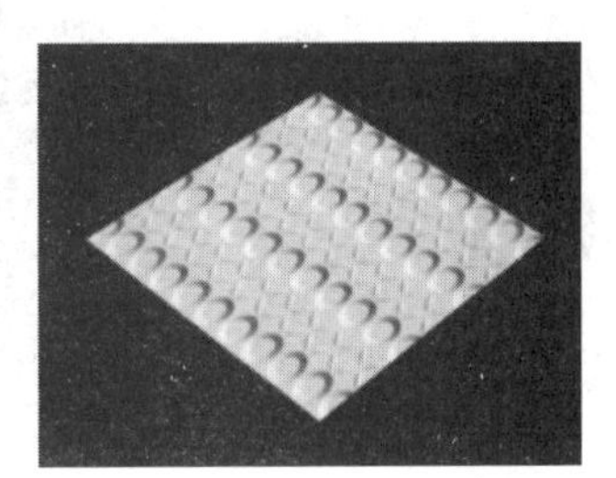

法线通道

图　6-32

6.4.10 Alpha 通道

Alpha 通道通过黑白纹理贴图来产生透明和不透明效果，如图 6-33 所示。白色表示不透明，黑色表示透明。

图 6-33

Alpha 通道

实战案例：Alpha 通道的应用

新建材质球赋予球体，勾选“Alpha 通道”，在“纹理”属性中选择“加载图像”，选择黑白贴图素材，渲染后效果如图 6-34 所示。

6.4.11 辉光通道

辉光通道能使模型产生发光效果，如图 6-35 所示。

图 6-34

图 6-35

实战案例：辉光通道的应用

辉光通道

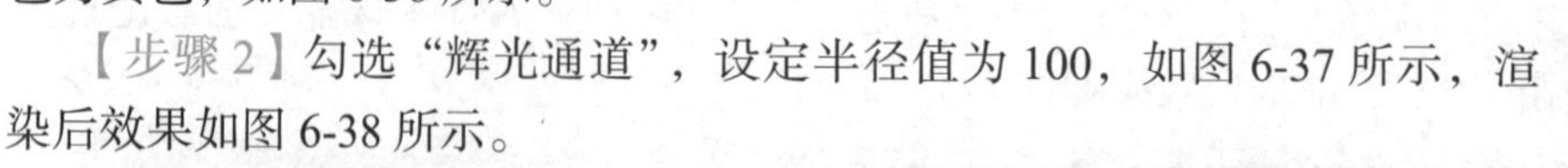

【步骤 1】新建材质球赋予一个球体，勾选“发光通道”，设定发光颜色为黄色，如图 6-36 所示。

【步骤 2】勾选“辉光通道”，设定半径值为 100，如图 6-37 所示，渲染后效果如图 6-38 所示。

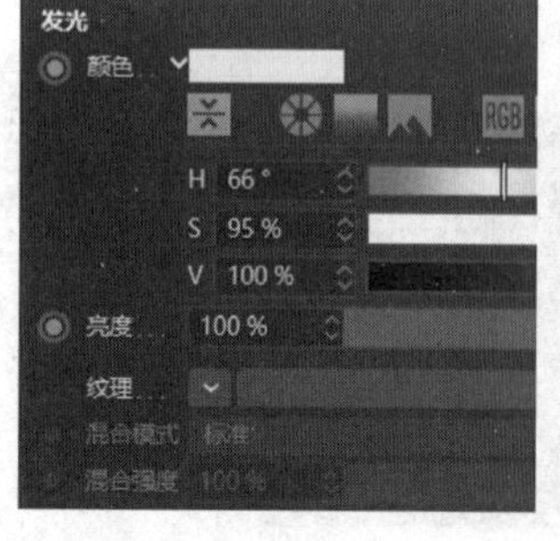

图 6-36

辉光

内部强度 100 %

外部强度 500 %

半径 100 cm

随机 0 %

频率 1

材质颜色

图 6-37

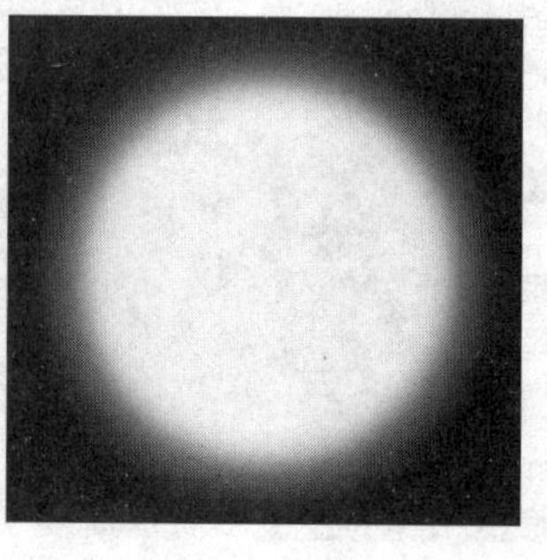

图 6-38

6.4.12 置换通道

置换通道是一种真正产生凹凸效果的通道，如图 6-39 所示。它比凹凸通道的实现效果更加真实。

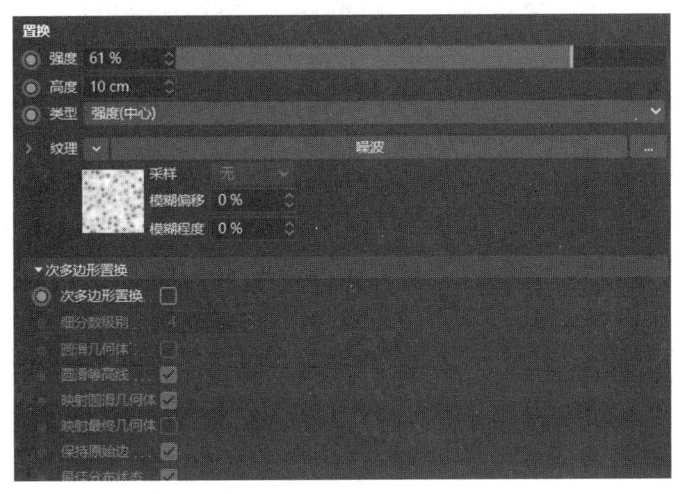

图 6-39

实战案例：置换通道的应用

新建一个材质球赋予球体，取消球体对象“理想渲染”属性，如图 6-40 所示，勾选“置换通道”，在“纹理”属性中选择“表面”→棋盘，如图 6-41 所示，渲染后效果如图 6-42 所示。

置换通道

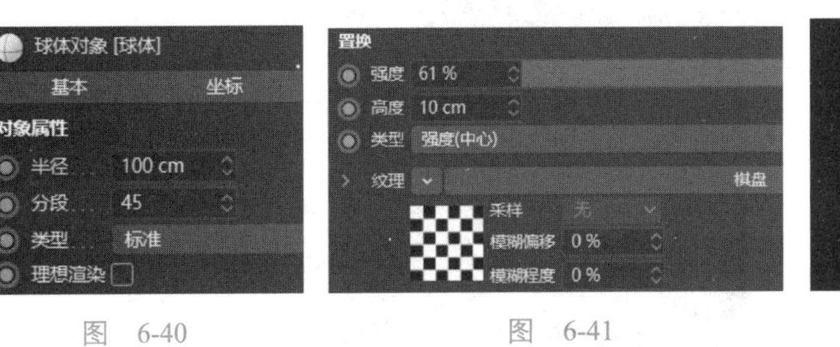

图 6-40　　图 6-41

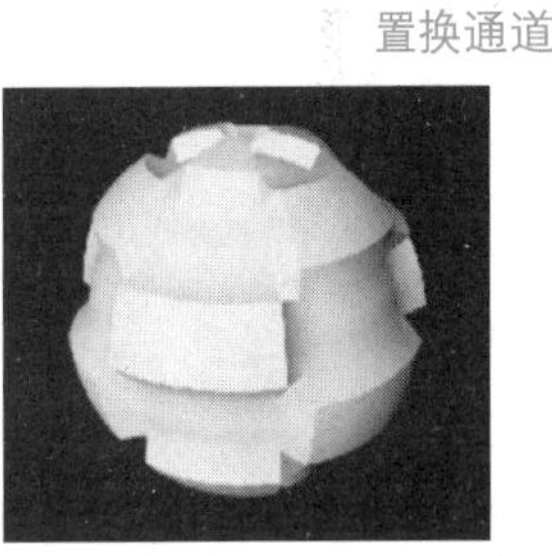

图 6-42

6.5 材质标签

场景中的对象被赋予材质后，对象窗口会出现材质标签，如果一个对象被赋予多个材质，会出现多个材质标签，如图 6-43 所示。

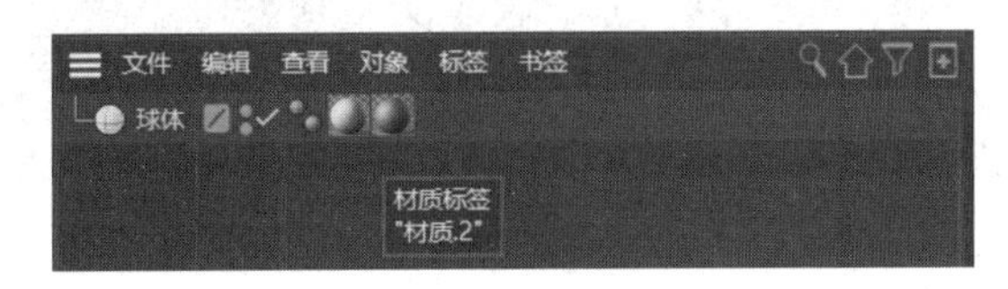

图 6-43

单击“材质”标签，可以打开“标签”属性面板，如图 6-44 所示。

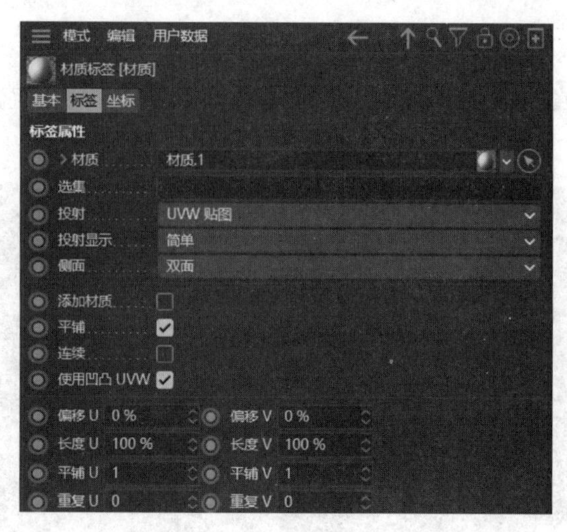

图 6-44

材质：单击“材质”左边的小三角，可以展开材质的属性面板，在这里可以对材质的颜色、亮度、反射、凹凸等参数进行调节。

选集：当创建了多边形选集后，可以把多边形选集拖曳到此处，这样只有多边形选集中的面才会指定该材质，通过这种方式可以为同一个对象指定不同的材质。

实战案例：材质标签选集的应用

【步骤 1】打开 CH5 → 场景文件 → xj.c4d 文件，按快捷键 C，把球体转为可编辑对象，切换到“面”模式，选择球体上半部分，如图 6-45 所示。

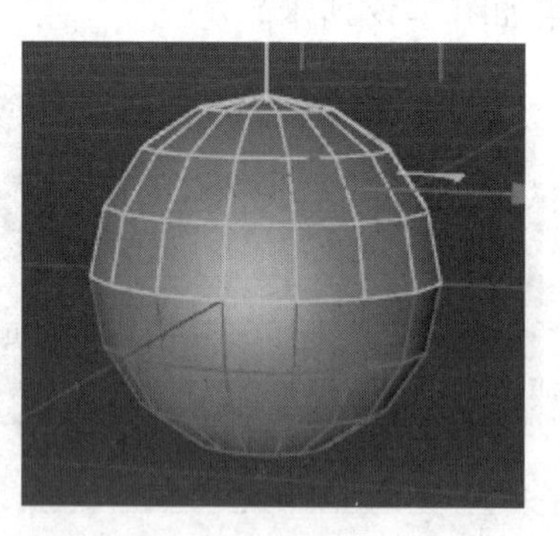

材质标签选集

图 6-45

【步骤 2】单击“选择菜单”→“设置选集”，对象窗口出现，如图 6-46 所示。

图 6-46

【步骤 3】把“多边形选集”标签拖曳到“选集”栏中，即可为“球体”上半部分赋予指定材质，如图 6-47 所示。

图 6-47

侧面：设置材质纹理贴图投射在对象上的方向，包含“双面”“正面”“背面”3 个选项，以通过在一个对象上指定两个材质，分别通过“正面”和“背面”来实现双面材质效果，如图 6-48 所示。

图 6-48

双面：材质投射到多边形的正反面上。
正面：材质投射到多边形的正（法线）面上。
背面：材质投射到多边形的背（非法线）面上。

实战案例：侧面属性的应用

【步骤 1】新建一个立方体，转为可编辑对象，切换到“面”模式，删除其中的一个面，如图 6-49 所示。

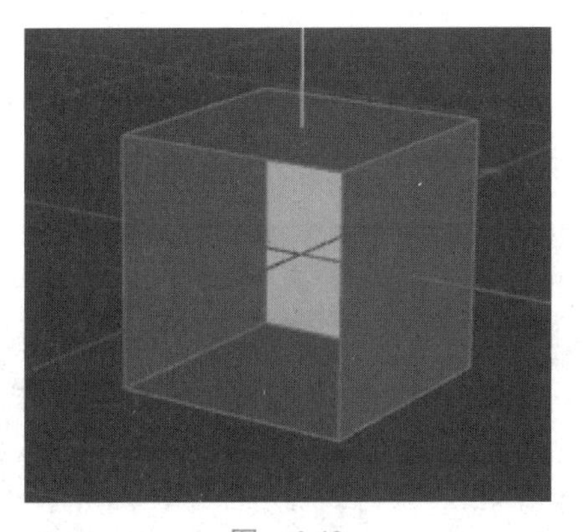

侧面

图 6-49

【步骤 2】新建一个绿色材质球，赋予立方体，属性分别为双面、正面、背面的效果如图 6-50 所示。

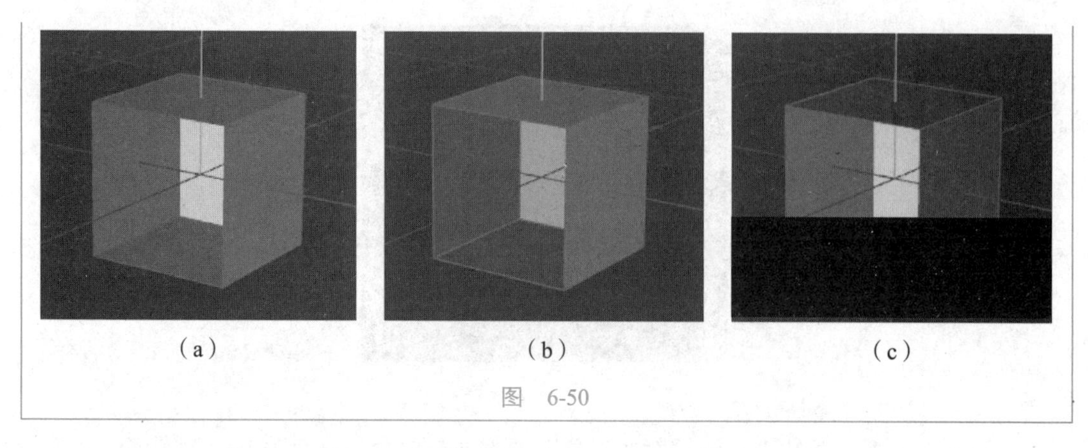

（a）　　（b）　　（c）

图　6-50

添加材质：当一个对象被指定了多个材质以后，新指定的材质会覆盖之前指定的材质，如新指定的材质是带有透明通道的材质，勾选“混合纹理”，透明区域将会透出之前指定的材质。

实战案例：混合纹理的应用

混合纹理

【步骤1】新建一个立方体，先给立方体赋予一个绿色材质，再给立方体赋予一个“纹理”为“棋盘”的透明材质，渲染效果如图6-51所示。

【步骤2】选择“透明材质”，勾选“添加材质”，渲染效果如图6-52所示。

图　6-51

图　6-52

投射：当材质有纹理贴图后，可以通过“投射”参数来设置纹理贴图以何种方式投射到对象模型上，C4D默认的材质投射方式是最常见的UVW贴图，其他投射方式有球状、柱状、平直、立方体、前沿、空间、收缩包裹、摄像机贴图，如图6-53所示。

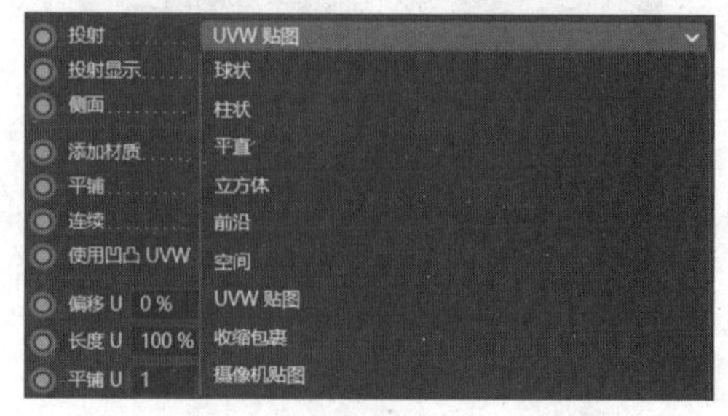

图　6-53

球状：将纹理贴图以球状投射到对象模型上。

柱状：将纹理贴图以柱状投射到对象模型上。

平直：将纹理贴图以平面的形式投射到对象模型上。

立方体：将纹理贴图投射到立方体的 6 个面上。

前沿：将纹理贴图以视图的视角投射到对象模型上，投射的贴图会随着视角的变换而变换。

空间：类似于“平直”投射，但不同于“平直”投射的是，纹理贴图在通过对象时，会进行向上和向左的拉伸。

UVW 贴图：C4D 默认的投射方式，所有对象模型都有 UVW 坐标，当将新的纹理贴图赋予对象时，投射类型就默认为“UVW 贴图”。

收缩包裹：纹理贴图的中心被固定到一点，余下的纹理贴图会被拉伸覆盖对象。

6.6　纹理贴图

单击“纹理”后方的按钮，可添加不同的纹理贴图，如图 6-54 所示。如要清除添加的纹理贴图，则单击“清除”选项。

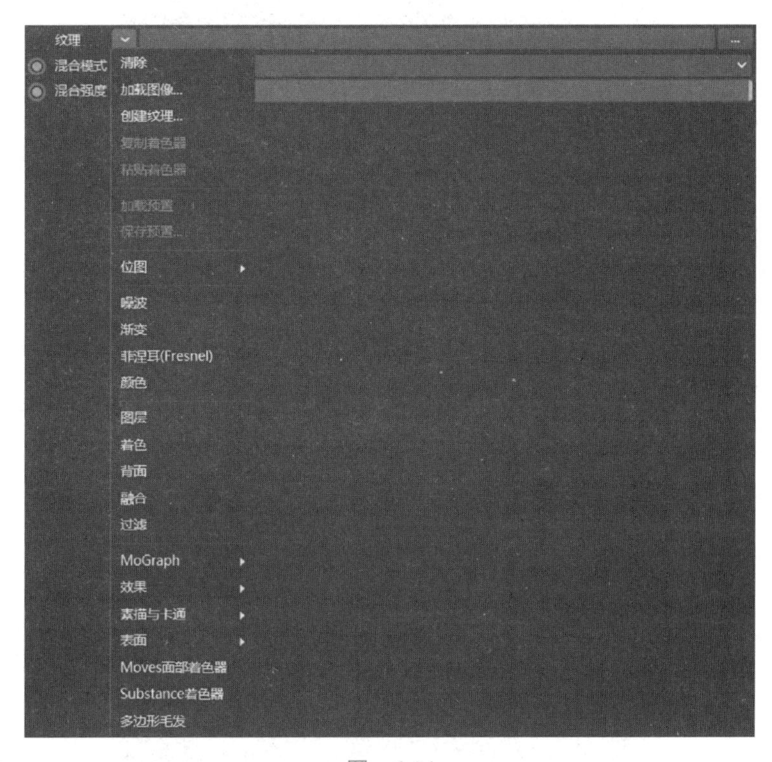

图　6-54

6.6.1　常用程序贴图

1. 噪波

噪波可以产生两种颜色交替的波纹效果，常用于模拟凹凸颗粒、水波纹和杂色等效果，在不同通道中有不同的用途，常用于“凹凸纹理”通道。双击“噪波”预览图，进入“着色器”选项卡，可以修改噪波的相关属性。如图 6-55 所示。

颜色 1/ 颜色 2：设置噪波的两种颜色，默认为黑色和白色。

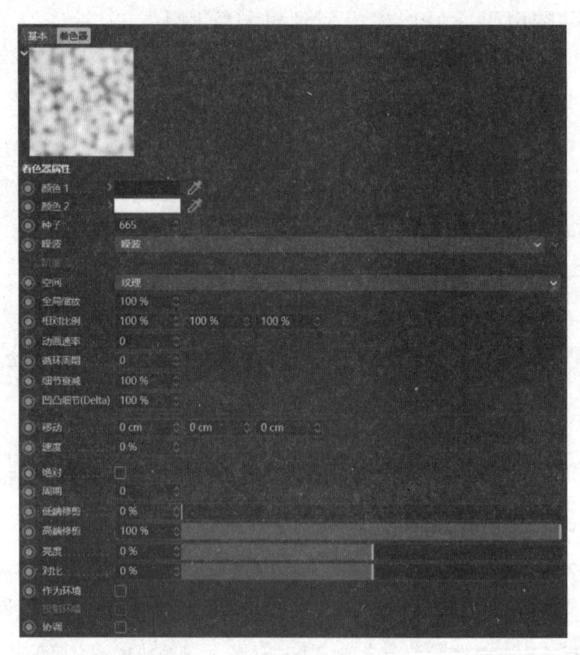

图 6-55

种子：随机显示不同的噪波。

噪波：内置多种噪波显示类型。

全局缩放：设置噪点的大小。

2. 渐变

渐变可以产生多种颜色按照某种方式进行渐变的效果，双击“渐变”预览图，进入“着色器”选项卡，可以修改渐变的相关属性，如图 6-56 所示。

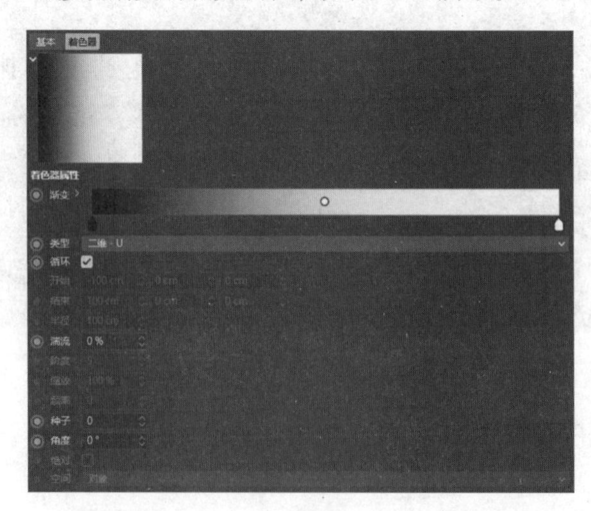

图 6-56

渐变：双击下方的滑块可以修改颜色，拖动滑块可以修改位置，在空白处单击还可以添加滑块，如图 6-57 所示。

类型：设置渐变的类型，不同的类型产生的渐变效果不同。

湍流：设置渐变颜色的混乱效果，值越大，混乱越强。

图　6-57

角度：设置渐变颜色的角度。

3. 图层

“图层”可以被视为一个混合图层的着色器，将各种图层和效果进行融合，从而形成一个复杂的贴图，如图 6-58 所示。

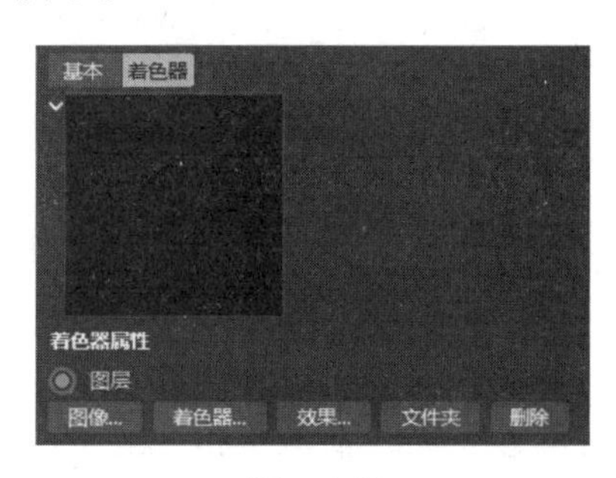

图　6-58

图像：单击此按钮，可以加载外部图片，形成一个单独图层。可添加多个图层，然后进行混合，如图 6-59 所示。

图　6-59

文件夹：单击此按钮，可以添加一个空白文件夹，以方便用户将图层进行分组。

删除：单击此按钮，可以删除选中的图层。

4. 表面

“表面”拥有许多纹理，能形成丰富的贴图效果，如图 6-60 所示。

云：常用于制作云朵贴图效果。

大理石：设置大理石纹理贴图、制作大理石地面等。

平铺：形成网格状贴图，常用于制作瓷砖和地板。

木材：设置木材纹理贴图。

棋盘：形成黑白相间的方格纹理。

砖块：形成砖块效果，常用于制作墙面和地面。

铁锈：形成金属铁锈效果。

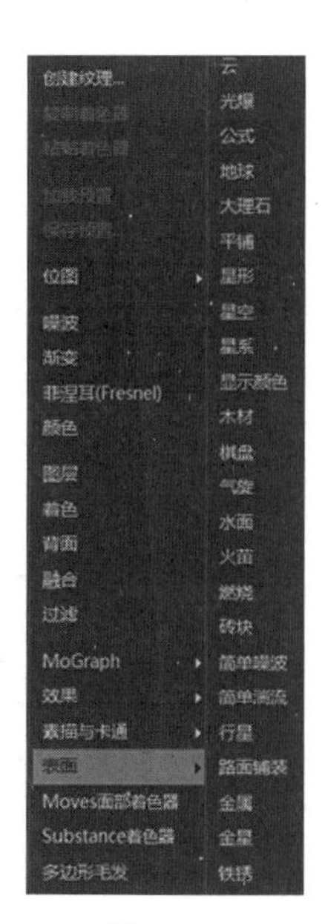

图　6-60

实战案例：玻璃材质的制作

案例路径：CH06 →工程文件→玻璃材质 .c4d。

本案例主要用圆柱体、圆盘和多边形制作吹风机模型，效果如图 6-61 所示。

图 6-61

【步骤 1】打开 CH06 →场景文件→玻璃 .c4d，新建材质球，设置颜色通道→纹理→大理石 .jpg，如图 6-62 所示。

图 6-62

【步骤 2】新建材质球 1，取消勾选“颜色通道”，勾选“透明通道”，设置“颜色”RGB 的值为（255,255,255），“折射率预设”为玻璃，“吸收颜色”RGB 值为（189,189,189），把材质球赋给水杯，效果如图 6-63 所示。

【步骤 3】复制材质球 1，命名为材质球 2，设置透明通道的“颜色”RGB 值为（255,255,255），“折射率预设”为玻璃，“吸收颜色”RGB 值为（189,116,0），把材质球赋给水，效果如图 6-64 所示。

图　6-63

图　6-64

拓展案例：制作可乐罐的贴图

案例路径：CH06 →工程文件→可乐罐 .c4d。

制作可乐罐贴图，效果如图 6-65 所示。

图　6-65

制作可乐罐

可乐罐彩图

第 7 章　渲染输出

Cinema 4D 渲染是指使用 Cinema 4D 软件的内置渲染引擎对创建的三维场景、模型和动画进行图像合成和最终输出的过程。它将场景中的光照、材质、纹理以及其他参数进行计算和处理，生成最终的高质量图像或动画序列。本章将介绍 Cinema 4D 的环境以及渲染工具和组。

重点知识

- 熟悉常用环境工具。
- 熟悉渲染工具的使用和设置。
- 掌握渲染输出的方法。

7.1　环境

如果想要渲染出真实的生活场景，除主体元素外，还可以添加地板、天空等自然场景元素。这些自然场景有地板、天空等。长按工具栏中的“地板”按钮，弹出场景工具组，如图 7-1 所示。

图　7-1

7.1.1　地板

“地板”工具通常用于在场景中创建一个没有边界的平面区域，使用时，不用调整大小，只调整角度即可。

7.1.2　天空

“天空”工具用于在场景中建立一个无限大的球体，通常需要给天空赋予一个材质，材质的发光通道添加 HDR 贴图，相当于给场景添加环境光，用于场景的照明，渲染后用于模拟日常生活中的真实环境。

实战案例：为场景添加环境光

为场景添加环境光

【步骤 1】创建一个新项目，添加“天空”对象，在材质窗口空白处双击，创建一个材质球，将材质球赋给天空，如图 7-2 所示。

【步骤 2】双击材质球，将颜色通道和反射通道禁用，启用发光通道，单击纹理后的三点按钮加载更多纹理，打开 CH7 → 素材 → kiara_ interior_2k.hdr 文件，如图 7-3 所示。渲染当前场景的效果如图 7-4 所示。

图　7-2

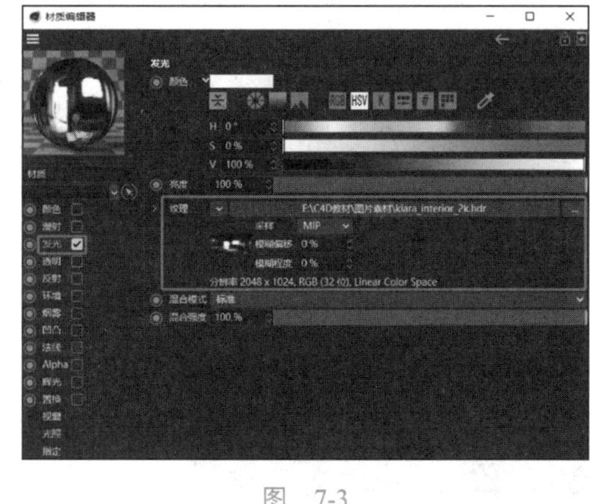

图　7-3

图　7-4

7.1.3　物理天空

“物理天空”用于模拟日常生活中的真实天空，可以通过其属性窗口的“时间与区域”“天空”“太阳’等选项卡参数，来设置不同地理位置和时间，效果也不同，如图 7-5 所示。

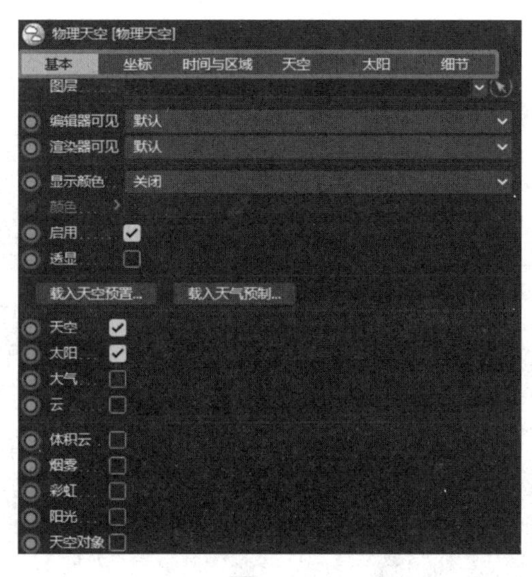

图　7-5

7.2　渲染工具

Cinema 4D 软件提供的“渲染工具”有“渲染活动视图”和“渲染到图片查看器”，如图 7-6 所示。

图 7-6

7.2.1 渲染活动视图

“渲染活动视图”工具的快捷键为 Ctrl+R，用于渲染当前视图，如图 7-7 所示。在渲染过程中，可以按 Esc 键或单击视图外的任意位置取消渲染。渲染完成后，可以在视图菜单中选择“查看”→“发送到图像查看器”命令，将渲染结果进行保存。

图 7-7

7.2.2 渲染到图片查看器

“渲染到图片查看器”工具的快捷键为 Shift+R，用于把当前场景渲染到图片查看器，可以通过图片查看器的菜单和快捷工具，对渲染场景进行保存等操作，只要 C4D 软件没有关，图片查看器右侧就会显示所有渲染历史，如图 7-8 所示。

图 7-8

长按“渲染到图片查看器”工具，会弹出子菜单，如图 7-9 所示。

1. 区域渲染

用于渲染场景的某个区域。选择该工具后，在视图中，拖曳鼠标并用左键框选视图窗口需要渲染的区域，画一个框以定义要渲染的区域。区域渲染适合检查局部区域的渲染效果，渲染速度快，节省时间，渲染前后的效果如图 7-10（a）和（b）所示。

图　7-9

（a）

（b）

图　7-10

2. 渲染激活对象

用于渲染场景中被选中的对象。在对象窗口选中要渲染的对象后，单击“渲染激活对象”即可渲染，渲染前后的效果如图 7-11（a）和（b）所示。

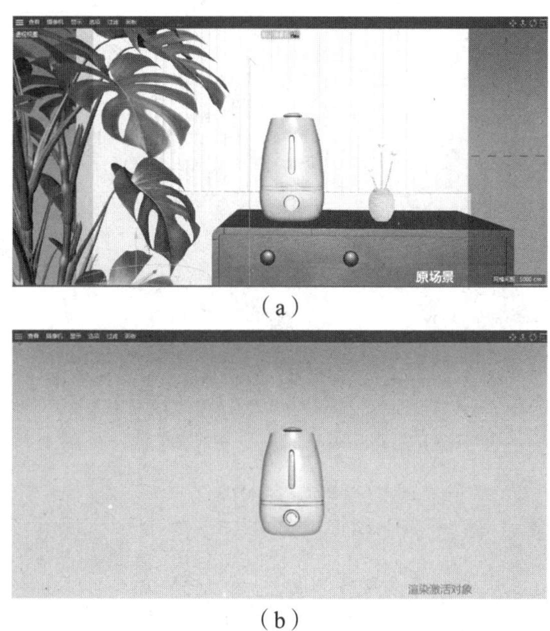

（a）

（b）

图　7-11

3. 交互式区域渲染

“交互式区域渲染”工具的快捷键为 Alt+R。使用该工具时，视图会出现一个交互区域，交互区域中的场景被实时渲染。可以通过交互区域的控制点，对交互区域范围进行缩放和移动操作。在交互框的右侧，有一个白色小三角图标▶，上下调节可以调整交互渲染的质量，如图 7-12 所示。

图 7-12

4. 添加到渲染队列

用于将当前场景添加到渲染队列的渲染作业列表中。当需要渲染的场景较多时可以使用此工具，将场景添加到渲染队列中后，再批量渲染。

5. 渲染队列

用于批量渲染加入队列的场景文件，参数设置如图 7-13 所示。

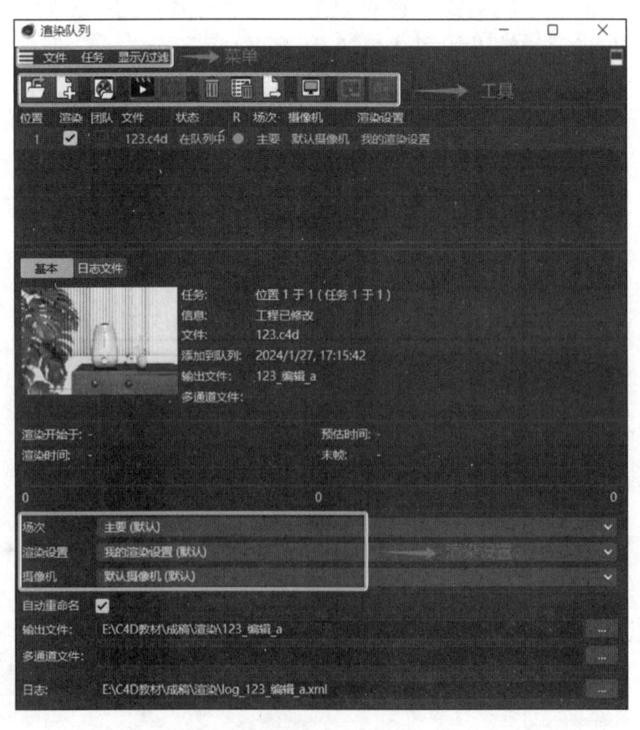

图 7-13

1）菜单

文件：导入场景文件。

任务：开始 / 停止渲染，或进行渲染设置等。

显示 / 过滤器：查看日志记录。

2）工具

打开：添加 1 个项目到渲染队列。

添加当前工程：将当前项目的上次保存的项目状态添加到渲染队列，开始首个工程渲染。

开始渲染 / 停止渲染：开始 / 停止当前渲染。

删除 / 删除全部：从列表中删除当前项目 / 删除渲染队列中所有任务。

编辑工程：在 C4D 中打开所选项目。

在图像查看器中打开：在图像查看器中显示渲染。

3）渲染设置

摄像机：选择渲染场景所使用的摄像机。

输出文件：渲染输出的存放路径，单击可指定存放路径。如果文件已经存在，新渲染的文件会覆盖原始文件。

多通道图像：多通道渲染输出文件的存放路径，单击可指定存放路径。

7.3 编辑渲染设置

在 C4D 项目渲染输出前，需要对渲染器进行一些设置，快捷键为 Ctrl+B，如图 7-14 所示。

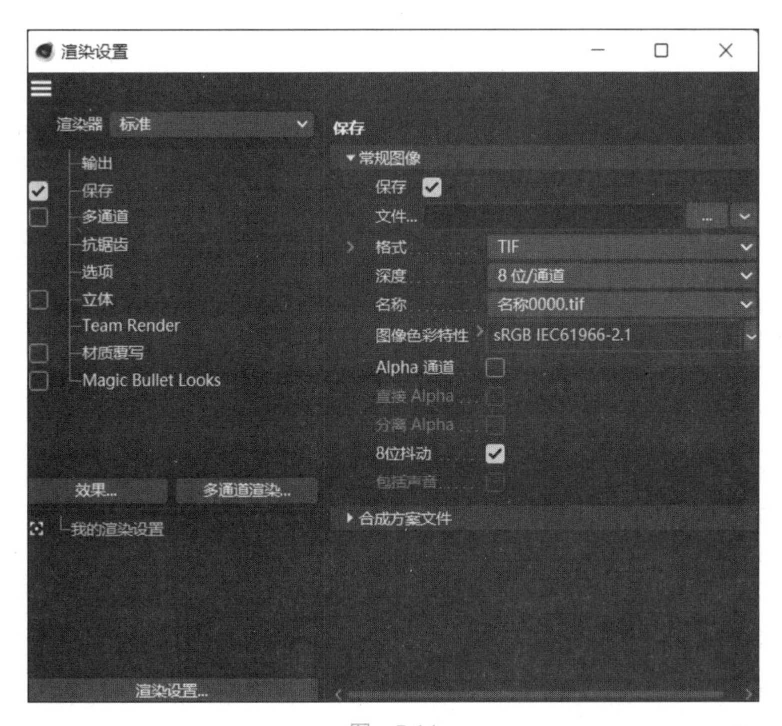

图 7-14

7.3.1 渲染器

用于设置 Cinema 4D 渲染时使用的渲染器，如图 7-15 所示。

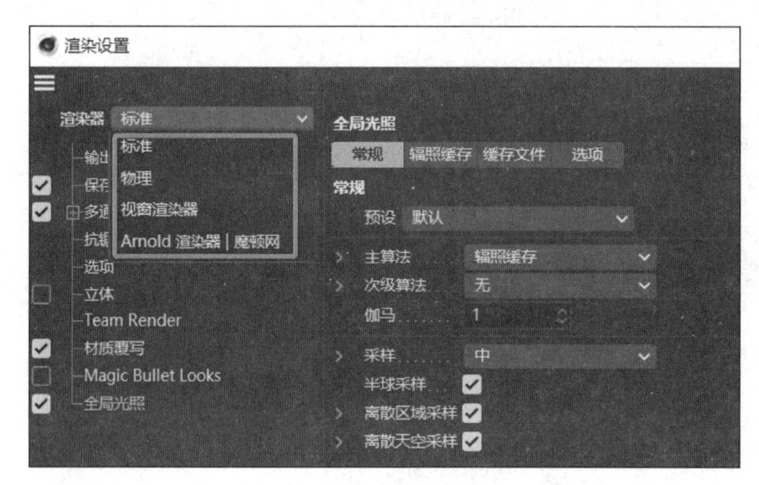

图 7-15

标准：使用 C4D 渲染引擎进行渲染，也是 C4D 默认渲染方式。
物理：基于物理学模拟的渲染方式，模拟真实的物理环境，渲染速度较慢。
视窗渲染器：使用软件进行渲染。
Arnold 渲染器或其他：可安装 Arnold 渲染器或其他渲染器来渲染 C4D 项目。

7.3.2 输出

渲染器输出参数，如图 7-16 所示。

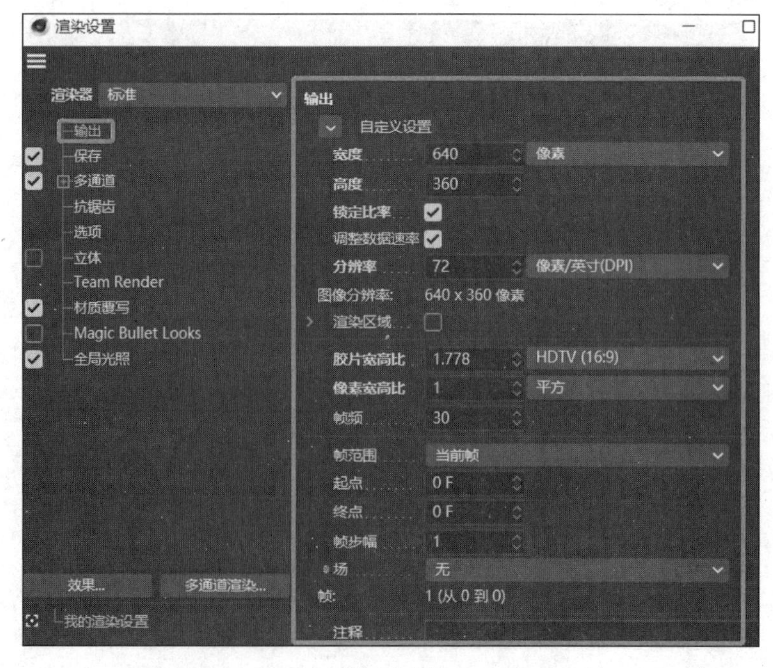

图 7-16

宽度 / 高度：定义输出图像的宽度和高度。

锁定比率：启用后，宽度和高度比率被锁定，改变其中一个值，另一个值也会等比例改变。

分辨率：定义图像导出时的分辨率，分辨率越高，图像质量越好，但渲染速度慢。

帧频：用于设置渲染的帧速率。

帧范围 / 起点 / 终点 / 帧步幅：用于设置动画渲染范围 / 起始帧 / 结束帧 / 帧步幅。

7.3.3　保存

用于图像渲染后保存设置，如图 7-17 所示。

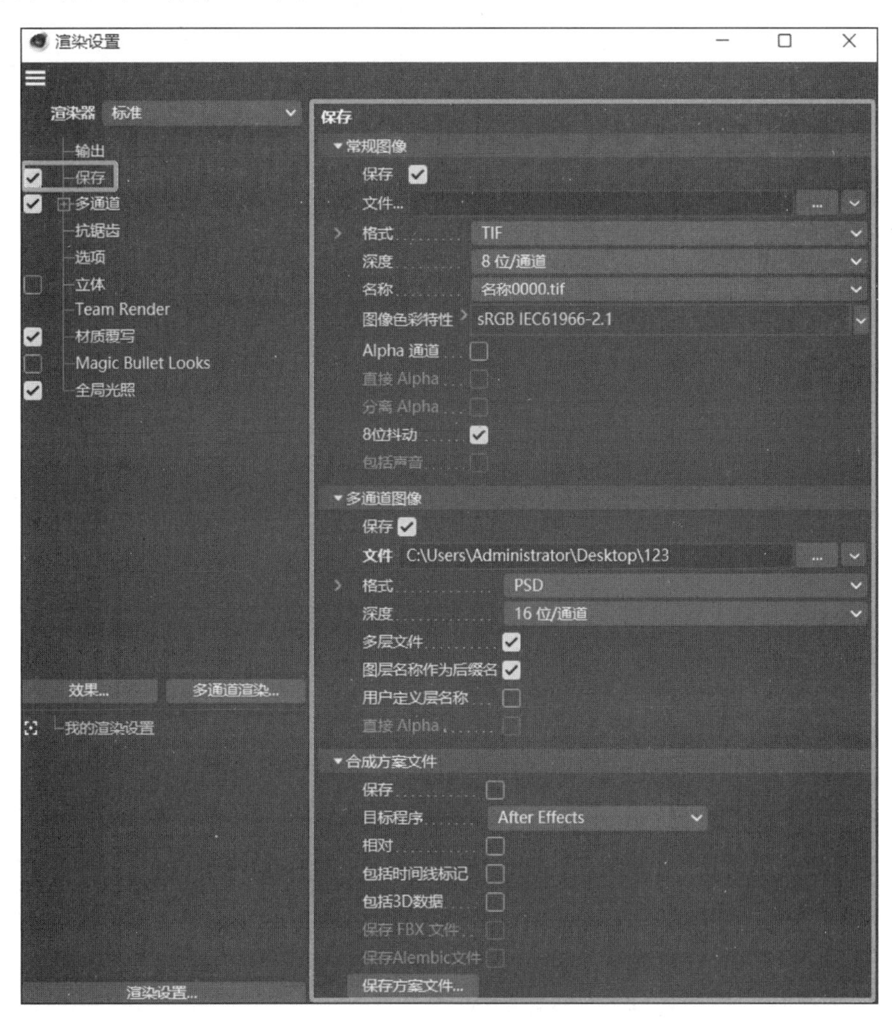

图　7-17

1. 常规图像和多通道图像

保存：启用后，渲染到图片查看器时，文件自动保存。

文件：设置文件保存的路径和名称。如没有设置路径和名称，则渲染文件保存在图片查看器中。

格式：定义渲染文件的保存格式。

深度：定义每个颜色通道的位深度。

名称：渲染动画时，定义序列文件的顺序编号。

Alpha 通道：启用后，渲染时会计算 Alpha 通道。设置该选项后，渲染的图像适合用于合成。

直接 Alpha：启用后，可以避免 Alpha 通道渲染时产生的深色接缝边框。

分离 Alpha：启用后，Alpha 通道与渲染图像分开保存。

8 位抖动：启用后，可以提高图像质量，但也会增加文件大小。

2. 合成方案文件

保存：定义是否保存合成文件。

目标程序：选择目标合成的应用程序，C4D 将以正确的格式自动输出合成文件。

7.3.4 多通道

启用多通道后，用于分层渲染输出，方便后期处理，如图 7-18 所示。

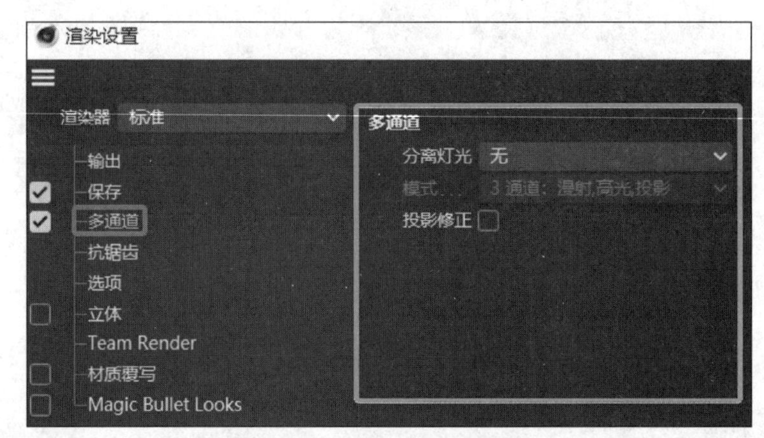

图 7-18

1. 分离灯光

设置将被分离的光源，如图 7-19 所示。

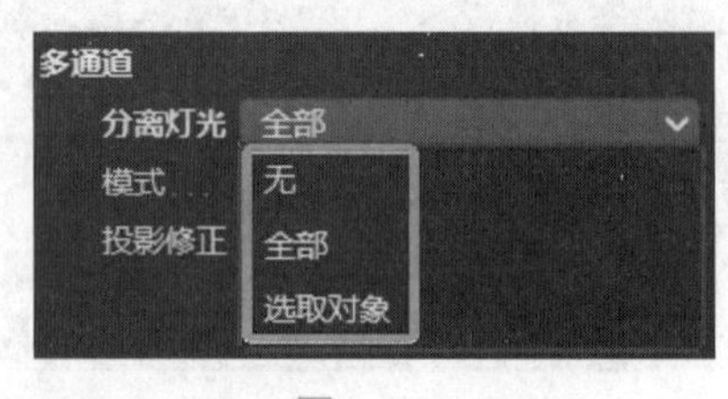

图 7-19

无：光源不会被分离为单独的图层。

全部：场景中所有光源将被分离为单独图层。

选取对象：将选取的通道分离为单独的图层。该选项需配合“多通道渲染”使用，在多通道渲染中选择要分层渲染的属性，并勾选，就可单独渲染属性的图层，如图 7-20 所示。

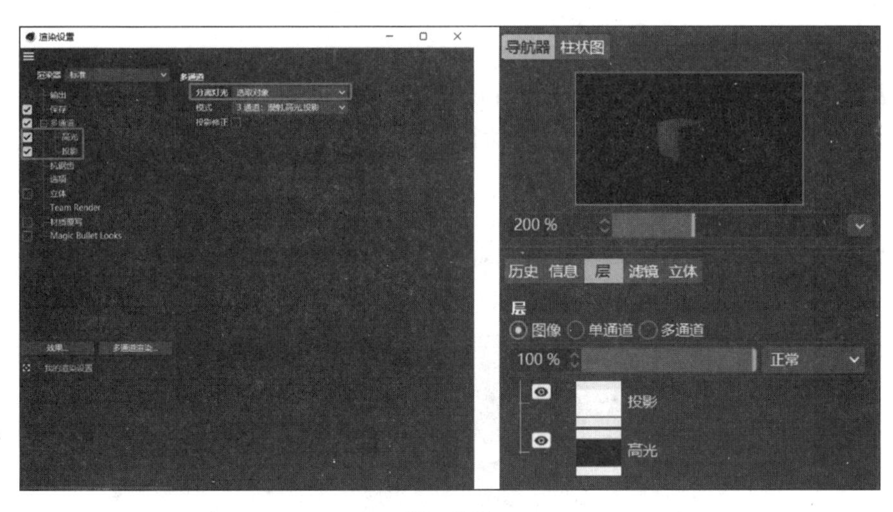

图 7-20

2. 模式

用于设置漫射、高光、投影分层渲染的模式，如图 7-21 所示。

1 通道：漫射 + 高光 + 投影是指给每个光源的漫射、高光、投影添加一个混合图层。

2 通道：漫射 + 高光，投影是指给每个光源的漫射和高光添加一个图层，投影添加一个图层。

3 通道：漫射，高光，投影是指给每个光源的漫射、高光、投影各添加一个图层。

7.3.5 抗锯齿

用来消除渲染图像的锯齿边缘，如图 7-22 所示。

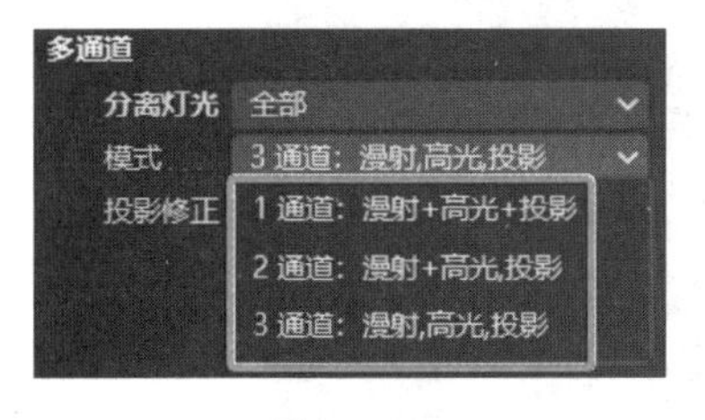

图 7-21

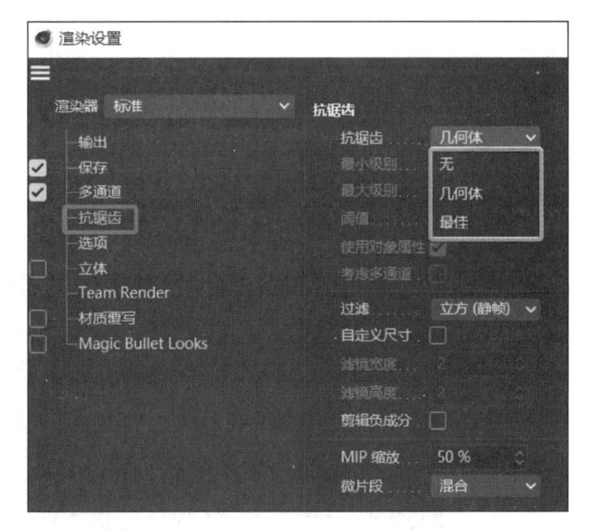

图 7-22

无：关闭抗锯齿功能，渲染时物体边缘有锯齿。

几何体：默认选项，渲染时物体边缘较为光滑。

最佳：开启颜色抗锯齿，柔化阴影边缘，物体边缘较平滑。

7.3.6 材质覆写

在渲染时，用简单的材质替换场景中复杂的材质，一般做白模渲染测试时用。特别是检查模型，测试布光时用，可以节省渲染时间。

7.3.7 效果

单击“效果”按钮或右击选项列表，添加渲染效果，如图 7-23 所示。

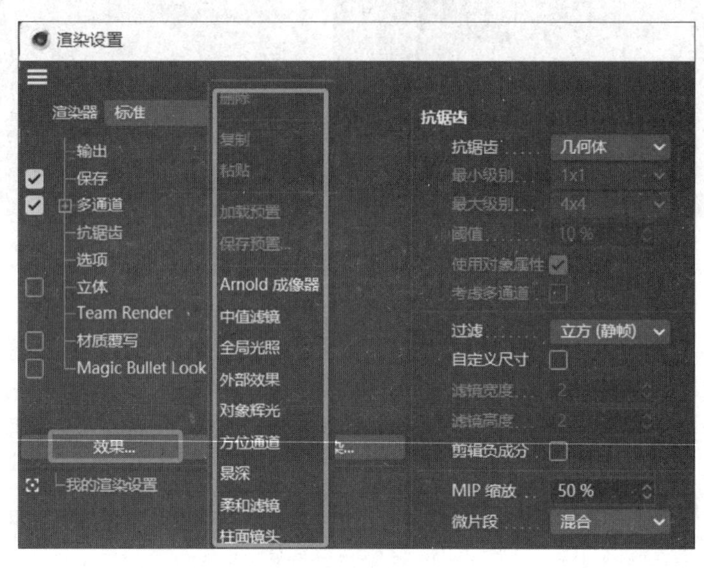

图 7-23

7.3.8 全局光照

全局光照简称 GI，用于模拟真实世界的光线反弹现象，使渲染效果更真实，但渲染速度会变慢，全局光照设置如图 7-24 所示。

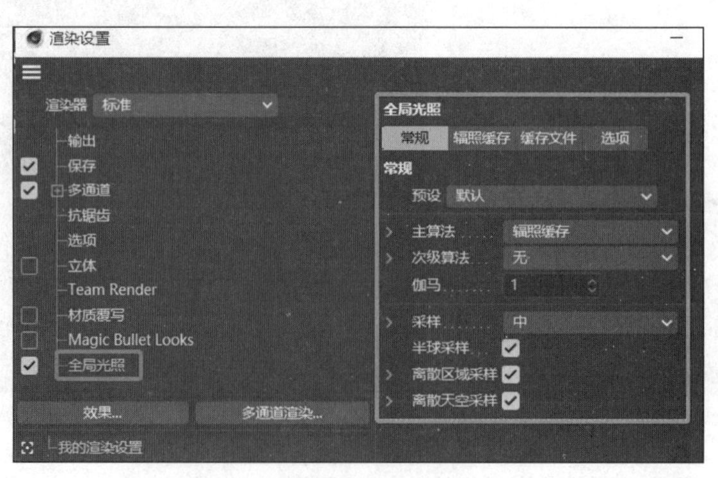

图 7-24

1. 常规

预设：因为渲染场景的环境不同，C4D 预设一些全局光照的类型，可根据需要选择。

2. 辐照缓存

用于调节模型角落阴影处的细节，让图片渲染质量更高。

3. 缓存文件

用于保存上次渲染时全局光照的数据，下次渲染时直接调用，节省渲染时间。

实战案例：全局光照的应用

全局光照

【步骤 1】打开 CH7 →场景文件 → 全局光照 .c4d 文件，渲染后如图 7-25 所示。

【步骤 2】单击“编辑渲染设置”工具，单击“效果”按钮，添加全局光照，渲染后如图 7-26 所示。

图 7-25

图 7-26

7.3.9 环境吸收

环境吸收是对物体相接处或物体本身折角处产生的阴影进行处理，增加阴影，使阴影效果更接近自然界的效果，更真实，环境吸收效果如图 7-27 所示。

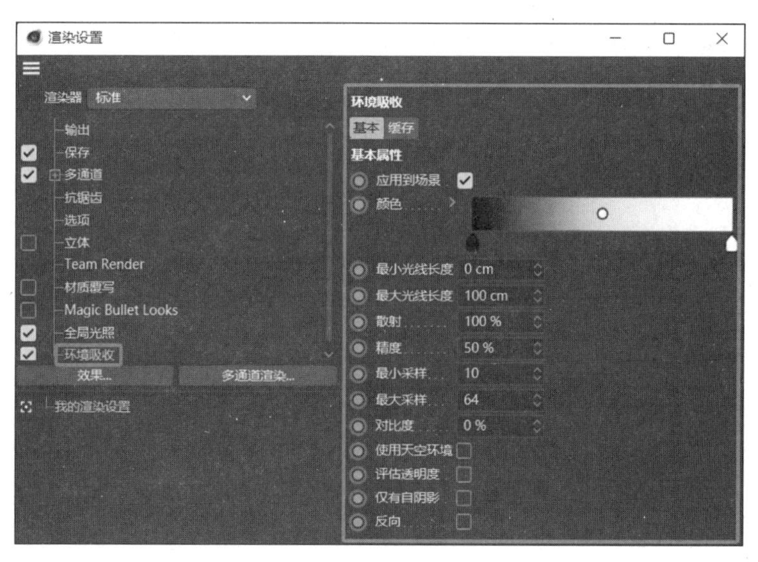

图 7-27

应用到场景：启用 / 禁用环境吸收。

颜色：用来设置投影颜色，可调整灰度来控制阴影的深浅，也可调整为其他颜色，如图 7-28 所示。

图 7-28

实战案例：环境吸收的应用

【步骤 1】打开 CH7 → 场景文件 → 环境吸收 .c4d 文件，渲染后如图 7-29 所示。

环境吸收

【步骤 2】单击“编辑渲染设置”工具，单击“效果”按钮，添加环境吸收，渲染后如图 7-30 所示。

图 7-29

图 7-30

7.3.10 景深

景深效果通常要与摄像机配合使用，摄像机的焦点对准某个对象，焦点区域将显示清晰，而它的前景 / 背景模糊，从而更好地突出焦点，景深效果参数如图 7-31 所示。

模糊强度：设置景深的模糊强度，数值越大模糊程度越高。

距离模糊：启用后，系统将计算摄影机的前景模糊和背景模糊的距离范围产生景深的效果。

背景模糊：启用后，焦点对象后面的物体产生模糊效果。

径向模糊：启用后，图像中心向四周产生径向模糊的效果。

自动对焦：启用后，将模拟真实摄像机的自动对焦功能。

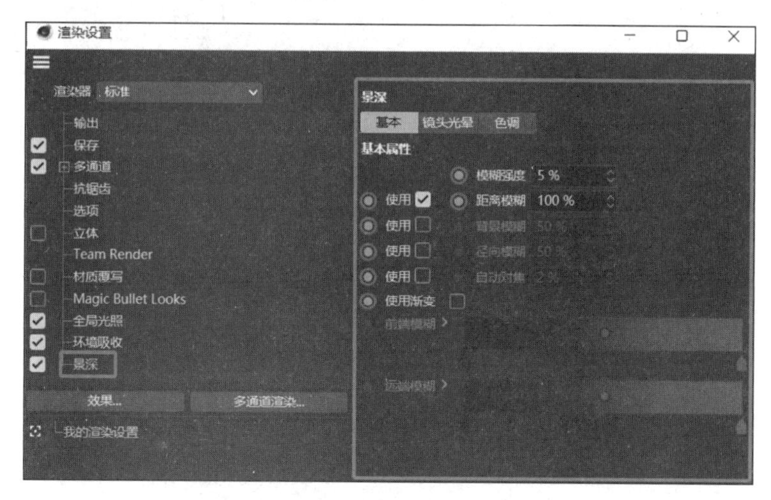

图　7-31

实战案例：景深的应用

1. 标准渲染器景深的应用

景深 1

【步骤 1】打开 CH7 → 场景文件 → 景深 .c4d 文件，单击“渲染设置”工具，选择“标准渲染器”，单击“效果”按钮，添加“景深”，修改“模糊强度”值为 15%，如图 7-32 所示。

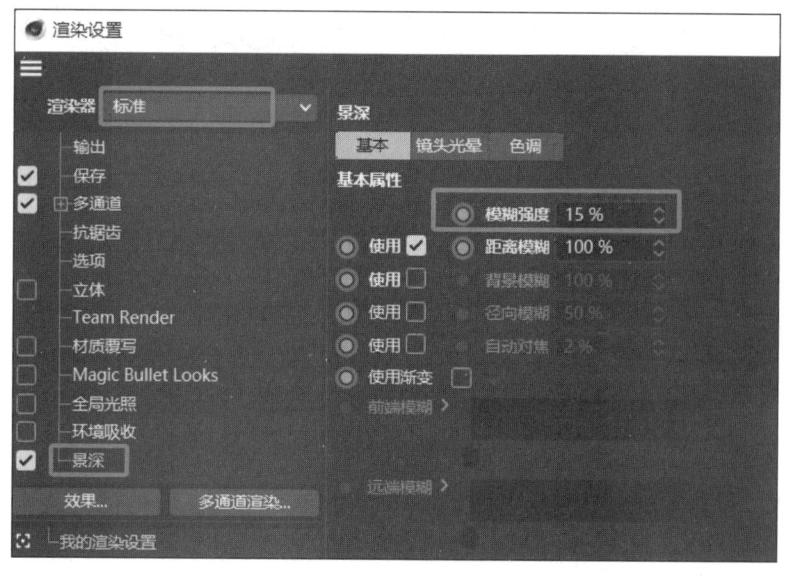

图　7-32

【步骤 2】给场景添加摄像机，启用摄像机，调整合适角度。单击“对象”选项卡，单击“焦点对象”参数栏后的“指定对象”按钮，选择场景中的立方体对象，或在“对象窗口”把立方体对象拖入参数框中，如图 7-33 所示。

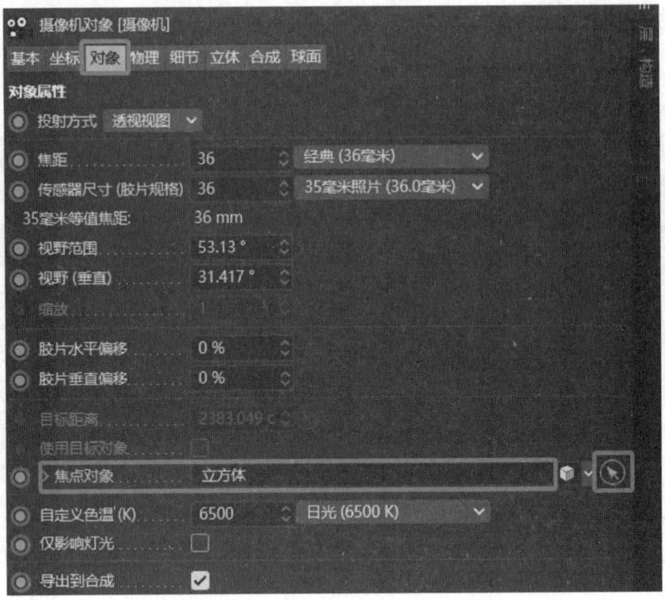

摄像机对象 [摄像机]
基本 坐标 对象 物理 细节 立体 合成 球面
对象属性
投射方式 透视视图
焦距 36 经典 (36毫米)
传感器尺寸 (胶片规格) 36 35毫米照片 (36.0毫米)
35毫米等值焦距: 36 mm
视野范围 53.13 °
视野 (垂直) 31.417 °
缩放 1
胶片水平偏移 0 %
胶片垂直偏移 0 %
目标距离 2383.049 c
使用目标对象
焦点对象 立方体
自定义色温 (K) 6500 日光 (6500 K)
仅影响灯光
导出到合成

图 7-33

【步骤 3】单击摄像机“细节”选项卡，只开启“景深映射 – 背景模糊”选项，渲染效果如图 7-34 所示。

图 7-34

2. 物理渲染器景深的应用

【步骤 1】打开 CH7 →场景文件→景深 .c4d 文件，单击“渲染设置”工具，选择“物理渲染器”，勾选“景深”，如图 7-35 所示。

【步骤 2】给场景添加摄像机，启用摄像机，把立方体对象拖入到焦点对象中。

景深 2

【步骤 3】单击摄像机“物理”选项卡，修改光圈的值，光圈值影响模糊程度，数值越小，光圈越大，效果越模糊，设置光圈的值为 0.1，如图 7-36 所示，渲染后效果如图 7-37 所示。

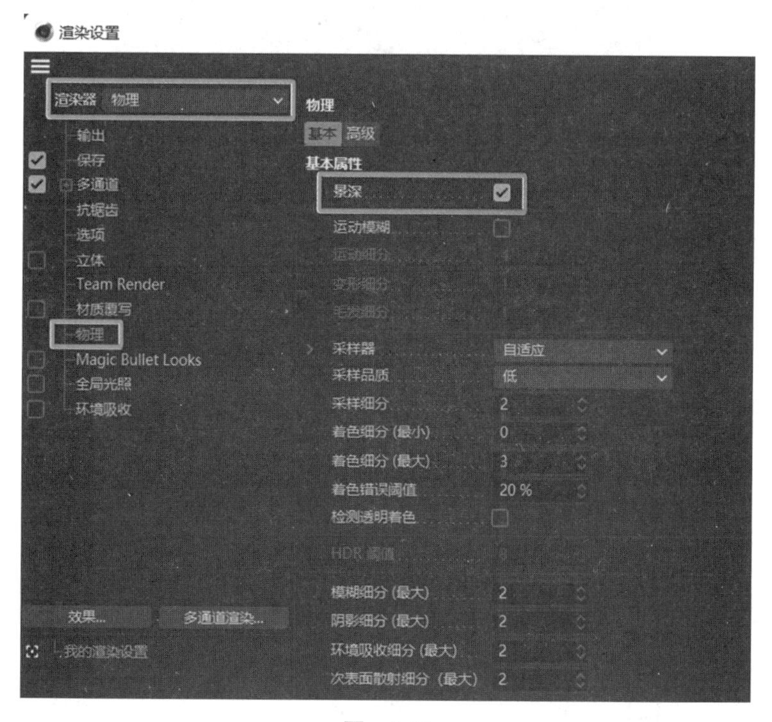

图　7-35

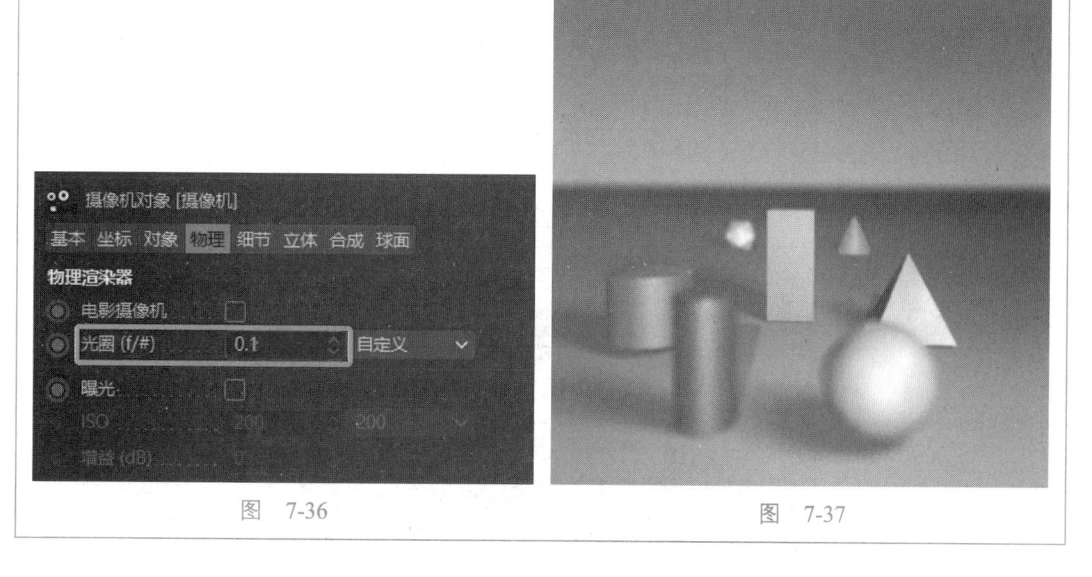

图　7-36　　　　图　7-37

7.3.11　焦散

焦散是指当光线穿过一个透明物体时，由于对象表面的不平整，使得光线折射并没有平行发生，出现漫折射，投影表面出现光子分散，参数设置如图 7-38 所示。

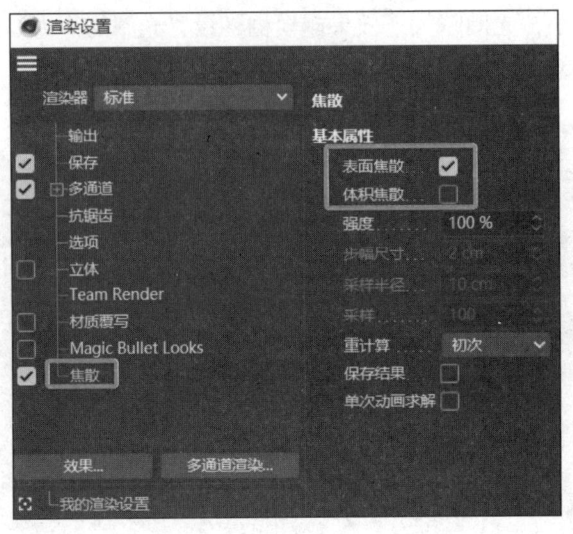

图 7-38

表面焦散：用于显示表面焦散效果。

体积焦散：光源有体积光时，显示体积光的焦散效果。

实战案例：家电海报渲染

案例路径：本书学习资料 CH7 → 工程文件 → 家电海报 .c4d

【步骤 1】打开 CH7 → 场景文件 → 家电海报 .c4d 文件，创建物理天空，选择“太阳”选项卡，启用“自定义颜色”，修改“强度”为 100%，“投影”→“类型”为区域光，“投影”→“密度”为 37%，如图 7-39 所示。选择“时间与区域”选项卡，时间如图 7-40 所示。

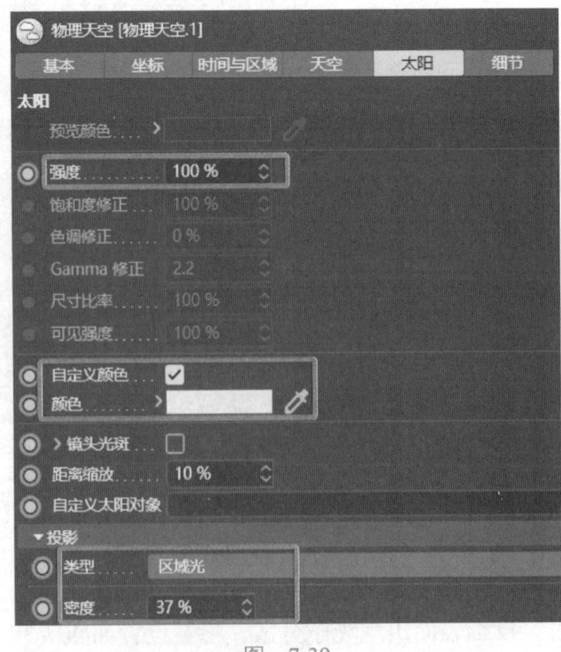

图 7-39

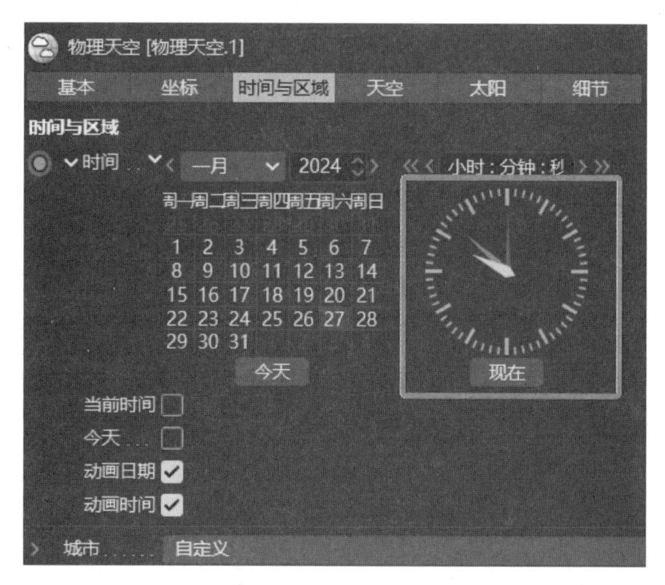

图　7-40

【步骤 2】创建一个区域光，调整“强度”为 31%,“投影”为无,“衰减”为平方倒数（物理精度），修改半径衰减，调整灯光位置到场景的左前方，如图 7-41 所示。

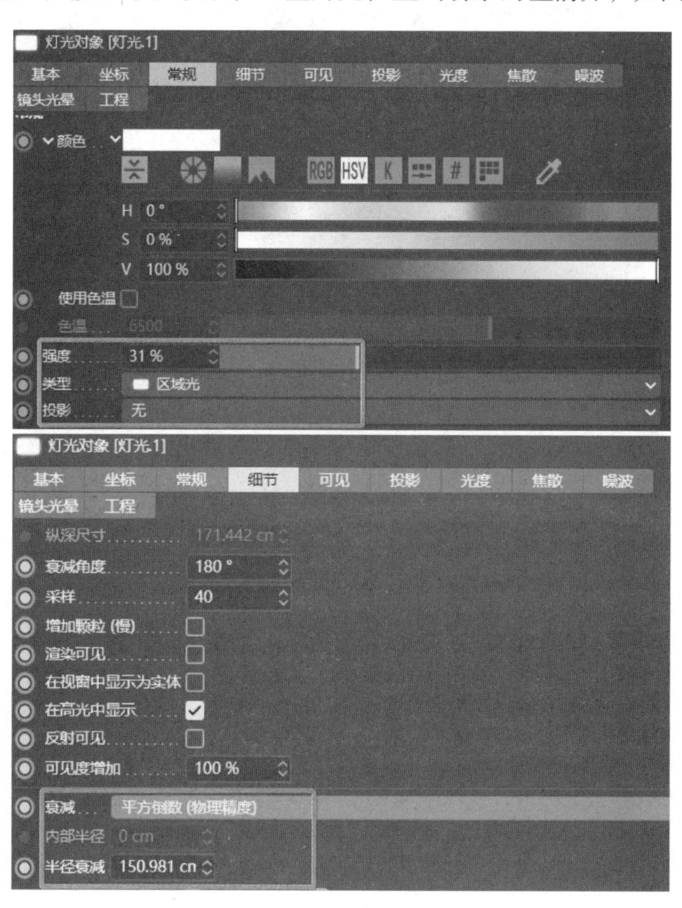

图　7-41

【步骤 3】创建材质球，将材质球调整到植物模型。给“颜色”通道的纹理加载图像，参数设置如图 7-42 所示，效果如图 7-43 所示。

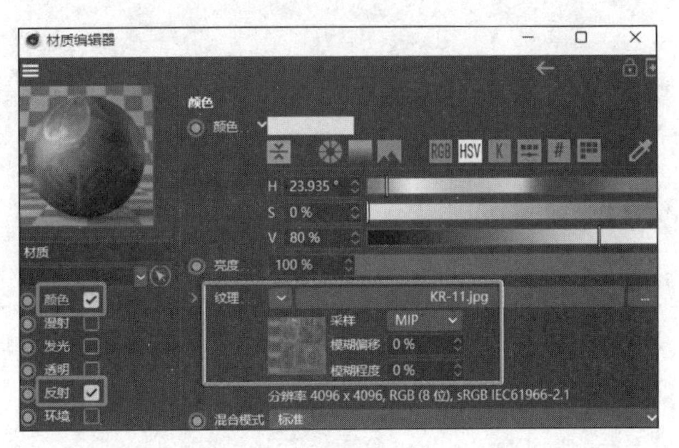

图 7-42

图 7-43

【步骤 4】创建材质球，将材质球调整到桌子模型。双击材质球，单击“颜色”通道，给“颜色”通道的纹理加载图像。单击“反射”通道，添加 GGX 层，修改“粗糙度”为 10%，“反射强度”为 21%，“高光强度”为 17%，“层菲涅耳”→“菲涅耳”为绝缘体，如图 7-44 所示。

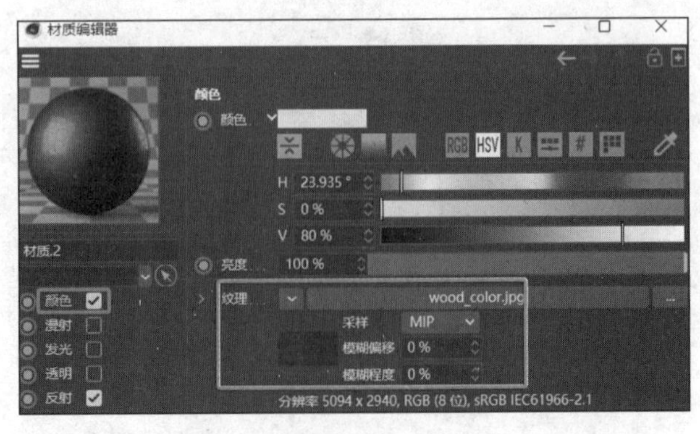

（a）

图 7-44

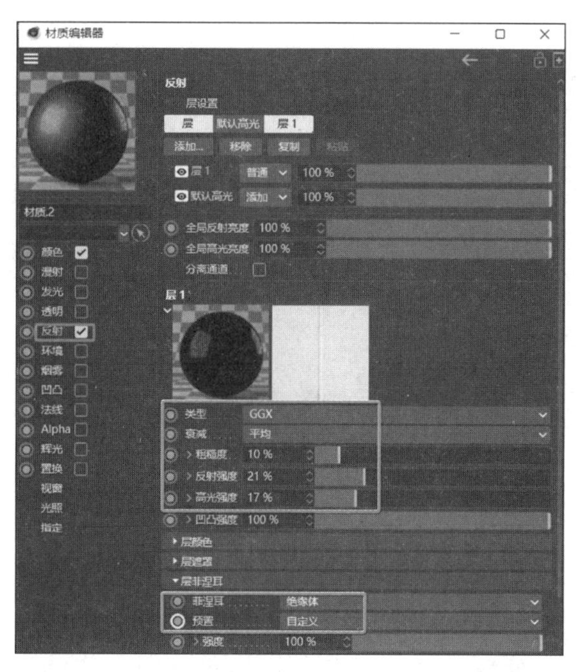

（b）

图　7-44（续）

【步骤 5】创建材质球，将材质球调整到花瓶模型。双击材质球，禁用“颜色”通道，单击“反射”通道，添加“Lambertian 漫射”层，修改“层颜色”的 RGB 的值分别为 160、200、217，如图 7-45 所示。再次添加 Phone 层，修改“层菲涅耳”→“菲涅耳”为“绝缘体”，“层菲涅耳”→“预置”为玻璃，参数设置如图 7-46 所示，效果如图 7-47 所示。

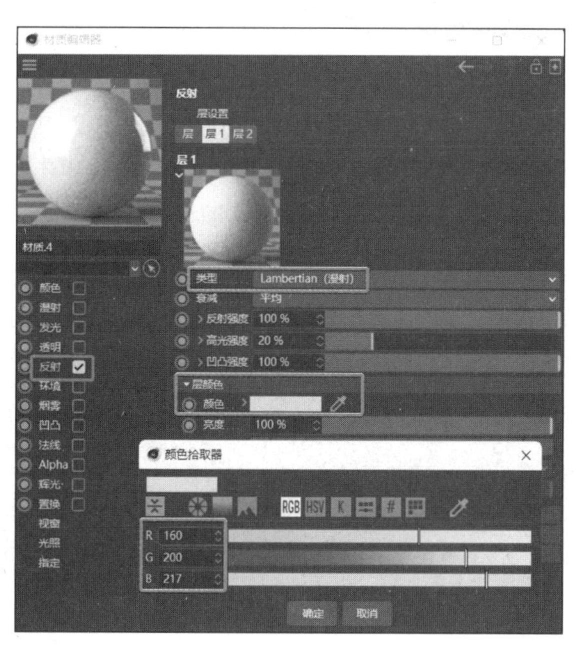

图　7-45

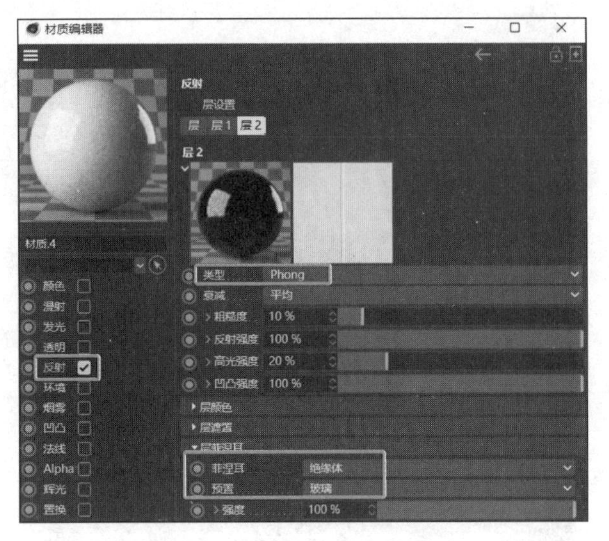

图 7-46

图 7-47

【步骤 6】创建材质球，将材质球调整到花瓣模型。双击材质球，修改“颜色”通道的 RGB 的值分别为 255、222、26，如图 7-48（a）所示。单击“反射”通道，添加“Lambertian 漫射”层，修改“层颜色”的 RGB 的值分别为 255、222、26，修改“高光强度”为 100%，如图 7-48（b）所示，效果如图 7-49 所示。

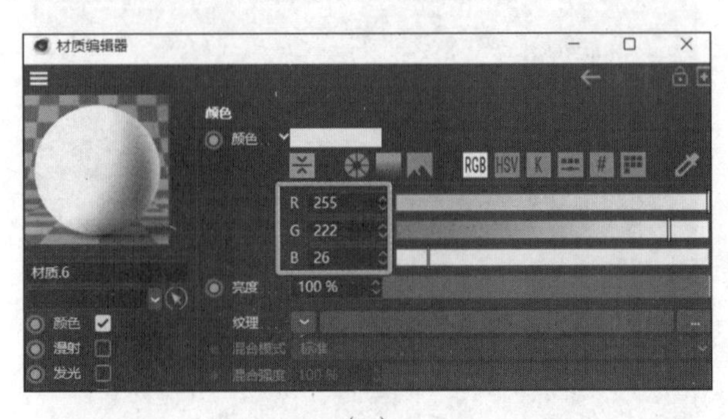

（a）

图 7-48

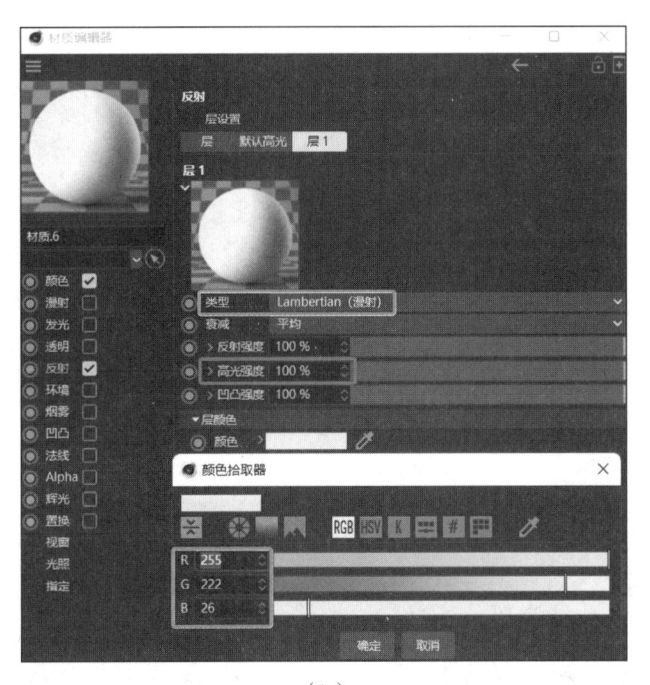

（b）

图 7-48（续）

图 7-49

【步骤 7】创建材质球，将材质球调整到花茎模型。双击材质球，修改“颜色”通道的 RGB 的值分别为 81、122、65，如图 7-50（a）所示。单击“反射”通道，添加 Phone 层，修改“层颜色”的 RGB 的值分别为 81、122、65，修改“粗糙度”为 28%，删除“默认高光”层，如图 7-50（b）所示，效果如图 7-51 所示。

【步骤 8】创建材质球，将材质球调整到电器模型。双击材质球。修改“颜色”通道的 RGB 的值为 201、172、153，如图 7-52（a）所示。单击“反射”通道，添加 GGX 层，修改“粗糙度”为 8%，“反射强度”为 10%，“高光强度”为 44%，“层菲涅耳”→“菲涅耳”为导体，“层菲涅耳”→“预置”为钢，如图 7-52（b）所示，效果如图 7-53 所示。

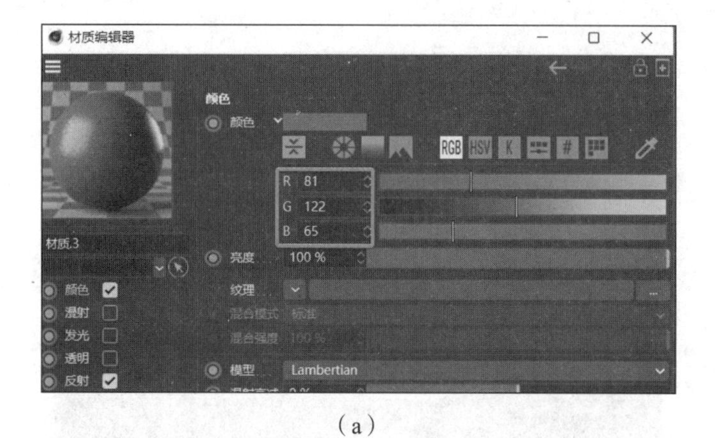
材质编辑器
颜色
颜色
RGB
HSV
K
#
R 81
G 122
B 65
材质.3
亮度 100 %
纹理
混合模式 标准
混合强度 100 %
模型 Lambertian
颜色
漫射
发光
透明
反射

（a）

（b）

图 7-50

图 7-51

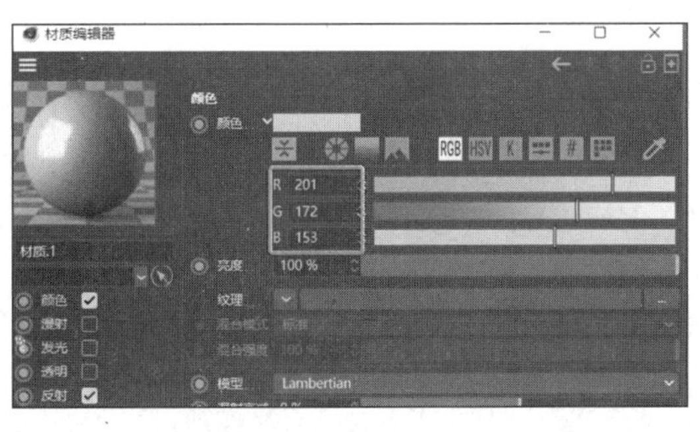

（a）

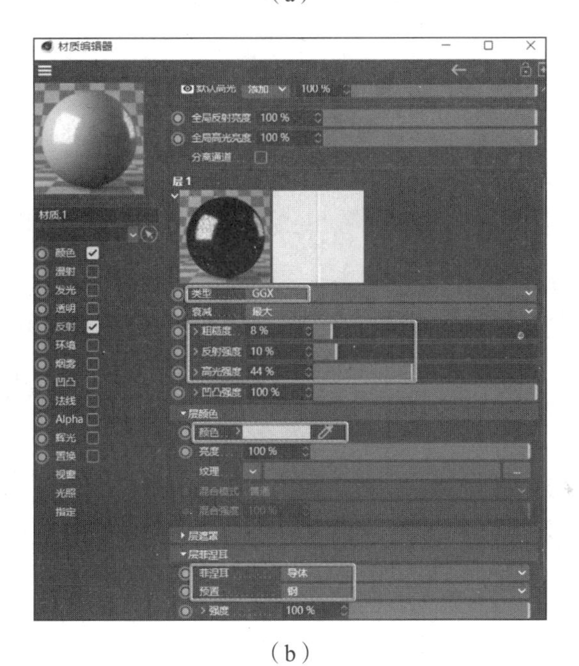

（b）

图 7-52

图 7-53

【步骤 9】单击“渲染设置”工具，选择“标准”渲染器，“输出”“预置”为 1280 × 720，如图 7-54 所示。

图　7-54

【步骤 10】单击“抗锯齿”，设置为“最佳”，添加“全局光照”和“环境吸收”效果，如图 7-55 所示，单击“渲染到图片查看器”工具，渲染出最终效果。

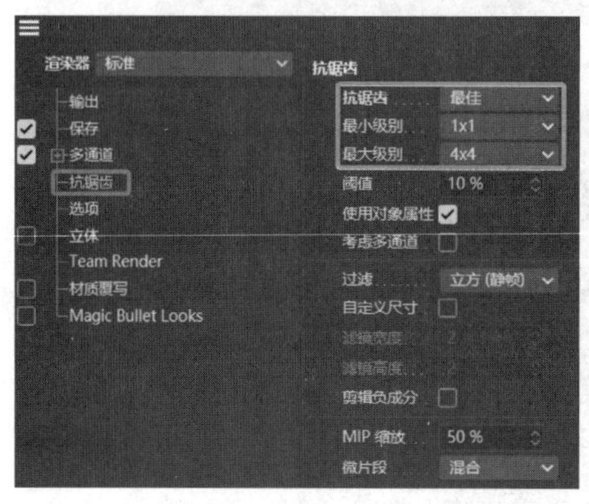

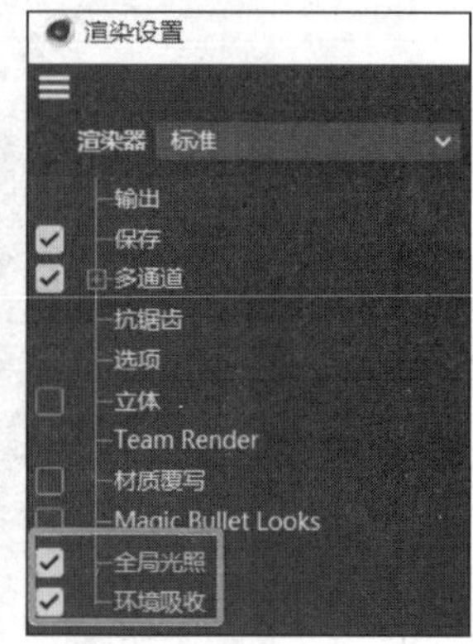

图　7-55

7.4　综合实例：口红海报

口红海报彩图

案例路径：本书学习资料 CH7 → 工程文件 → 口红海报 .c4d。

案例最终效果如图 7-56 所示。

图　7-56

1. 创建口红模型

口红模型制作

【步骤1】长按“样条画笔”工具，建立一个矩形，如图7-57所示。修改“对象”选项卡的“平面”参数为XZ，修改样条性的“宽”和“高”的值都为100cm，启用矩形的“圆角”，“半径”为25cm，如图7-58所示。

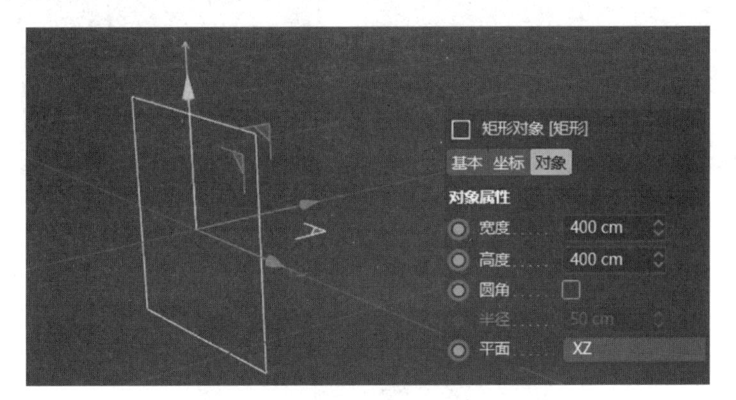

图　7-57

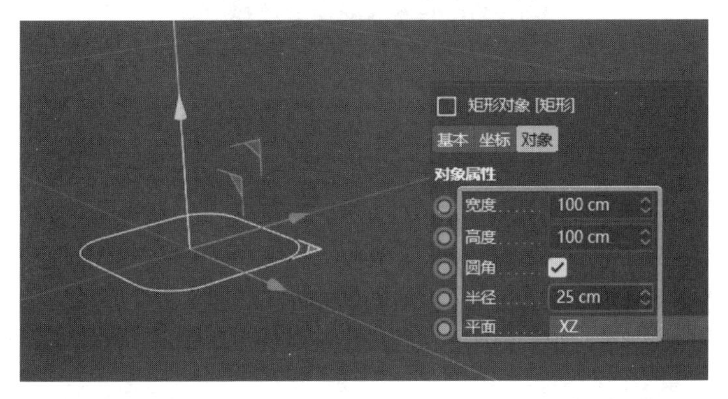

图　7-58

【步骤2】给矩形添加“挤压”生成器，修改“对象”选项卡的“偏移”参数值为140cm，修改“封盖”选项卡的“倒角”尺寸为4cm，把“挤压”重命名为“口红底座”，步骤如图7-59（a）～（c）所示，效果如图7-60所示。

（a）

图　7-59

挤出对象 [挤压]
基本 坐标 对象 封盖
选集 平滑着色(Phong)
封盖
起点封盖
终点封盖
独立斜角控制
▾两者均倒角
倒角外形 圆角
尺寸 4 cm
延展外形

（b）

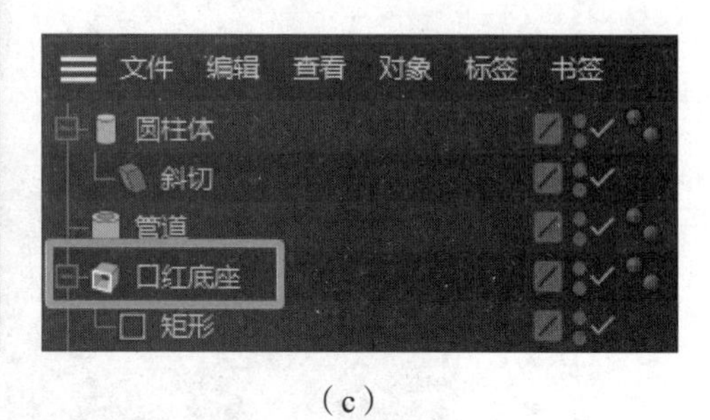

（c）

图 7-59（续）

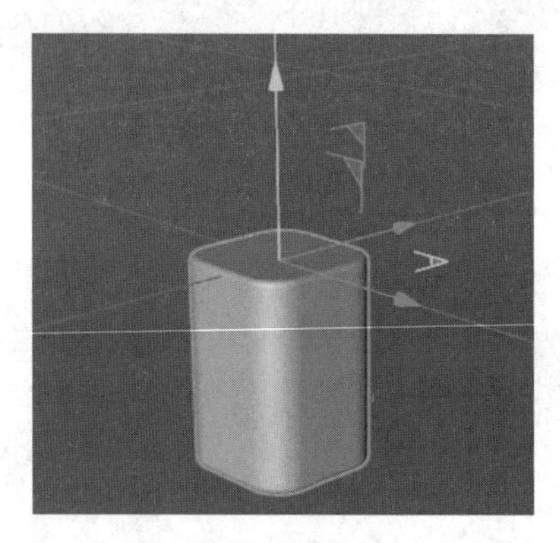

图 7-60

【步骤 3】新建“管道”对象，修改“管道”的“内部半径”为 22cm，“外部半径”为 36cm，“旋转分段”为 40，开启“圆角”，如图 7-61 所示，效果如图 7-62 所示。

管道对象 [管道]
基本 坐标 对象
平滑着色(Phong)
对象属性
内部半径 22 cm
外部半径 36 cm
旋转分段 40
封顶分段 1
高度 100 cm
高度分段 4
方向 +Y
圆角
分段 3
半径 3 cm

图 7-61

图 7-62

【步骤 4】新建一个“圆柱体”，修改“对象属性”选项卡的“半径”为 21cm，“旋转分段”为 30，启用“封顶”选项卡的“圆角”属性，修改“分段”为 4，“半径”为 4cm，如图 7-63（a）和（b）所示，效果如图 7-64 所示。

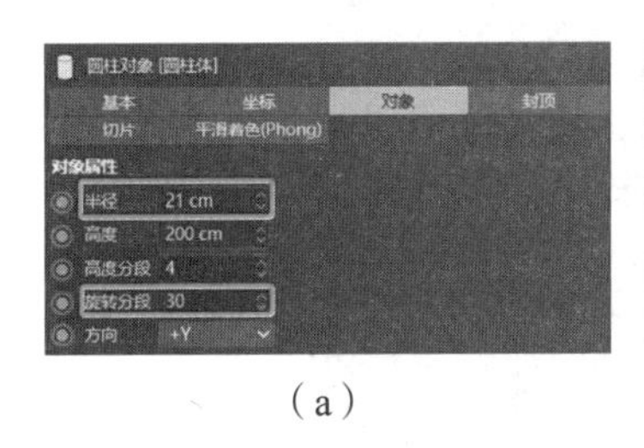

（a）

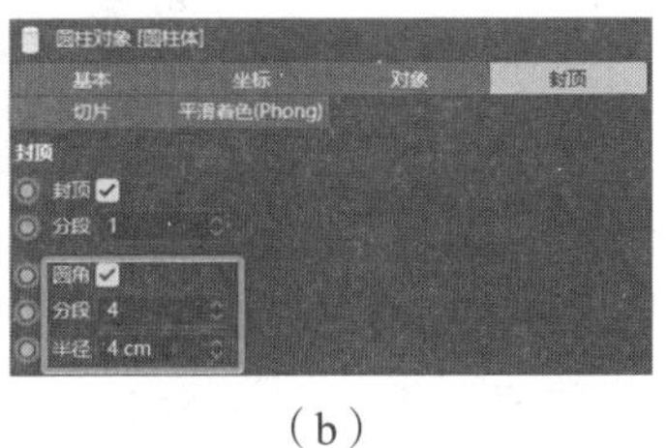

（b）

图　7-63

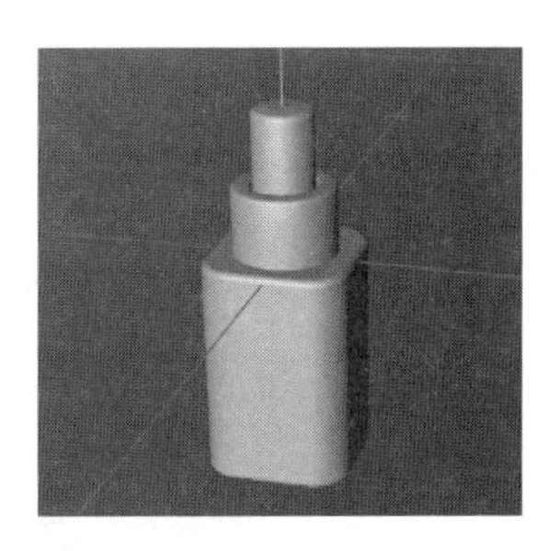

图　7-64

【步骤 5】给“圆柱体”对象添加“斜切”变形器，修改“对齐”参数为 X+，单击“匹配到父级”，“强度”参数为 30%，“弯曲”为 0%，沿着 *Y* 轴向上，适当调整“圆柱体”位置，如图 7-65（a）和（b）所示，效果如图 7-66 所示。

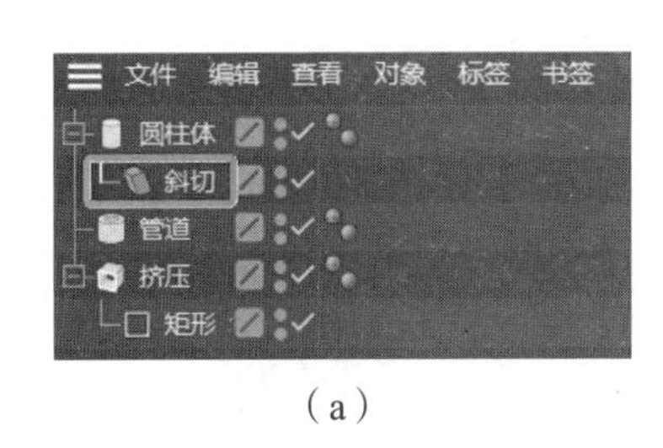

（a）

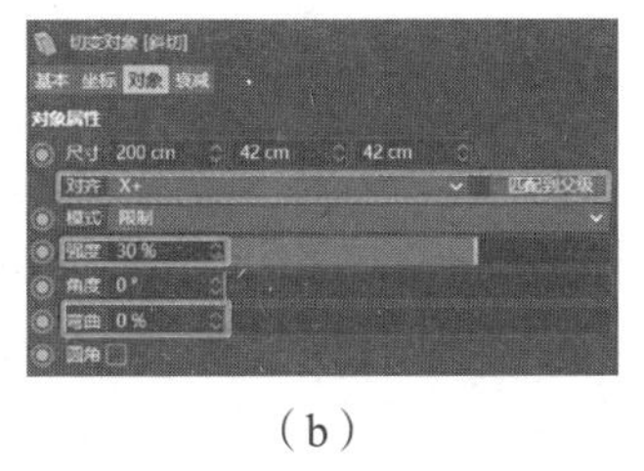

（b）

图　7-65

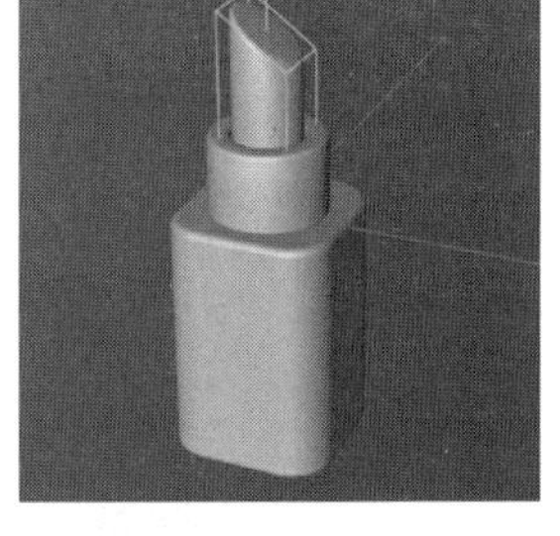

图　7-66

【步骤 6】复制“口红底座”对象，重命名为“口红盖”，如图 7-67 所示，效果如图 7-68 所示。

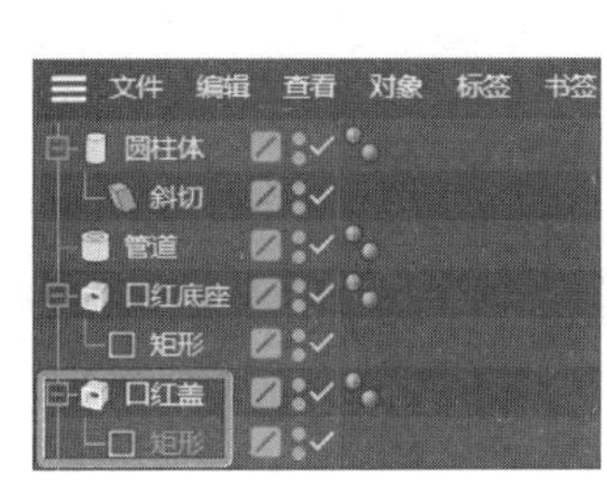

图　7-67

图　7-68

【步骤 7】选择“口红盖”对象，右击，选择“转为可编辑对象命令”，把“口红盖”对象转为可编辑对象。单击“视窗单体独显”工具，让“口红盖”单独在视窗中显示，如图 7-69 所示，效果如图 7-70 所示。

【步骤 8】单击“面”模式，选择下面的面，右击，选择“内部挤压”，切换到正视图，按住 Ctrl 键，沿着 *Y* 轴向上拖曳，挖孔洞，切换到正视图，调整位置，如图 7-71 所示。

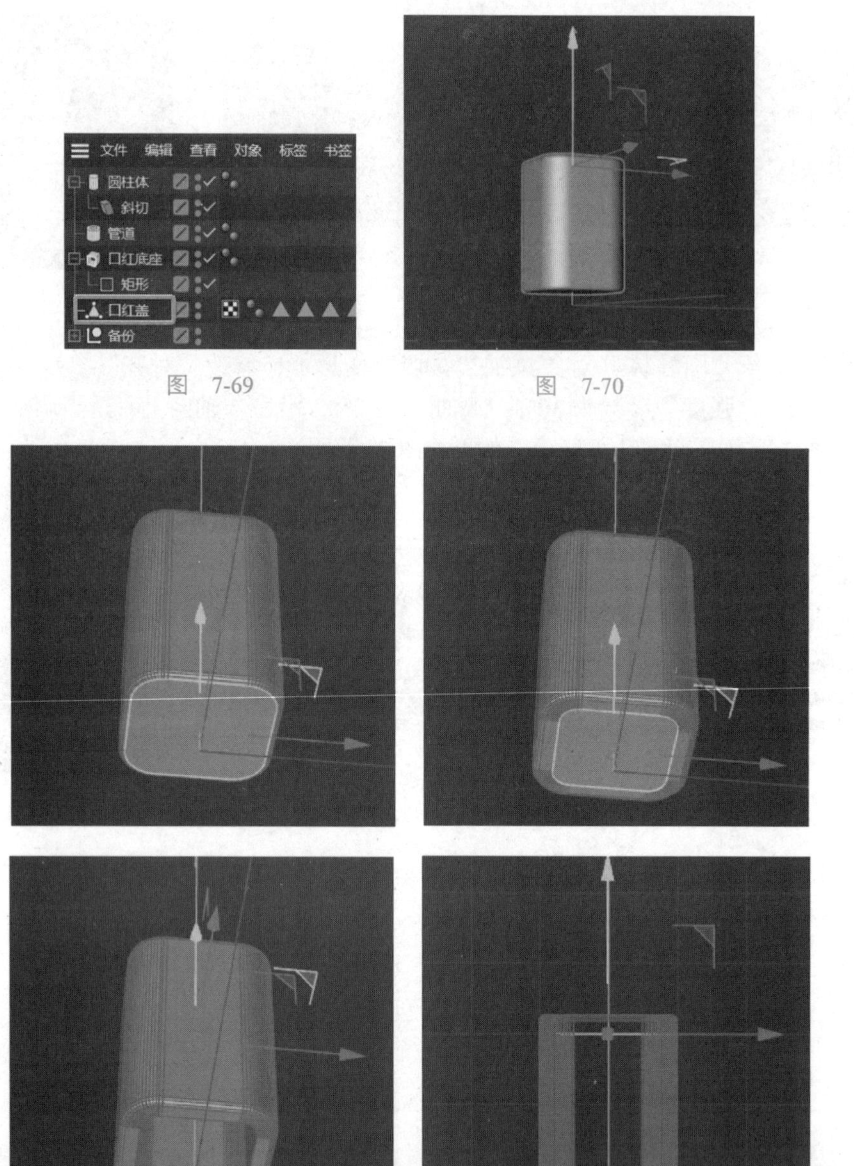

图 7-69

图 7-70

图 7-71

2. 场景制作

【步骤 1】把“对象窗口”所有对象打组，重命名为“口红”，同时把“编辑器可见”和“渲染器可见”设置为关闭，如图 7-72 所示。

【步骤 2】切换到“正视图”，新建一个矩形，修改矩形的宽度为 1920cm，高度为 1280cm，如图 7-73 所示。

【步骤 3】再创建一个对象“矩形 1”，按住 Shift 键旋转 45°，如图 7-74 所示。把该矩形转为可编辑对象，切换到“点模式”，选择“矩形”的 4 个点，右击，选择“细分”命令，在每条线中间再加 1 个点，如图 7-75 所示。

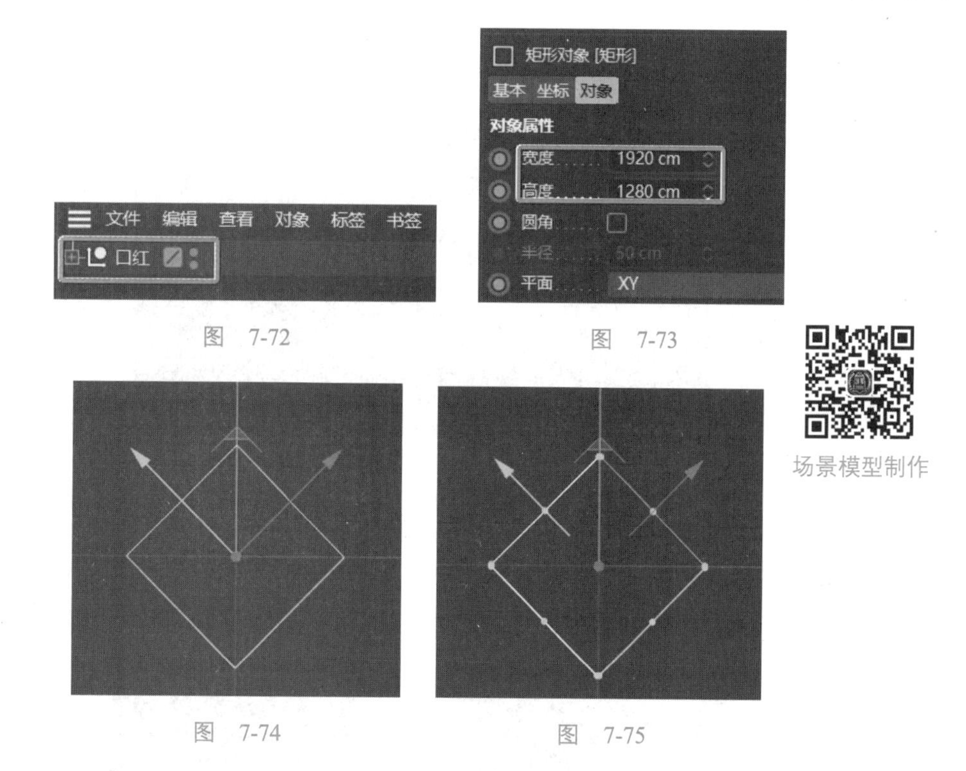

图　7-72　　图　7-73

图　7-74　　图　7-75

【步骤 4】切换到“实时选择”工具，选择新增加的 4 个点，单击“缩放”工具，收缩 4 个点，如图 7-76 所示。执行“选择”→“反选”菜单命令，选择矩形的 4 个点，右击，选择“倒角”命令，进行倒角，并做备份，如图 7-77 所示。

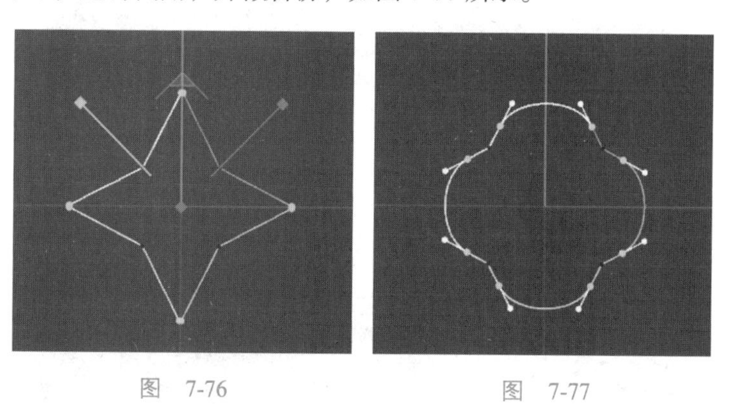

图　7-76　　图　7-77

【步骤 5】切换到“模型”模式，在“对象窗口”选择两个矩形对象，如图 7-78 所示。右击，选择“连接对象 + 删除”命令，合并成一个对象，重命名为“背景 1”，如图 7-79 所示。

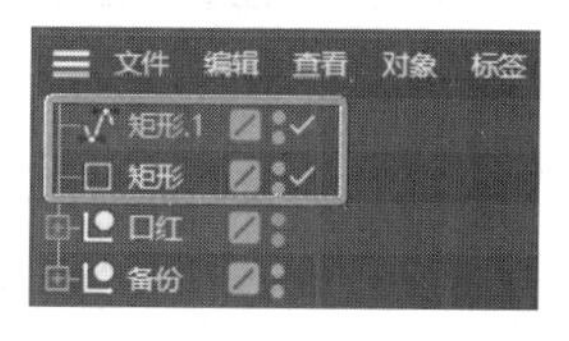

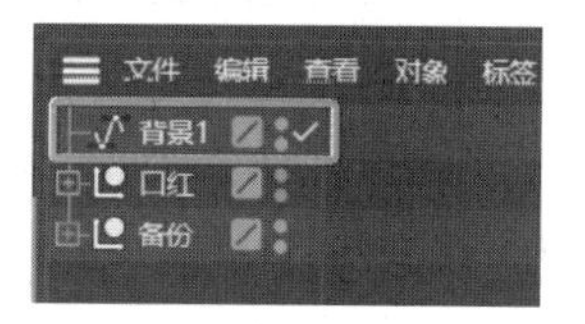

图　7-78　　图　7-79

【步骤 6】切换到“模型”模式，给“背景 1”添加“挤压”生成器，选择“封顶”选项卡，修改圆角尺寸为3cm，重命名“挤压”为“背景墙”，切换到“透视图”，如图 7-80 所示。

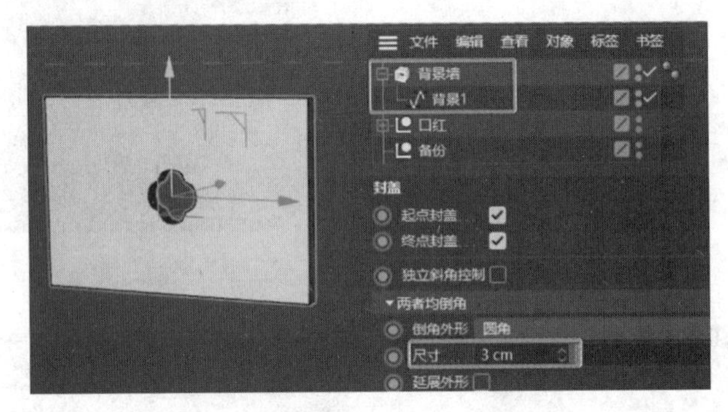

图 7-80

【步骤 7】找到备份的“矩形 1”，作为路径，再创建一个对象，作为截面，给二者添加“扫描”生成器。使用“缩放”工具，缩小“矩形”对象截面到合适大小，并启用“圆角”属性，“尺寸”值为 1cm，再使用“缩放”工具，调整路径“矩形 1”到合适大小，如图 7-81 所示。

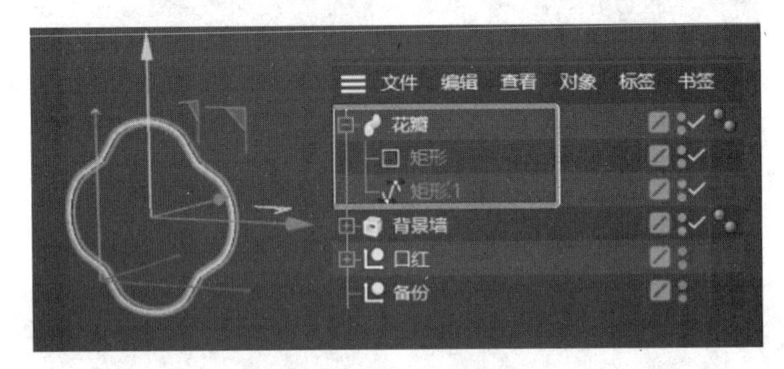

图 7-81

【步骤 8】创建一个“立方体”对象，修改尺寸，启用“圆角”，重命名“立方体”为“地板”，调整到适当位置，如图 7-82 所示。

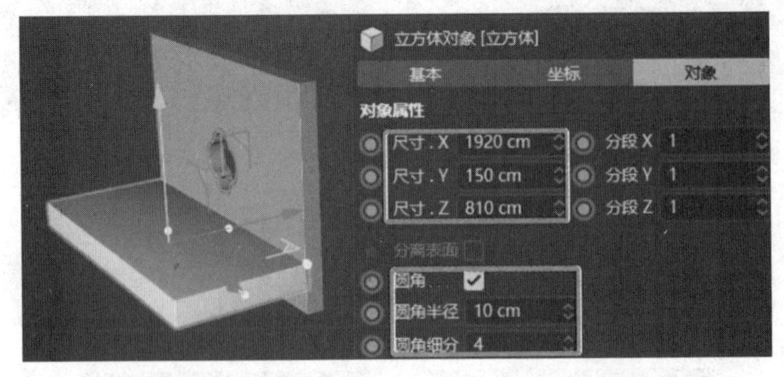

图 7-82

【步骤 9】新建一个“圆柱体”对象，修改“半径”为 300cm，“高度”为 50cm，“旋转分段”为 50，启用“圆角”，重命名“圆柱体”为“展台”，调整到合适位置，如图 7-83 所示。

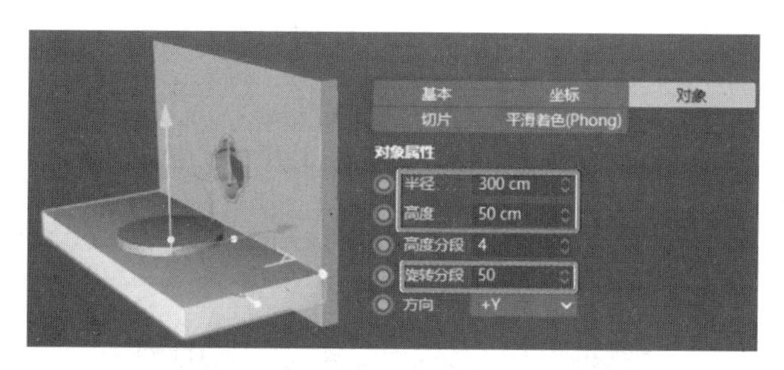

图　7-83

【步骤 10】显示“口红”对象，调整“口红”对象位置，如图 7-84 所示。

【步骤 11】切换到“正视图”，单击“样条画笔”工具，绘制样条线，如图 7-85 所示。

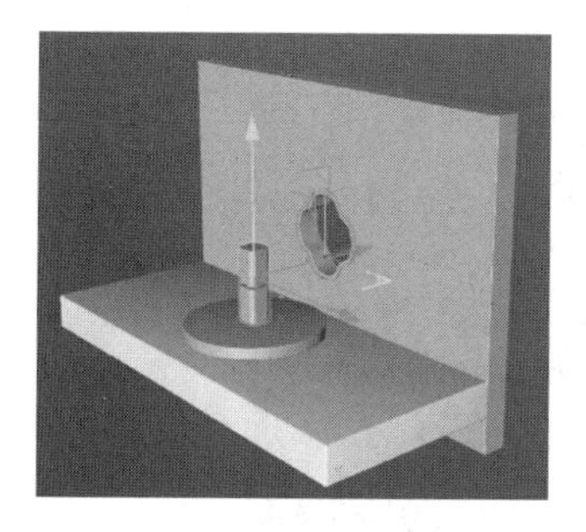

图　7-84

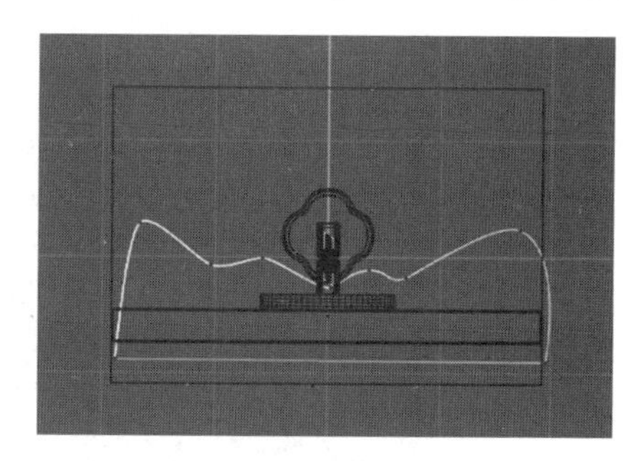

图　7-85

【步骤 12】给样条线添加“挤压”生成器，修改“偏移”值为 10cm，“封盖”选项卡的“尺寸”值为 3cm，重命名“挤压 1”为“装饰 1”，调整到合适位置，如图 7-86 所示。

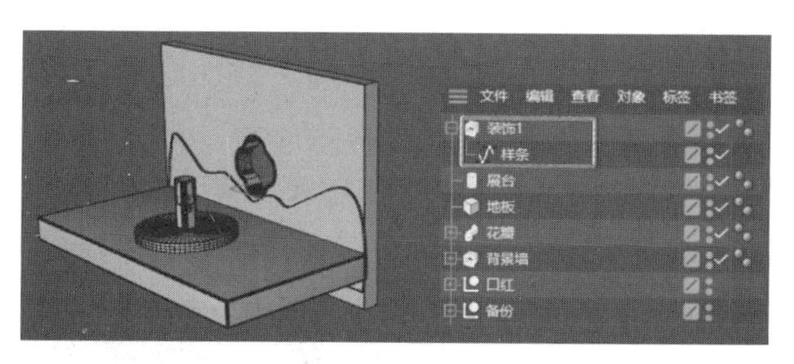

图　7-86

【步骤 13】复制“装饰 1”对象，重命名名“装饰 2”，旋转“装饰 2”对象，调整到合适的位置，如图 7-87 所示，效果如图 7-88 所示。

图　7-87

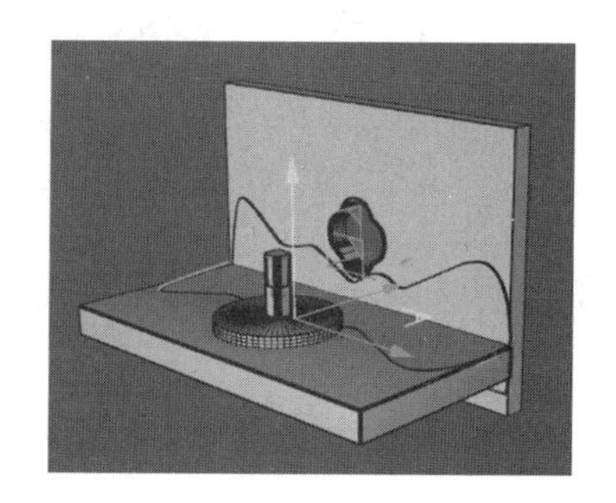

图　7-88

【步骤 14】打开 CH7 → 素材 → 树 .C4D，复制“树”模型对象到场景中，调整模型位置，如图 7-89 所示。

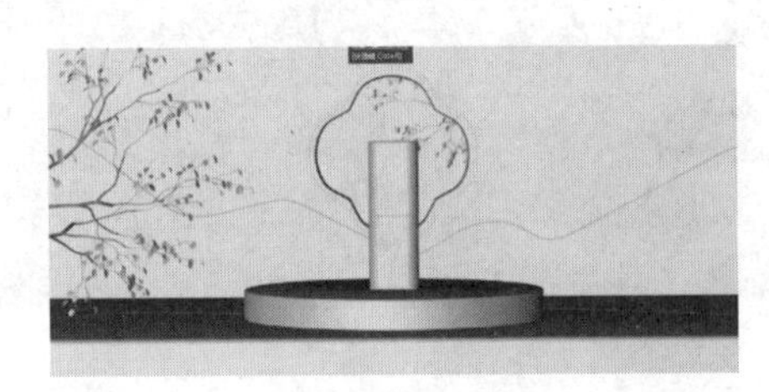

图 7-89

【步骤 15】创建“平面”对象，修改“方向”参数为 +Z，把所有模型打组，重命名为“场景”，如图 7-90 所示。

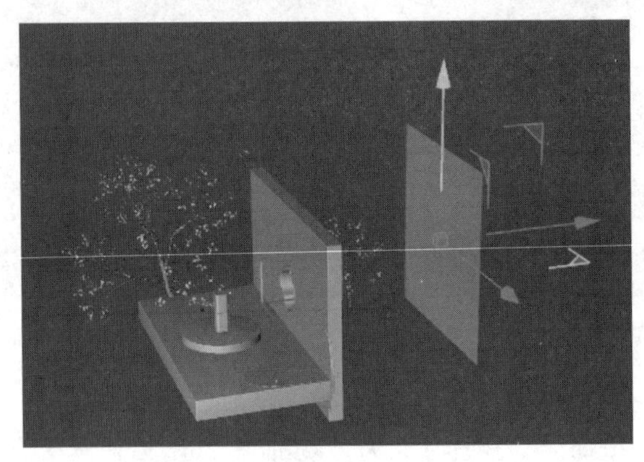

图 7-90

3. 添加摄像机

【步骤 1】调整当前场景角度，添加“摄像机”对象，开启“摄像机”对象，修改“对象”选项卡中“焦距”为“电视（135 毫米）”。修改“坐标”选项卡中 R.H、R.P、R.B 的值为 0° ，P.X 的值为 0cm，P.Y 的值为 10cm，P.Z 的值为 −5036cm，如图 7-91 所示。

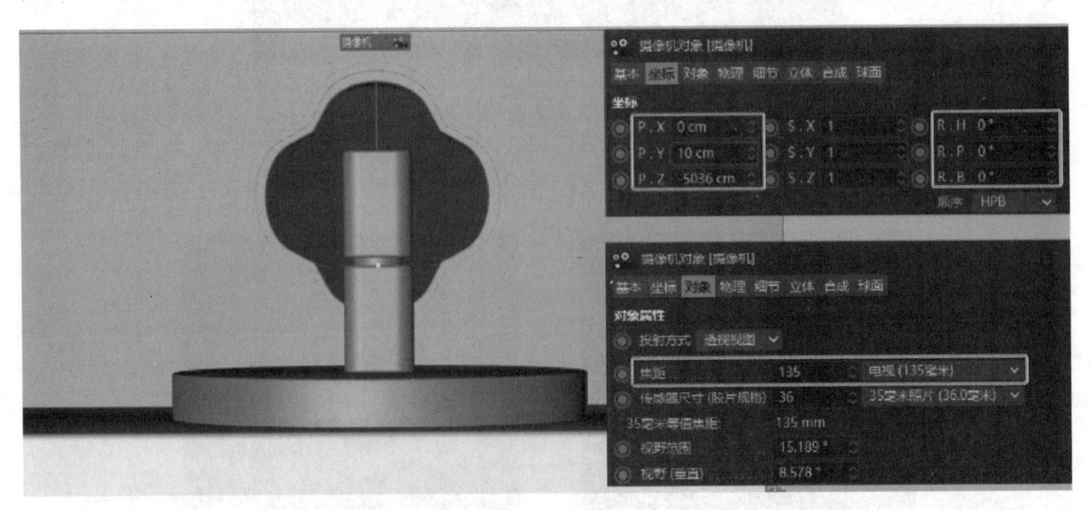

图 7-91

【步骤2】给摄像机添加保护标签，如图7-92所示，选择“摄像机”对象，右击，选择“装配标签”→“保护”，隐藏摄像机，如图7-93所示。

图 7-92

添加摄像机

图 7-93

4. 添加灯光

【步骤1】创建物理天空，选择“太阳”选项卡，启用“自定义颜色”，修改“强度”为42%，“投影”→“类型”为无，如图7-94所示。选择“时间与区域”选项卡，时间如图7-95所示。选择“天空”选项卡，修改参数如图7-96所示。

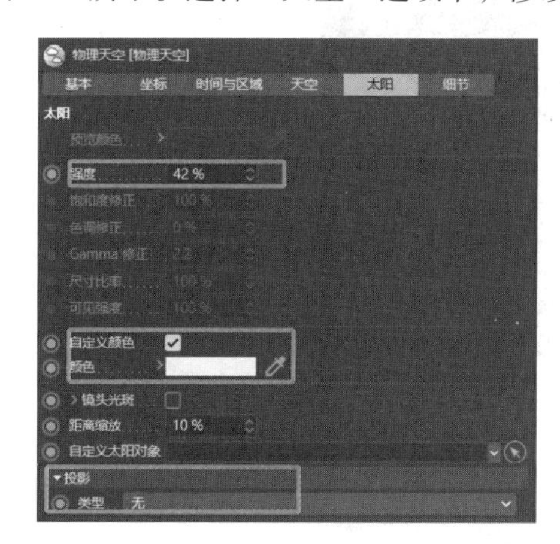

图 7-94

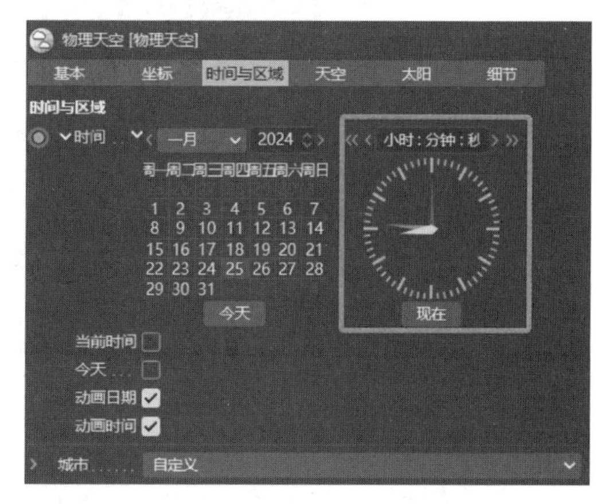

图 7-95

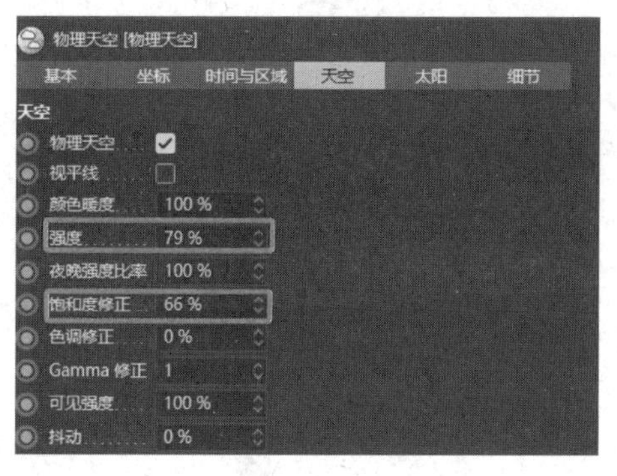

图 7-96

添加灯光

【步骤 2】创建一盏泛光灯，作为主光源，调整“强度”为 120%,“投影”为无，如图 7-97 所示。“衰减”为“平方倒数（物理精度）”，修改半径衰减，调整灯光位置到场景的左上方，重命名为“左光源”，如图 7-98 所示。

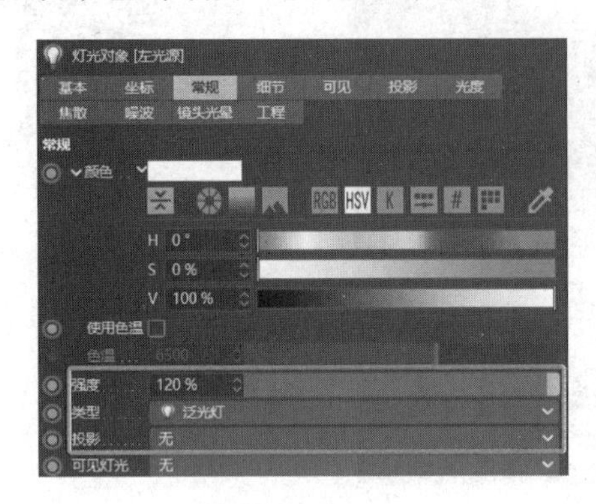

图 7-97

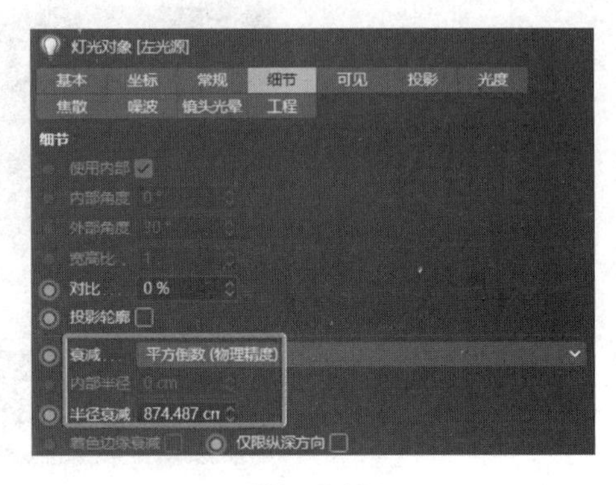

图 7-98

【步骤 3】复制泛光灯对象“左光源”，作为辅光，修改“强度”为 90%，调整灯光位置到场景右上方，重命名为“右光源”，如图 7-99 所示。

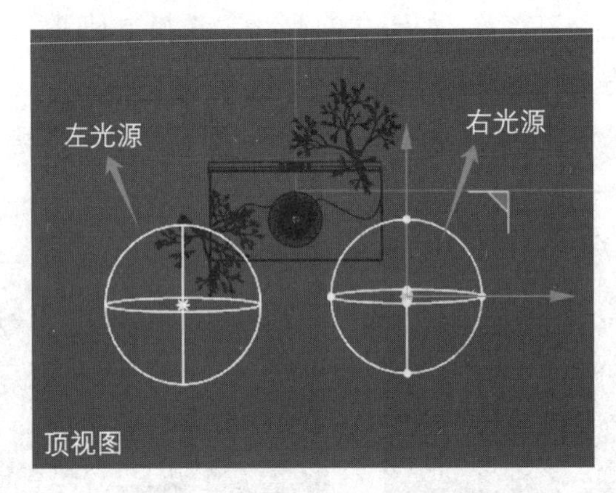

图 7-99

【步骤 4】再复制泛光灯对象“左光源”，作为补光，修改“强度”为 50%，重命名为“补光 1”，调整灯光位置到场景正前方，如图 7-100 所示。

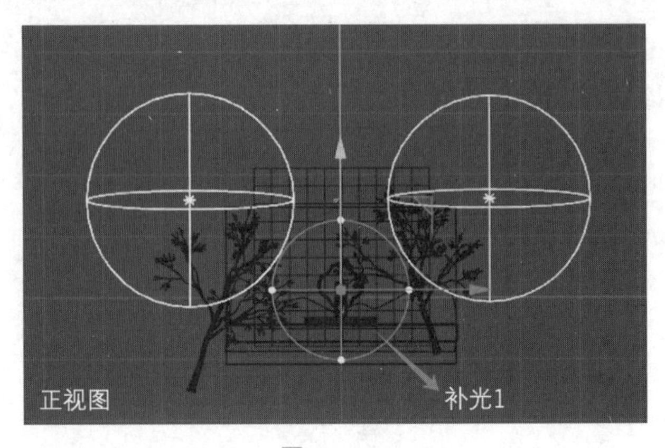

图 7-100

【步骤 5】创建一盏泛光灯，修改“灯光类型”为区域光，作为补光，修改“强度”为 70%，再调整灯光位置到场景上方，重命名为“补光 2”，如图 7-101 所示。

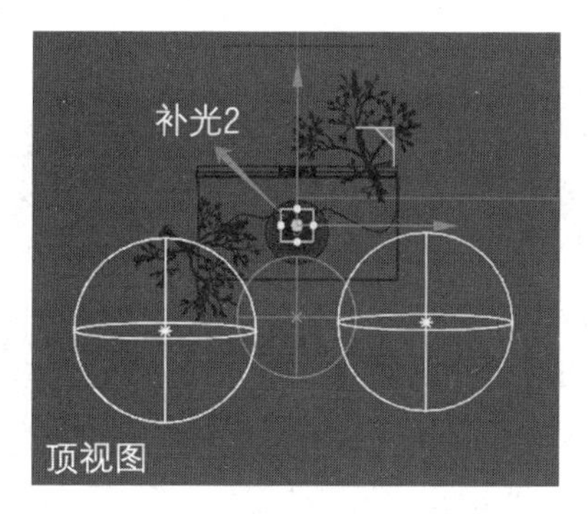

图　7-101

5. 添加材质

【步骤 1】创建材质球，命名为“背景”，将材质球调整到平面。双击材质球，禁用“反射”通道，开启“颜色”和“发光”通道。给“颜色”和“发光”通道的纹理加载图像，如图 7-102 所示，效果如图 7-103 所示。

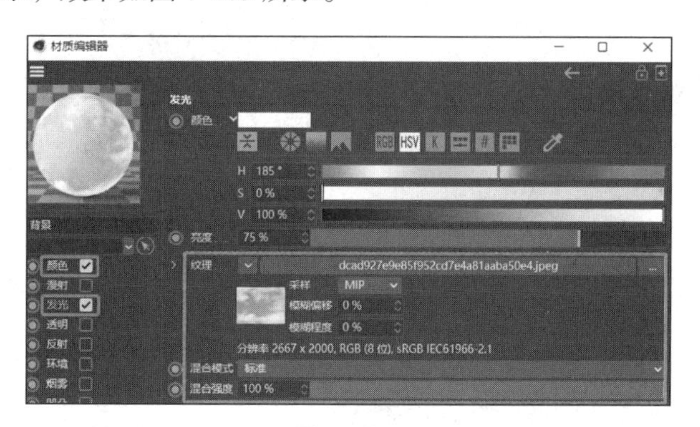

添加材质

图　7-102

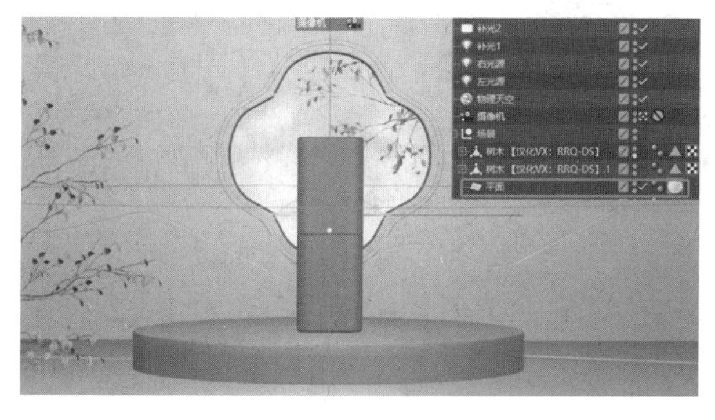

图　7-103

【步骤 2】创建材质球，命名为“背景 1”，将材质球调整到展台模型、地板模型和装饰 1 模型。双击材质球，单击“颜色”通道，修改 RGB 的值分别为 1、161、207，如图 7-104 所示。单击“反射”通道，添加“反射（传统）”层，修改“粗糙度”为 5%，“反射强度”为50%,“高光强度”为21%,“层颜色”→“亮度”为44%,“层菲涅耳”→“菲涅耳”为绝缘体,“层菲涅耳”→“预置”为玉石,“层菲涅耳”→“强度”为69%，如图7-105所示，效果如图7-106所示。

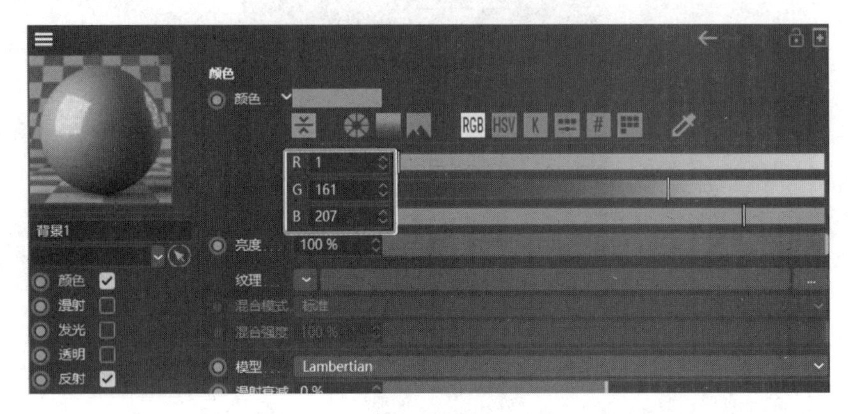

图 7-104

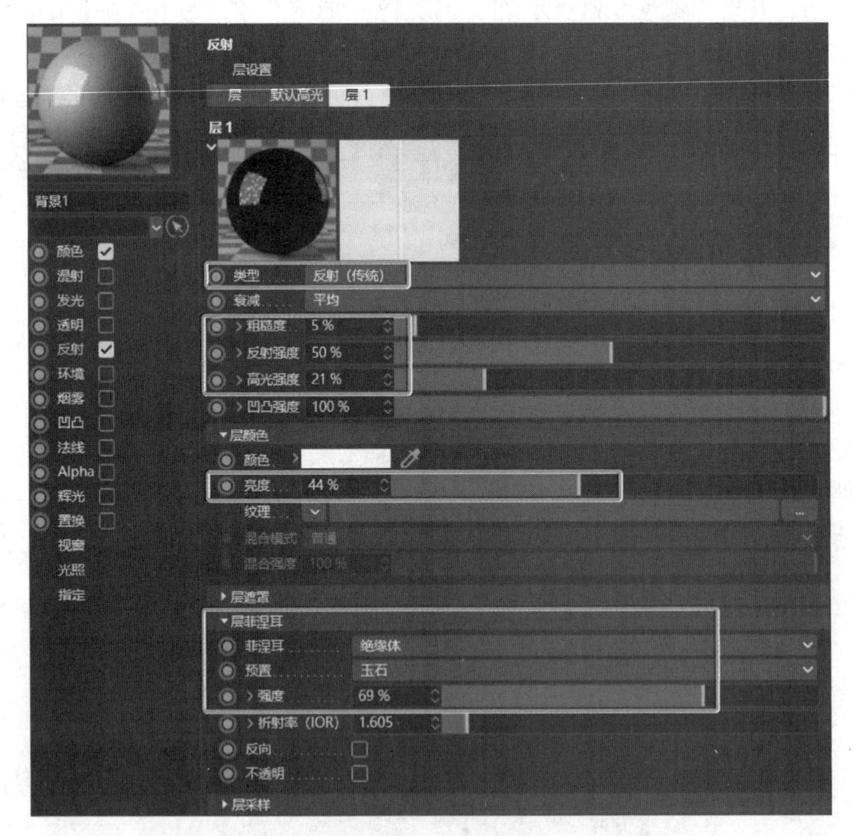

图 7-105

【步骤3】复制“背景1”材质球，命名为“背景2”，将材质球调整到背景墙、装饰2模型。双击材质球，单击“颜色”通道，修改RGB的值分别为1、121、156，如图7-107所示。单击“反射”通道，修改“粗糙度”为10%,“反射强度”为28%,“高光强度”为28%,“层颜色”→“亮度”为59%,“层菲涅耳”→“菲涅耳”为绝缘体,“层菲涅耳”→“预置”为聚酯，“层菲涅耳”→“强度”为 100%，如图 7-108 所示，效果如图 7-109 所示。

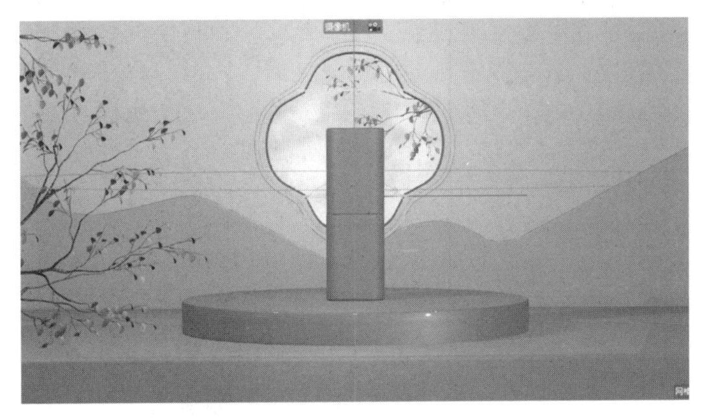

图　7-106

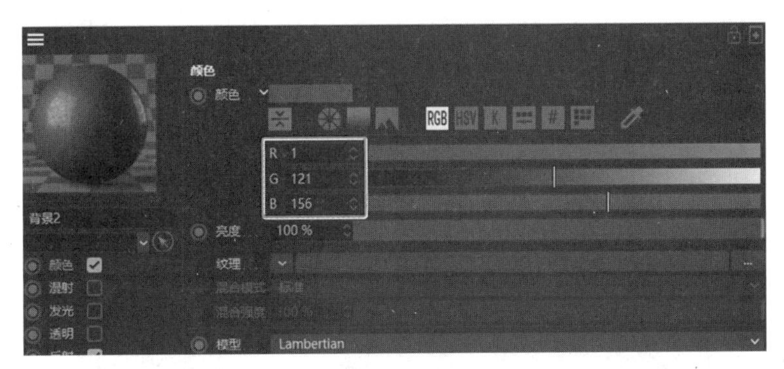

图　7-107

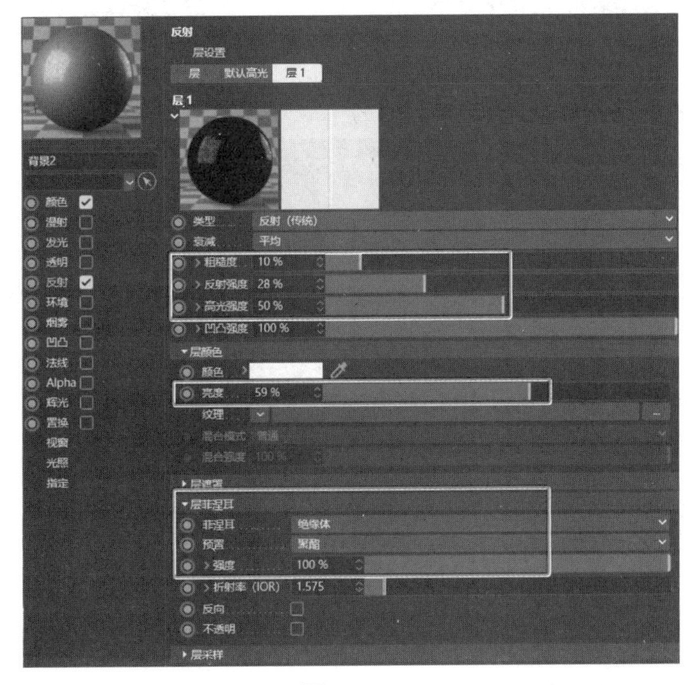

图　7-108

图 7-109

【步骤 4】创建材质球，命名为“花瓣”，将材质球调整到花瓣模型。双击材质球，单击“颜色”通道，修改 RGB 的值分别为 166、198、12，如图 7-110 所示。单击“反射”通道，添加“GGX”层，修改“粗糙度”为 17%，“反射强度”为 32%，“高光强度”为 52%，“层菲涅耳”→“菲涅耳”为导体，“层菲涅耳”→“预置”为金，如图 7-111 所示，效果如图 7-112 所示。

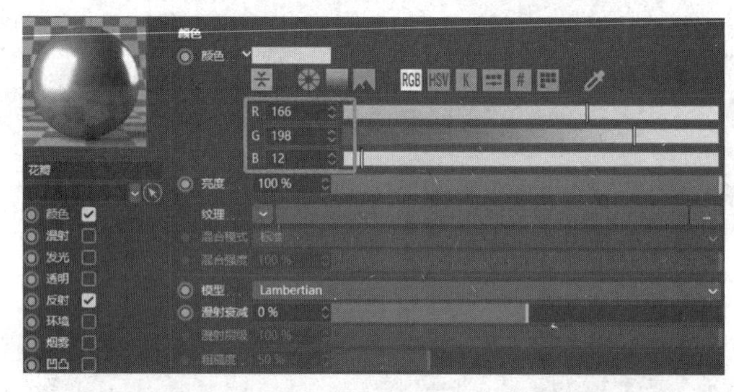

图 7-110

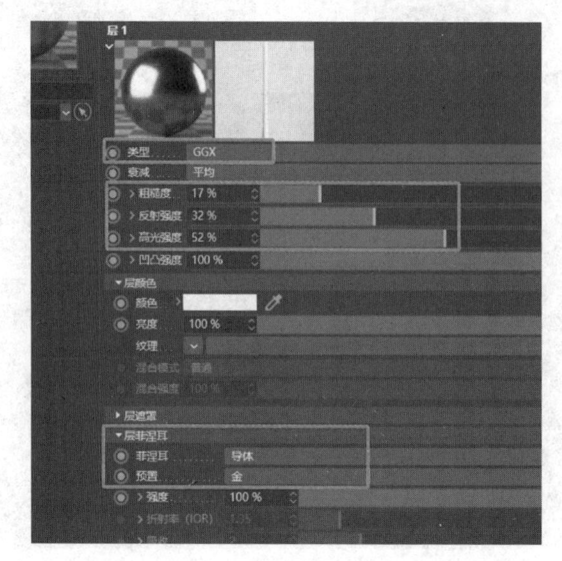

图 7-111

图　7-112

【步骤 5】创建材质球，命名为“口红”，将材质球调整到口红底座模型。双击材质球。禁用“颜色”通道，单击“反射”通道，添加“GGX”层，修改“粗糙度”为 13%，“反射强度”为 100%，“高光强度”为 60%，“层颜色”→“纹理”设为渐变，渐变类型为二维，“层颜色”→“混合强度”为 92%，“层菲涅耳”→“菲涅耳”为导体，“层菲涅耳”→“预置”为钢，如图 7-113 所示。启用“凹凸”通道，通道的纹理加载图像，如图 7-114 所示，效果如图 7-115 所示。

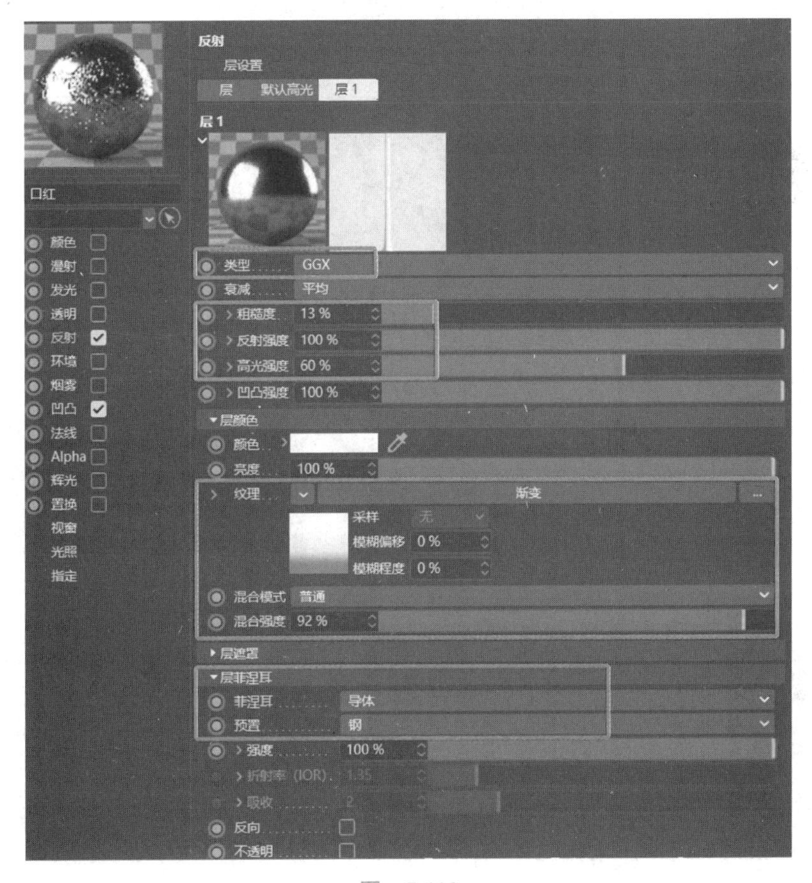

图　7-113

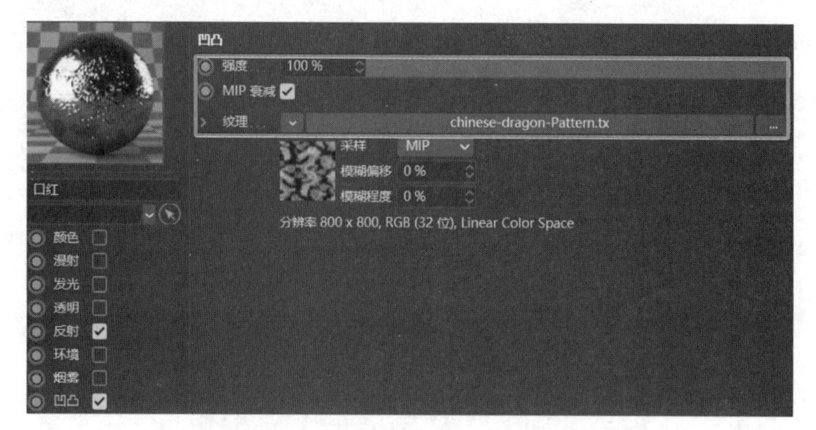

图 7-114

图 7-115

【步骤 6】单击口红底座模型的材质标签，修改“投射”为平直，单击“纹理”“缩放”工具，调整贴图到合适位置，如图 7-116 所示，效果如图 7-117 所示。

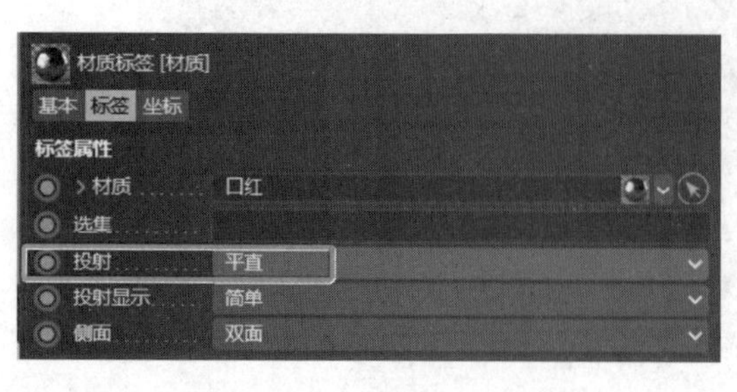

图 7-116

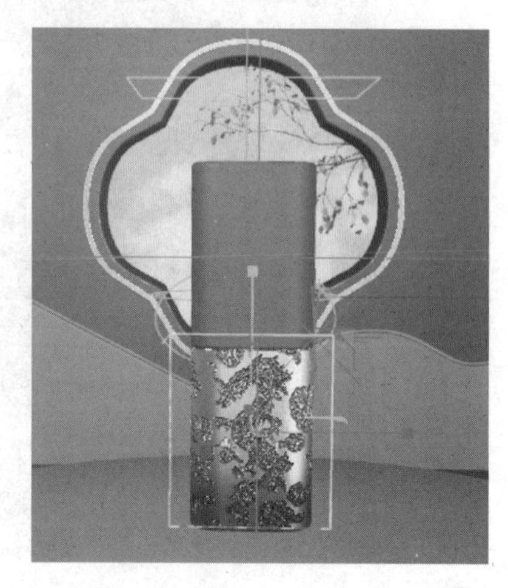

图 7-117

【步骤7】复制“口红”材质球，命名为“口红1”，将材质球调整到口红盖模型。单击“反射”通道，修改“层颜色”→“纹理”的渐变，如图7-118所示，双击渐变纹理，选择渐变条，右击，选择“反转渐变”，如图7-119所示，效果如图7-120所示。

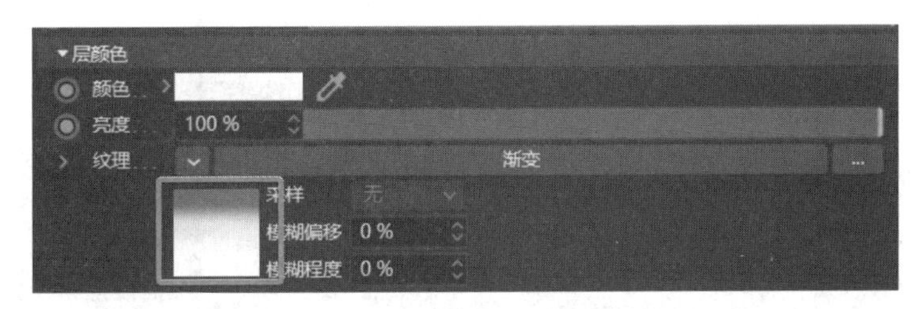

图 7-118

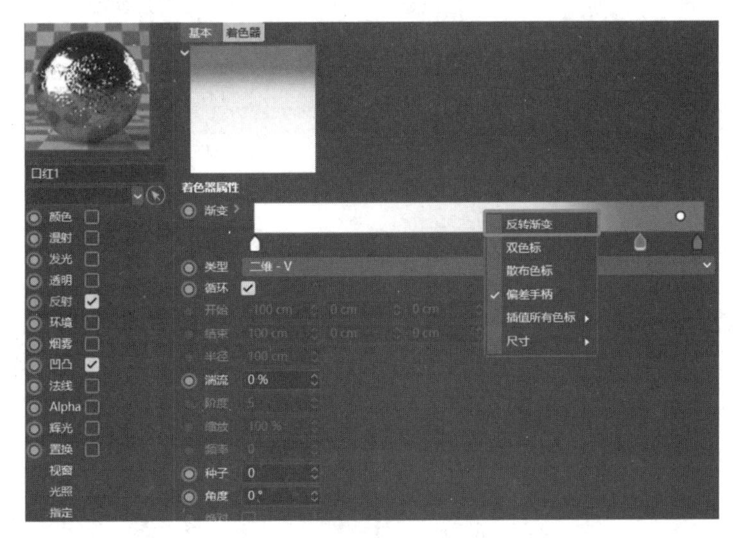

图 7-119

图 7-120

6. 渲染输出

【步骤 1】单击“渲染设置”工具，选择“标准”渲染器，“输出”设置为 1280 × 720 像素，如图 7-121 所示。

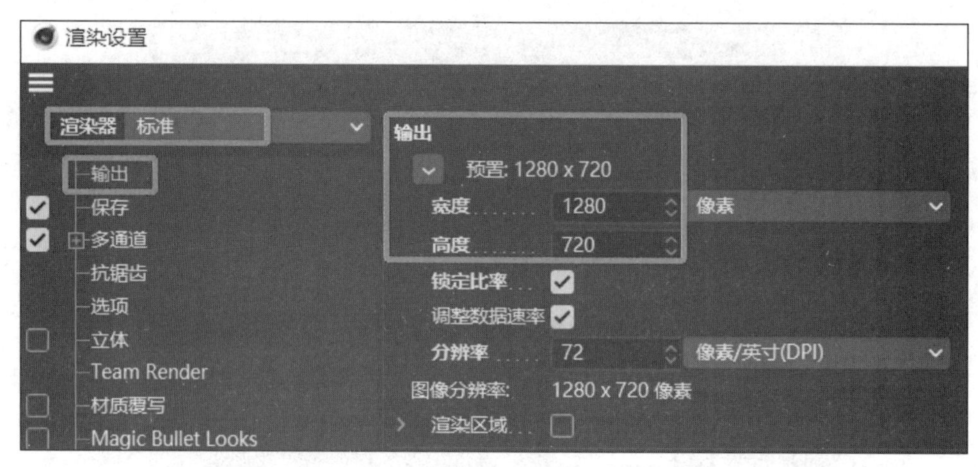

图 7-121

【步骤 2】单击“抗锯齿”选项，“抗锯齿”设置为“最佳”，如图 7-122 所示。

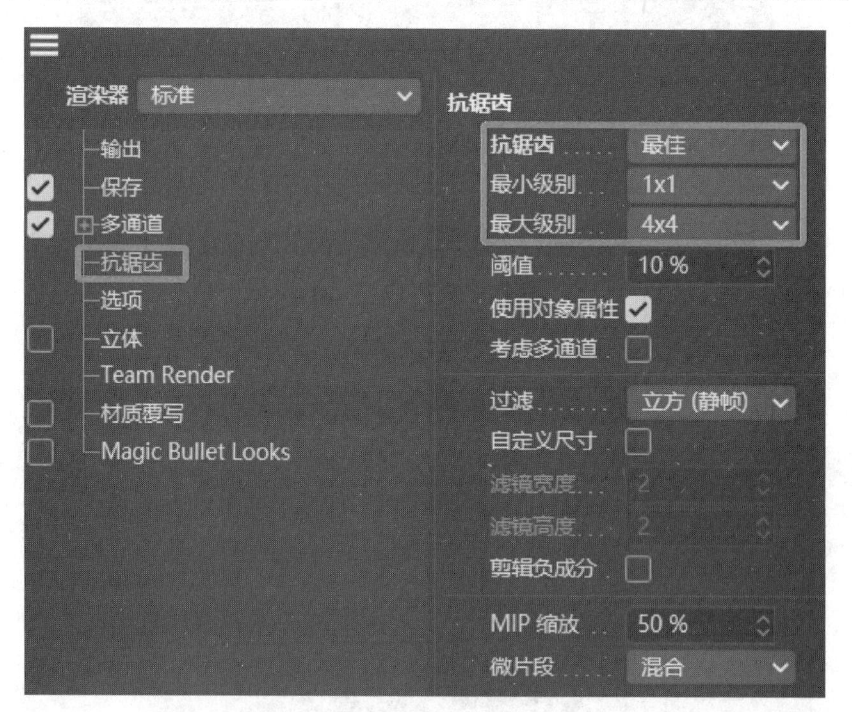

图 7-122

【步骤 3】单击“效果”按钮，添加“全局光照”和“环境吸收”，如图 7-123 所示。设置“全局光照”的常规选项的“主算法”为准蒙特卡罗（QMC），“采样”为中，如图 7-124 所示。材质上完后，单击“渲染到图片查看器”工具，渲染出最终效果，如图 7-125 所示。

图 7-123

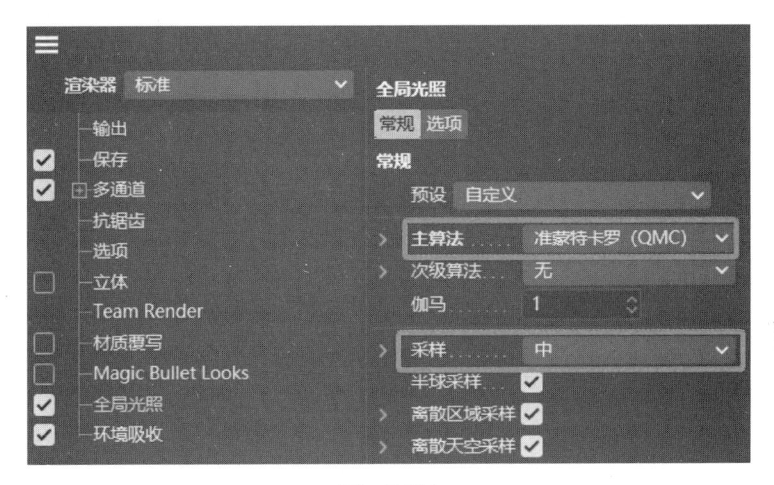

图 7-124

图 7-125

参考文献

[1] 白无常. Cinema 4D R25 学习手册 [M]. 北京：人民邮电出版社，2022.

[2] 任嫒嫒. 中文版 Cinema 4D R21 完全自学教程 [M]. 北京：人民邮电出版社，2021.

[3] 周永强. C4D 三维动画设计与制作 [M]. 北京：电子工业出版社，2020.

[4] TVart 培训基地. Cinema 4D R20 完全学习手册 [M]. 北京：人民邮电出版社，2021.

[5] 刘振民，张振平. Cinema 4D 三维设计应用教程 [M]. 北京：人民邮电出版社，2023.